全国高职高专教育规划教材

计算机应用基础

Jisuanji Yingyong Jichu

实训与习题

Shixun yu Xiti

主　编　杨功元　万　琼
副主编　赵　丽　孙延靖　游海英

高等教育出版社·北京
HIGHER EDUCATION PRESS　BEIJING

内容简介

本书是《计算机应用基础案例教程》（赵丽主编）的配套实训教程，是高职高专非计算机专业学生计算机基础知识和应用能力等级考试的上机实训教材。书中的内容按实训目的、知识技能要点、实训内容及步骤、思考与提高、习题等结构进行组织。全书共有7个实训，包括计算机基本操作及系统配置、Windows XP文件管理、中文字处理软件、电子表格应用软件、演示文稿制作软件、Internet 网络应用、多媒体与常用工具应用；书后附有10套全国计算机一级等级考试模拟试题与解析、10套计算机基础练习题与答案。

本书内容丰富、重点突出、由浅入深、通俗易懂，配以大量的实训和强化练习题，力求使学生在理论够用的前提下，提高计算机的基本技能。本书适合于各类高职院校非计算机专业的师生和普通计算机用户使用，也适合于计算机应用培训、办公自动化培训及各类计算机基础培训班使用。

图书在版编目（CIP）数据

计算机应用基础实训与习题/杨功元，万琼主编．—北京：高等教育出版社，2011.8

ISBN 978-7-04-033164-6

Ⅰ．①计… Ⅱ．①杨… ②万… Ⅲ．①电子计算机–高等职业教育–教学参考资料 Ⅳ．①TP3

中国版本图书馆CIP数据核字（2011）第150492号

策划编辑 杨 萍　责任编辑 沈 忠　封面设计 张雨微　版式设计 王艳红
责任校对 刘春萍　责任印制 刘思涵

出版发行 高等教育出版社
社　　址 北京市西城区德外大街4号
邮政编码 100120
印　　刷 山东省高唐印刷有限责任公司
开　　本 787mm×1092mm 1/16
印　　张 13.25
字　　数 310千字
购书热线 010-58581118
咨询电话 400-810-0598
网　　址 http://www.hep.edu.cn
http://www.hep.com.cn
网上订购 http://www.landraco.com
http://www.landraco.com.cn
版　　次 2011年8月第1版
印　　次 2011年8月第1次印刷
定　　价 23.00元

物 料 号 33164-00

前　言

计算机科学技术知识与应用技能已经成为各类高级专门人才所必备的基础知识和基本技能。因此，高等职业院校针对非计算机专业的计算机基础教学也就成为培养高素质人才的重要环节，是目前各高等职业院校重要的基础课程之一。

计算机应用基础是一门实践性很强的课程，在教学过程中应十分重视实践环节的教学。本书根据计算机基础知识和应用能力等级考试大纲（一级）的要求编写。为了适应计算机技术的飞速发展以及高职高专计算机教育形势发展的需要，培养更多高端技能型人才，我们组织了一批经验丰富、长期从事计算机基础教学的教师，精心编写了这本书。本教材突出操作实践，淡化理论阐述，针对性强，体现了计算机教学的参考性、可操作性。书中既有大量的实训分析题，又有大量实践操作题。

本书由新疆农业职业技术学院、昌吉职业技术学院、新疆伊犁职业技术学院、新疆警官高等专科学校合作完成；杨功元、万琼任主编，赵丽、孙延靖、游海英任副主编，赵丽、杨功元负责统稿和校对；各章节参编人员如下。

实训 1: 陈红、和海莲、王萍、鲍豫鸿（昌吉职业技术学院）;

实训 2: 万琼、盛国栋、安尼瓦尔·加马力（新疆警官高等专科学校）;

实训 3: 赵丽（新疆农业职业技术学院）;

实训 4: 李桂珍、张萍老师（新疆农业职业技术学院）;

实训 5: 窦琨、罗丹（新疆农业职业技术学院）;

实训 6: 赵丽、杨功元（新疆农业职业技术学院）;

实训 7: 游海英、黄志玲、阿不都外力（新疆伊犁职业技术学院）;

全国计算机一级等级考试模拟试题与解析: 赵丽、孙延靖（新疆农业职业技术学院）;

计算机基础练习题和答案: 陈红（昌吉职业技术学院）。

本书可作为高职高专院校、中等职业院校、成人高等学校的计算机公共基础课程教材，也可作为自学者的入门参考教材和计算机应用培训、办公自动化培训及各类计算机基础培训班的培训教材。

本书在编写过程中参考了大量的相关教材和资料，在此向相关作者表示衷心的感谢。

由于时间仓促和作者水平有限，书中难免存在一些错误和疏漏，恳请读者不吝批评指正。

编　者

2011 年 5 月

目　录

实训 1
计算机基本操作及系统配置

一、实训目的

（1）了解键盘字母的分配结构和录入文字的标准指法，掌握英文字母（大小写）、各种符号的输入方法。了解记事本程序的启动、文件保存和退出的方法。

（2）掌握汉字输入法，进行不同输入法切换、中英文状态切换、全角/半角状态切换等常用操作的实践，熟练掌握功能键和软键盘的常用技能。

（3）了解计算机的基本组成结构，了解主机与外部设备的连接，了解主机箱和显示器面板上按钮的功能，认识主机箱内的主要部件。

二、知识技能要点

（一）计算机基本操作知识

1. 键盘的组成

键盘的组成如图 1-1 所示。键盘上常用按键的功能简介如下。

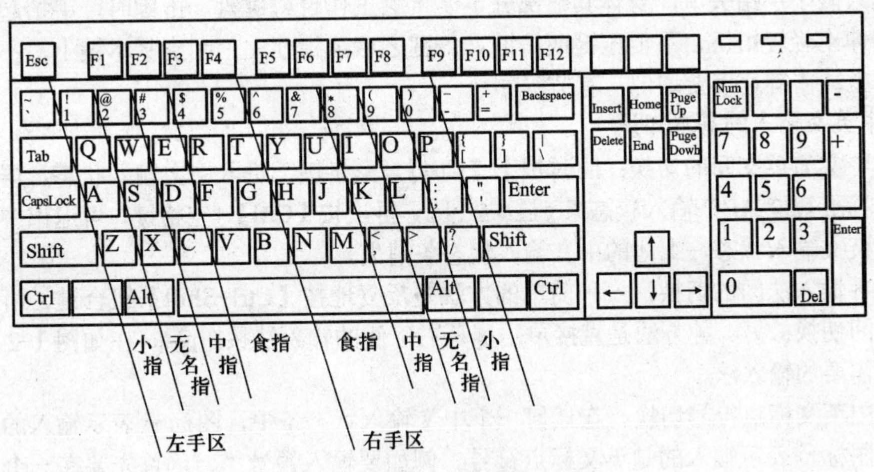

图 1-1　键盘的分布及手指分工

✧　Caps Lock：大小写字母的切换键。

✧　Esc 退出键：按下此键，将退出当前状态或取消当前操作或返回系统。

✧　Shift 换档键：要输入如！、#、&、*等这些排在键盘上排的符号时，必须要在按住 Shift 键的同时，再按相应的键。

✧ BackSpace 退格键：按下此键，将删除光标左边的一个字符。

✧ Print Screen 复制屏幕键：打印屏幕，是把当前屏幕的内容作为一幅图片复制到剪贴板。

✧ Num Lock 数字锁定键：该键是一个开关键。在小键盘里有 10 个双功能键。当按下此键时，小键盘上方对应的指示灯变亮，这 10 个键作为数字键使用；若再按下此键，指示灯灭，这 10 个键作为编辑键或光标移动键使用。

✧ Tab 水平制表键：主要用于文档排版。

✧ Delete 删除键：删除光标所在位置右边的字符。

✧ Ctrl 和 Alt 控制键：与其他键配合使用，形成组合功能键达到某个控制或编辑功能的作用。

✧ Insert 插入字符开关键：按一次该键，进入字符插入状态；再按一次，则取消字符插入状态，进入字符改写状态。

2. 键盘的指法

键盘的指法是指如何运用 10 个手指击键的方法，即规定每个手指分工负责击打哪些键位，以充分调动 10 个手指的作用，并实现不看键盘地输入（盲打），从而提高击键的速度。

✧ 键位及手指分工：键盘的“ASDFJKL;”这 8 个键位定为基本键。输入时，左右手的 8 个手指头（大拇指除外）从左至右自然平放在这 8 个键位上。键盘的打字键区分成两个部分，左手击打左部，右手击打右部，且每个字键都有固定的手指负责，如图 1-1 所示。十指分工，包键到指，各负其责。

✧ 正确的击键方法：平时各手指要放在基本键上。打字时，每个手指只负责相应的几个键，不可混淆。一手击键，另一手必须在基本键上处于预备状态。手腕平直，手指弯曲自然，击键只限于手指关节，身体其他部分不要接触工作台或键盘。击键时，手抬起，需要击键的手指伸出轻轻击键，不要压键或按键。击键之后手指要立刻回到基本键上，不要停留在已击的键上。击键速度要均匀，有节奏感。

3. 中英文输入的基本知识

✧ 中文与英文间的切换：同时按下【Ctrl】+空格键，进入中文输入状态，屏幕的左下角会出现标准智能 ABC 输入状态条 标准 ，再次按【Ctrl】+空格键，可退出中文输入状态，进入英文输入状态，上述的中文输入状态条消失。

✧ 各输入法间的切换：一种简单的方法是反复地按【Ctrl+Shift】组合键，可以在各种输入法之间切换；另一种方法是直接单击屏幕右下侧的输入法按钮，在如图 1-2 所示的菜单中选择需要的输入法。

✧ 中英文标点符号切换：在任何一个中文输入状态条中，图标表示输入的是中文标点符号；图标表示输入的是英文标点符号。例如要输入顿号“、”，首先要在一个中文输入状态条中，用鼠标单击图标使其变成，然后按“\”键。

✧ 半/全角：主要针对英文字母和数字的。当在半角时，输入的英文字母和数字只占半个汉字的位置；当在全角时，输入的英文字母和数字将占一个汉字的位置。

✧ 软键盘：如图 1-3 所示，软键盘按钮是灰色的，用鼠标右击这个软键盘按钮后，会弹出软键盘菜单，如图 1-4 所示；选择某一类型时，相应的软键盘会显示在屏幕上，图 1-5

显示的是【数字序号】的软键盘的内容。当使用完毕后，注意再选择【PC 键盘】选项，然后单击软键盘按钮，使其变成灰色状态。

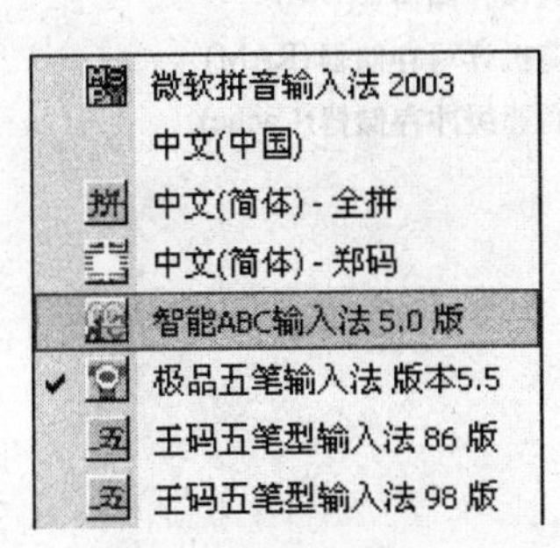

图 1-2　各种输入法

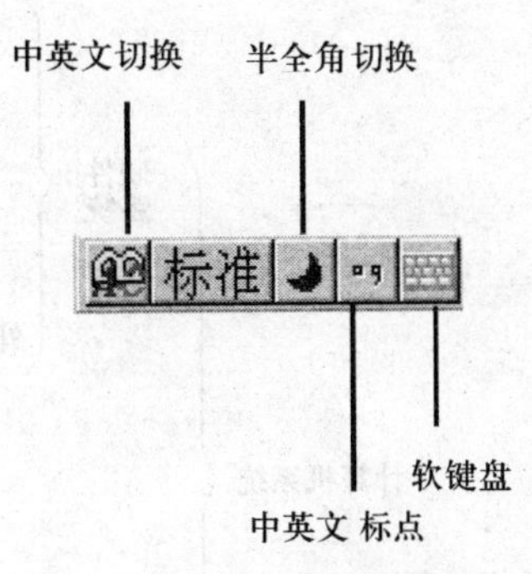

图 1-3　输入法的常用功能

PC键盘	标点符号
希腊字母	✓数字序号
俄文字母	数学符号
注音符号	单位符号
拼　音	制表符
日文平假名	特殊符号
日文片假名	

图 1-4　软键盘菜单

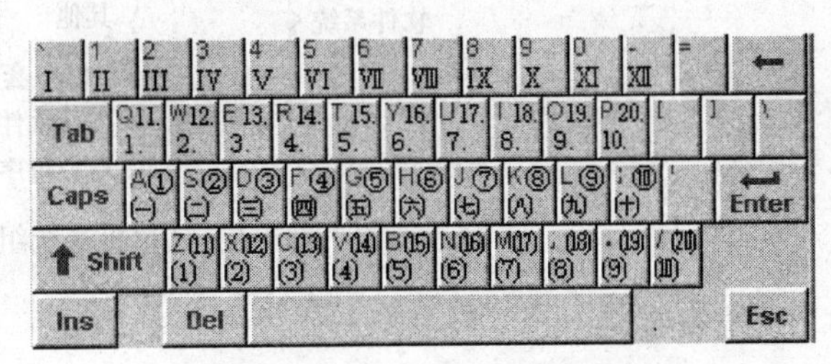

图 1-5　【数字序号】软键盘

4. **中英文的输入与保存**

✧　中文输入时：只要选择某一种中文输入法后并选择中文标点，就可以输入中文和中文标点。注意在大写状态下不能输入汉字。

✧　有些中文输入法，可以通过词组的输入加速中文的录入，如“智能 ABC 输入法”，很多词组的输入可以省去韵母，如输入“jsj”（计算机），“xx”（学习），“sy”（实验）等等，出现同音字，可用键盘上的【=】键和【-】键向后翻或向前翻来选择。

✧　当输入了一定的文字后，要及时按下【Ctrl+S】组合键保存文件并注意保存文件的位置。

(二) 计算机系统组成与配置

1. 计算机系统组成

计算机系统组成如图 1-6 所示。计算机硬件系统由运算器、控制器、存储器、输入设备和输出设备等组成。计算机软件系统中，操作系统是计算机工作的核心。计算机的工作原理是“存储程序和存储控制”。

2. 硬件的基本配置

衡量计算机性能的指标主要有字长、主频和内存容量。计算机硬件由主机、显示器、键盘、鼠标组成，具有多媒体功能的计算机还配有音箱和话筒、游戏操纵杆等，除此之外，计算机还可以外接打印机、扫描仪、数码相机等设备。

计算机最主要的部分是 CPU、内存、硬盘、各种插卡如（显卡、声卡、网卡）等。

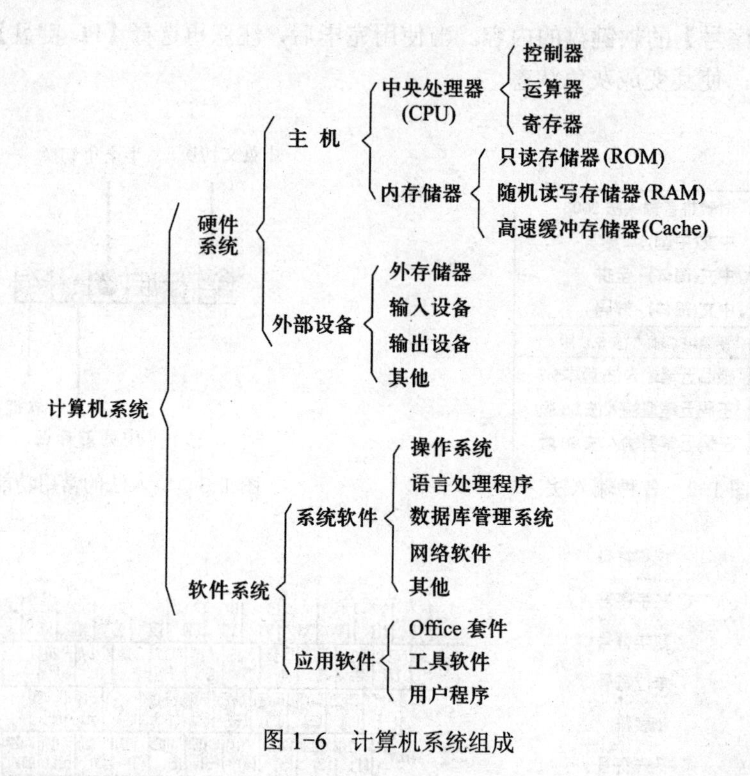

图 1-6 计算机系统组成

3. 系统安装

系统安装分硬件的安装和软件的安装。

（1）硬件安装。首先在主板的对应插槽里，安装 CPU、内存条，然后把主板安装在主机箱内，再安装硬盘、光驱，接着安装显卡、声卡、网卡，连接机箱内的接线，最后连接外部设备如显示器、鼠标和键盘。主机箱如图 1-7 所示。

图 1-7 主机箱

（2）软件安装。计算机组装完毕后，需要配置一些参数，安装系统软件和应用软件。

✧ 对 CMOS 和 BIOS 设置。
✧ 分区和格式化硬盘。
✧ 安装 Windows XP 操作系统。
✧ 安装主板驱动程序。
✧ 安装声卡、显卡、网卡等外设驱动程序。
✧ 安装应用程序。

三、实训内容及步骤

1. 计算机系统组成

（1）认真观察主机后面的接插座，注意观察打印机接口、键盘接口、鼠标接口、串行口、网卡接口、声卡接口、显卡接口和电源接口，如图 1-8 所示。

（2）查看微机内部各组成部分，认识电源、硬盘、光驱、显卡、网卡、声卡、主板上的CPU芯片和内存条，如图1-9～图1-15所示，并观察内部连接情况。

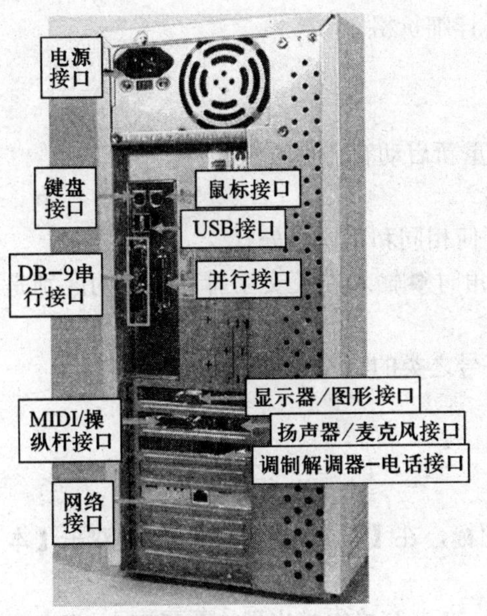

图1-8　主机后部的各接口

图1-9　主板

图1-10　CPU

图1-11　内存条

图1-12　光驱

图1-13　硬盘

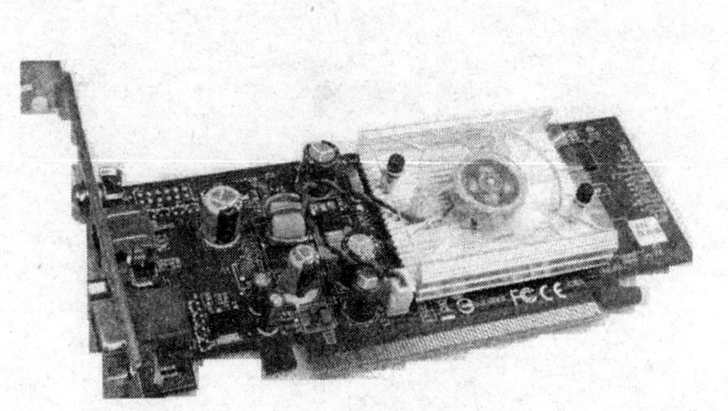

图1-14　网卡

图1-15　声卡

2. 选购计算机

（1）上网查找资料或到电脑城收集资料。

（2）配置一台价值三千元左右的学生用机。

（3）在记事本中，列出配置清单和各配件类型、详细价格。

四、思考与提高

（1）微型计算机面板上 Reset 按钮起何种作用？重新启动有几种方法？

（2）为什么说微型计算机的外接线一般不会接错？

（3）文件菜单中的【保存】和【另存为】命令有何相同和不同之处？

（4）在半角时输入的英文字母和数字与在全角时输入的英文字母和数字的区别是什么？

（5）尝试在文档中输入一些如希腊字符、数字序号之类的特殊符号。

习 题 一

（1）在 Windows XP 桌面上双击【我的电脑】图标，在【我的电脑】窗口中，双击【本地磁盘（E:）】。

（2）选择【文件】→【新建】→【文件夹】命令，在右窗格中将出现新建文件夹，将文字“新建文件夹”修改成自己的学号（如 085100030）。

（3）先输入两篇文章，分别以 exp1_1 和 exp1_2 为文件名保存在 E 盘的自己学号（如 085100030）的子文件夹下或指导教师指定的文件夹下，然后修改并保存这两篇文章。

实训 2
Windows XP 文件管理

一、实训目的

（1）熟练掌握文件和文件夹的浏览方法。

（2）掌握对文件和文件夹的一些基本操作。

（3）掌握【我的电脑】和【资源管理器】窗口中的一些操作。

二、知识技能要点

（一）文件和文件夹管理

1. 文件夹

在 Windows XP 中文件夹是按树型结构来组织和管理的。文件夹树的最高层称为根文件夹。一个逻辑磁盘驱动器只有一个根文件夹。在根文件夹中建立的文件夹称为子文件夹，子文件夹还可以再包含子文件夹。

2. 路径

（1）路径：在文件夹的树型结构中，从根文件夹开始到任何一个文件都有唯一通路，该通路全部的结点组成路径。路径就是用“\”隔开的一组文件夹名。

（2）当前文件夹：指正在操作的文件所在的文件夹。

（二）我的电脑和资源管理器

1. 我的电脑

【我的电脑】图标通常位于桌面的左上方，双击该图标便可打开【我的电脑】窗口。它是系统的一个文件夹，系统安装时自动在桌面上为它建立了一个图标。利用【我的电脑】可以显示文件夹的结构和文件的详细信息，启动应用程序，打开文件，查找文件，复制及删除文件和访问 Internet 等，可用于管理计算机硬件设备的程序，其管理设备的多少与计算机中已安装的硬件设备有关。

【我的电脑】窗口的菜单栏上包含【文件】、【编辑】、【查看】、【收藏】、【工具】和【帮助】等菜单项，选择的对象不同时，菜单中的选项也会不同。

2. 资源管理器

资源管理器是 Windows XP 系统提供的资源管理工具，可以用它查看本台计算机的所有资源，特别是它提供的树形的文件系统结构，使用户能更清楚、更直观地认识计算机的文件和文件夹，这是【我的电脑】所没有的。在实际的使用功能上【资源管理器】和【我的电脑】没有什么不一样的，两者都是用来管理系统资源的，也可以说都是用来管理文件的。另外，在【资源管理器】窗口中还可以对文件进行各种操作，如打开、复制、移动等。

（三）快捷方式与回收站

1. 快捷方式

桌面上那些五颜六色的图标都有一个共同的特点，在每个图标的左下角都有一个非常小的箭头。这个箭头就是用来表明该图标是一个快捷方式的。快捷方式是 Windows 提供的一种快速启动程序、打开文件或文件夹的方法。它是应用程序的快速连接，扩展名为.lnk，对经常使用的程序、文件和文件夹非常有用。

快捷方式一般存放在桌面上、【开始】菜单里和任务栏上的【快速启动】这三个地方。这三个地方都可以在开机后立刻看到，以达到方便操作的目的。

2. 回收站

回收站是管理文件和文件夹的另外一个重要的工具。使用回收站的删除和还原功能，用户可以将没用的文件或文件夹从磁盘中删除，以便释放磁盘空间。不过，默认情况下，系统只是逻辑上删除了文件或文件夹，实际上，这些文件或文件夹仍保留在磁盘上。如果回收站的空间足够且未被清理过，则用户可以随时恢复已经删除的文件。因此，回收站是用户管理文件与文件夹的一个特殊且必要的工具。

三、实训内容及步骤

（一）管理文件和文件夹实训

1. 查看文件和文件夹

（1）双击桌面上的【我的电脑】图标，进入文件或文件夹窗口。如图 2-1 所示，在【我的电脑】窗口中显示了系统中的硬盘分区以及软盘和光驱等存储器，还有系统用户的专用文件夹。

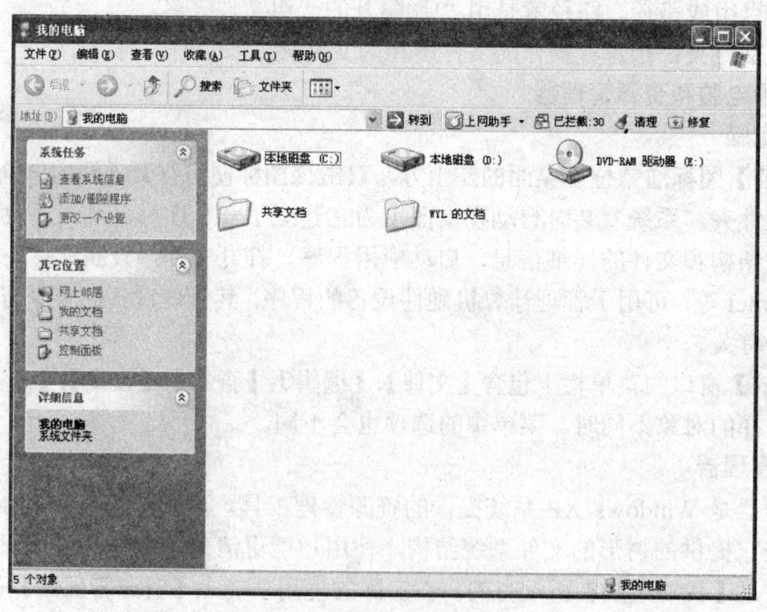

图 2-1 【我的电脑】窗口

（2）Windows XP 为用户设置了很多种显示文件的方法。在【我的电脑】窗口中的任意处右击，在弹出的快捷菜单中选择【查看】命令，在子菜单中列出了 5 种文件和文件夹的查看方式，分别是【缩略图】、【平铺】、【图标】、【列表】和【详细信息】，如图 2-2 所示。

✧ 其中【缩略图】查看方式是 Windows XP 新增加的查看方式，选择这一查看方式时，不仅可以看到当前位置中的图像文件，还可以看到文件夹内部的图像文件的缩略图。

✧ 选择【详细信息】查看方式时，将详细列出每一个文件和文件夹的具体信息，包括大小、修改日期和文件类型。

✧ 【平铺】和【列表】两种显示方式是按行和列的顺序来放置文件和文件夹的。

2. 排列文件和文件夹

（1）在【我的电脑】窗口中的任意处右击，在弹出的快捷菜单中选择【排列图标】命令，在子菜单中列出了排列文件和文件夹的几种方式，分别是【名称】、【类型】、【大小】……，这对于查找文件是很有帮助的，如图 2-3 所示。

（2）如果知道要找的文件的大概名称，可选择按照【名称】进行排列；如果要了解一下各个文件占用硬盘空间的状况，可选择按照【大小】进行排列；要了解文件的类型，可选择按【类型】排列，则将根据文件的后缀排列文件。

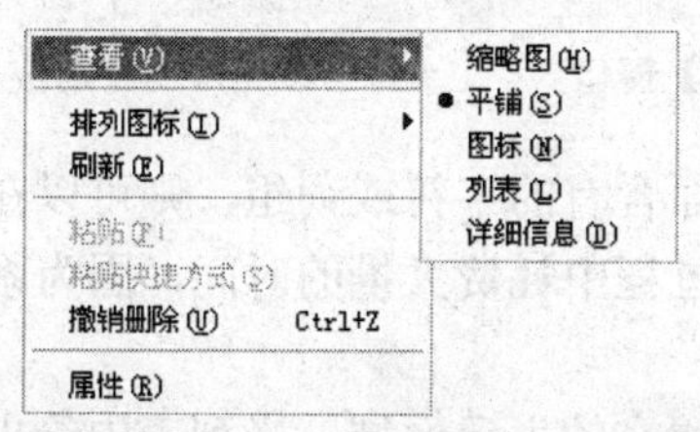

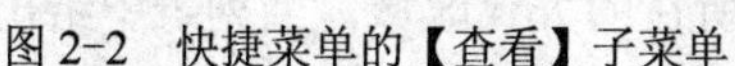
图 2-2 快捷菜单的【查看】子菜单

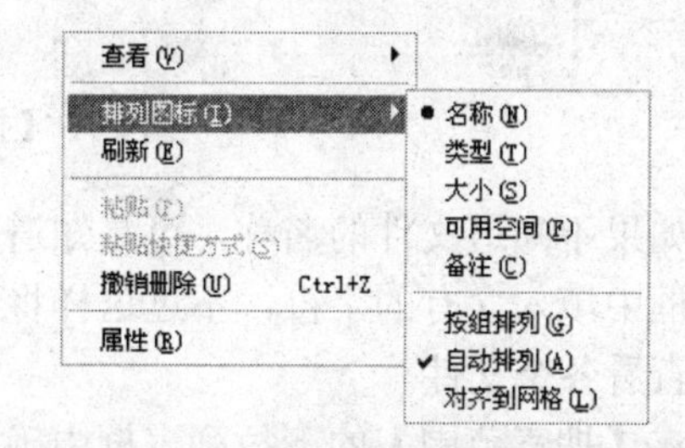

图 2-3 快捷菜单的【排列图标】子菜单

（3）另外在选择按照【名称】、【类型】、【大小】等排列图标的同时，还可以更进一步选择按照该种排列方式下的具体显示方法，可选择【按组排列】和【自动排列】等，选择【按组排列】命令时将把文件和文件夹分成几个类别。

3. 查找文件和文件夹

在计算机磁盘中，有大量的文件和文件夹。有时用户需要查找某个文件或文件夹，却不知道它在计算机中的具体位置，此时最好的方法就是利用计算机操作系统中的查找功能，就可以让计算机自动地查找到该文件或文件夹。具体操作步骤如下：

（1）单击任务栏的【开始】按钮。

（2）在【开始】菜单中选择【搜索】命令，在打开的菜单中单击【所有文件和文件夹】命令，打开【搜索结果】窗口，如图 2-4 所示。

（3）在【要搜索的文件或文件夹名为】文本框中输入要查找的文件或者文件夹的名称。用户不必输入完全相同的字符串，计算机会根据用户提供的字符查找具有相同的字符串的文件或文件夹。例如，查找 Windows XP 附件中的应用程序【计算器】，可输入 calc.exe。

如果记不太清楚所要查找的文件或文件夹名，还可使用通配符“？”和“*”帮助查找。例如，查找【计算器】，也可以输入 ca？？.*。

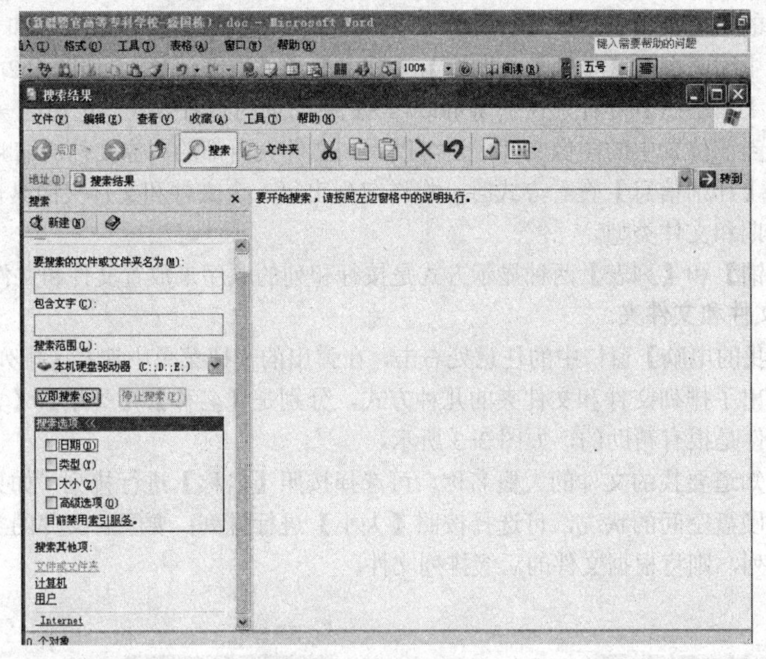

图 2-4 【搜索结果】窗口

（4）如果不知道文件的名称，可是知道文件里面含有的字符或词组，则可以在【包含文字】文本框中填入含有的字符，不过这样将在搜索过程中耗费大量的时间，因为系统将不得不逐一地查看各个文件。

（5）在【搜索范围】的下拉列表框中确定文件所在的大致区域，当列表中给出的位置不够详细时，可以选择列表中的末尾一项【浏览】，具体指定文件或文件夹所在的大致位置。

（6）提示中还提供了【日期】、【类型】、【大小】和【高级选项】等搜索选项，可以设置一些关于搜索的具体信息。

（7）单击【立即搜索】按钮，系统将开始搜索。

最后，当搜索完成之后，将在窗口中列出查找出的符合搜索条件的文件和文件夹，用户再找出自己真正需要寻找的文件即可。

4. 创建文件夹

创建文件夹的目的就是把相同类别的文件放在同一文件夹中，这样便于用户管理。创建文件夹的步骤如下：

（1）首先在【我的电脑】窗口中确定你要创建文件夹的位置，例如 C：盘的根目录。

（2）在窗口中右击，在弹出的快捷菜单中选择【新建】→【文件夹】命令。

（3）在窗口中增加了一个名字为【新建文件夹】的新文件夹，这时候它的名称的背景颜色为蓝色，可以对它的名字进行更改。

（4）输入你所期望的文件夹的名称，通常作为文件管理，文件夹的名称应该表明文件夹中的文件内容。

5. 文件或文件夹重命名

在初次命名文件或文件夹时，会因为考虑不够周全，而使文件名不够完美，此时就可以更改它。用户通过更改文件或文件夹名，就能够比较清楚地管理磁盘中的文件。文件或文件夹重命名的步骤如下：

（1）右击要重命名的文件或文件夹，在弹出的快捷菜单中，选择【重命名】命令。这时候它的原名称的背景颜色为蓝色，表明可以对它进行更改。

（2）输入新名称后，按【Enter】键或在输入的名称之外的窗口内单击即可。

6. 选择文件和文件夹

选择文件或文件夹是计算机操作中经常做的事，几种常见的操作方式如下。

（1）选择单个文件和文件夹。对于单个文件和文件夹，只要用鼠标单击就可以选择。

（2）选择多个文件和文件夹，有如下操作方法：

✧ 选择连续的文件或文件夹，可在选择第一个文件或文件夹之后，按住【Shift】键不放，再单击最后一个文件或文件夹。

✧ 选择非连续的多个文件或文件夹，可在选择第一个文件或文件夹后，按住【Ctrl】键不放，再单击选择其他文件或文件夹。

（3）选择窗口中的所有文件可按【Ctrl + A】组合键。

（4）有时在整个窗口中，除了少数几个文件和文件夹不选外，其余的都要选，这时就可以先选择不需要选的几个文件和文件夹，然后使用【编辑】下拉菜单中的【反向选择】命令来选择所需要选择的文件。

（5）另外一种选择文件以及文件夹的方法，就是用鼠标直接拉出的框来选择文件和文件夹。

（6）放弃已选的文件和文件夹。要放弃已选的文件或文件夹，只要在已选对象之外的窗口内空白处单击鼠标即可。对于非连续文件或文件夹的选择，按住【Ctrl】键，单击对象进行选择，再单击一次已选对象则放弃选择。

7. 复制或移动文件和文件夹

对文件或文件夹管理，复制和移动是常见的操作。复制指的是在不删除源文件或文件夹的前提下，将其复制一份放到另一目的地；而移动文件，则是将源文件或文件夹搬到另外一个目的地，原位置已不再有这些文件或文件夹。

（1）目的地可见的复制或移动。可以使用拖放技术来复制或移动文件和文件夹。

1）打开需要复制或移动的文件或文件夹的源窗口和目标窗口，使得它们同时可以看见；或者在同一窗口中可见的不同文件夹之间复制或移动。

2）选定想要复制或移动的文件和文件夹，按住鼠标左键，将文件和文件夹拖到目的地，然后释放鼠标左键，则完成移动文件和文件夹的操作；先按住【Ctrl】键，再按住鼠标左键，将文件或文件夹拖到目的地，则完成复制文件和文件夹操作。

注意：将文件和文件夹拖动到其他磁盘驱动器时，Windows XP 的移动是复制。

（2）目的地不可见的复制或移动。与复制和移动相对应的三种操作命令是【复制】、【剪切】和【粘贴】。复制文件时，需要先执行【复制】命令，再执行【粘贴】命令；移动文件时，需要先执行【剪切】命令，再执行【粘贴】命令。操作步骤如下：

1）选择需要复制或移动的源文件和文件夹。

2）右击选择的文件，弹出快捷菜单。若要复制文件，则在快捷菜单中选择【复制】命令；

若要移动文件，则在快捷菜单中选择【剪切】命令。

3）找到需要复制或移动到的目的文件夹，然后右击弹出快捷菜单，选择【粘贴】命令即可。

注意：与【复制】命令相对应的快捷键是【Ctrl + C】，与【剪切】相对应的快捷键是【Ctrl + X】，与【粘贴】相对应的快捷键是【Ctrl + V】。使用快捷键操作文件和文件夹的复制或移动更为便捷。

（3）【发送到】命令的使用。复制文件和文件夹还有一条命令可以使用，也非常方便，省去了切换窗口和执行【复制】与【粘贴】命令的烦琐。【发送到】命令可以把文件或文件夹的复制发送到很多目的地：桌面、邮件接收者（E-mail 发送）或【我的文档】等。具体的操作如下：

1）右击需要复制的源文件和文件夹，在弹出的快捷菜单中选择【发送到】选项，如图 2-5 所示。

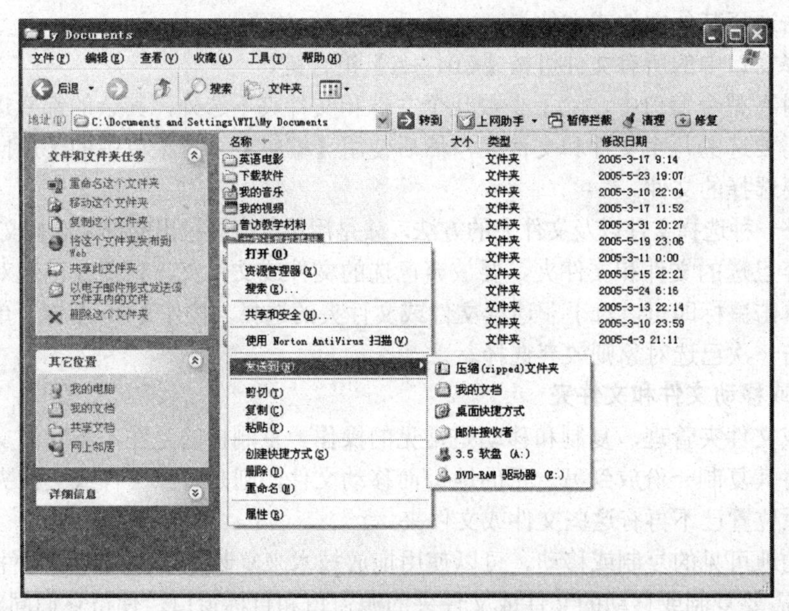

图 2-5 【发送到】选项

2）选择需要发送的目的地，然后执行相应的复制操作。

8. **删除与恢复文件和文件夹**

（1）删除文件和文件夹。删除文件和文件夹分为两种：一是逻辑删除，需要时还可以从回收站恢复被删除的文件和文件夹；另一种是物理删除，腾出磁盘空间，无法再恢复已删除的文件和文件夹。

✧ 逻辑删除文件和文件夹的方法一：

1）选择要删除的文件和文件夹。

2）在选择的文件和文件夹上右击，并在弹出的快捷菜单中选择【删除】命令。

3）在出现的【确认删除】对话框中，单击【是】按钮，就会看到一幅纸片飞向垃圾桶的画面。

✧ 逻辑删除文件和文件夹的方法二：

把需要删除的文件和文件夹直接拖到【回收站】图标上，然后释放鼠标。

✧ 物理删除文件和文件夹的方法：

1）选择需要删除的文件和文件夹，按住【Shift】键，再加按【Delete】键。在弹出的【确认删除】对话框中，单击【是】按钮，就会看到一幅纸片飞向空中，而不是飞向垃圾桶的画面。此操作应特别小心，因为是进行物理删除，删除的这些文件和文件夹将不能被恢复。

2）可以不加选择地在回收站窗口执行【清空回收站】命令，物理删除回收站内的所有文件和文件夹。

注意：在删除文件夹时，该文件夹中的所有文件和子文件夹都将被删除。另外，如果一次性删除的文件过多，容量过大，回收站中有可能装不下，此时系统会出现提示【确认删除】对话框，提示用户所删除的文件太大，无法放入回收站，此时单击【是】按钮，则会进行物理删除，将永久地删除这些文件和文件夹。

（2）恢复删除的文件或文件夹。如果逻辑删除的文件或文件夹仍在【回收站】中，就可恢复删除，步骤如下：

1）双击桌面上的【回收站】图标，打开【回收站】窗口。

2）选择已被删除而欲还原的文件和文件夹。

3）单击窗口左侧的【还原此项目】命令。

当执行完上述各步骤时，所选文件和文件夹从回收站窗口中消失，并回到原来的地方。当然，如果要把回收站中的全部文件和文件夹还原到原来的地方，可单击【回收站】窗口左侧的【恢复所有项目】命令，就可以看到被逻辑删除的文件和文件夹将全部回到原来的地方去。

9. 文件或文件夹属性的改变

（1）查看文件和文件夹的属性的操作步骤如下：

1）右击要查看属性的文件，在弹出的快捷菜单中选择【属性】命令，则会弹出该文件的【属性】对话框，如图 2-6 所示。

2）在文件【属性】对话框中列出了一些基本的属性，如文件或文件夹的位置、大小、修改日期、创建日期等。另外，还可以选择设置文件的【只读】和【隐藏】属性。

3）可以更改文件的【打开方式】和设置文件的【高级】选项。

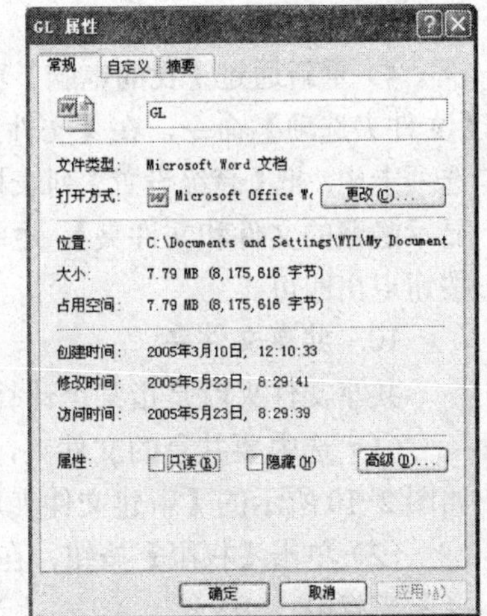

图 2-6　文件【属性】对话框

（2）隐藏文件或文件夹的操作步骤如下：

1）在需要隐藏的文件或文件夹上右击，并在弹出的快捷菜单上，选择【属性】命令，在【隐藏】属性复选框上打勾，设置文件夹的隐藏属性，如图 2-7 所示。

2）单击【应用】按钮，出现【确认属性更改】对话框，如图 2-8 所示。选择【将更改应用于该文件夹、子文件夹和文件】单选按钮，然后单击【确定】按钮。此时该文件夹就隐藏起来不可见了。

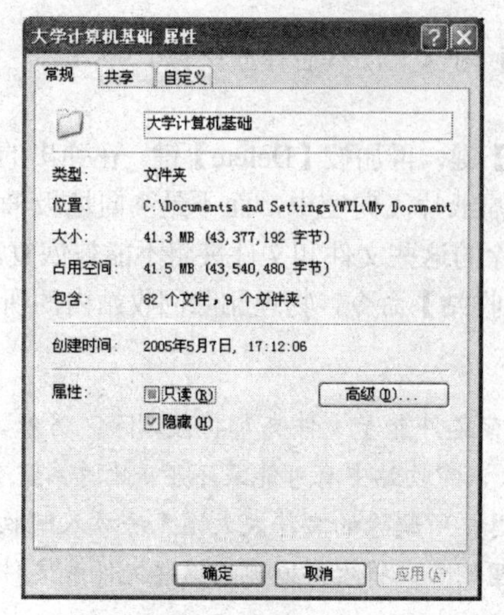

图 2-7　文件夹【属性】对话框

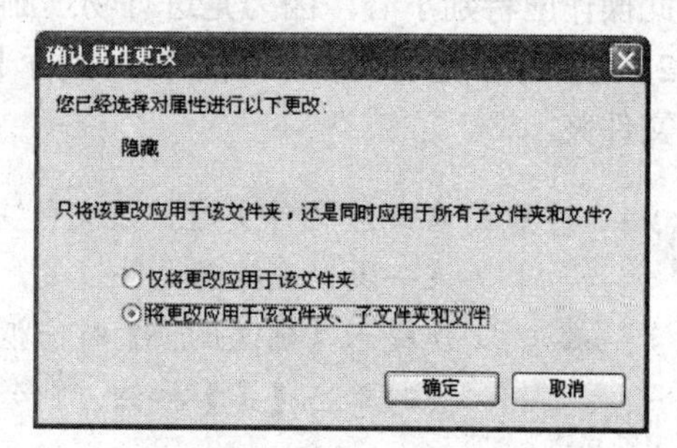

图 2-8 【确认属性更改】对话框

（3）恢复隐藏的文件或文件夹的操作步骤如下：

1）在【我的电脑】窗口，下拉出【工具】菜单，单击【文件夹选项】命令，打开【文件夹选项】对话框，如图 2-9 所示。

2）选择【查看】选项卡，并在【高级设置】列表框中，选择【显示所有文件和文件夹】选项，如图 2-9 所示。然后单击【应用】按钮和【确定】按钮退出，即可看到被隐藏的文件夹。由于被隐藏的文件夹的属性是【隐藏】，所以该文件夹是淡化显示出来的。

3）使用更改文件或文件夹属性的方法，把淡化显示的文件夹的【隐藏】属性去掉，即可恢复被隐藏的文件或文件夹。

4）重新通过【我的电脑】窗口的【工具】下拉菜单的【文件夹选项】命令，在【文件夹选项】对话框的【查看】选项卡中，把【高级设置】列表框中的单选按钮恢复为【不显示隐藏的文件和文件夹】，并单击【应用】按钮和【确定】按钮退出即可。

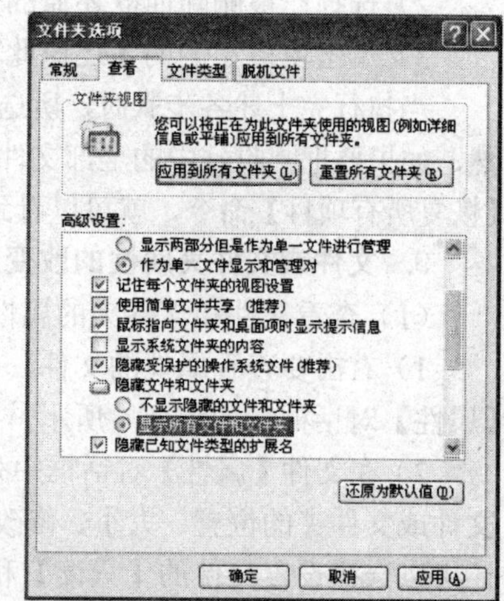

图 2-9 【文件夹选项】对话框

10. **共享文件夹**

共享文件夹就是指某个计算机用来和其他计算机间相互分享的文件夹。操作步骤如下：

（1）选中要共享的文件夹，右击，在弹出的快捷菜单中选择【共享和安全】选项，弹出如图 2-10 所示的【新建文件夹属性】对话框，在其中选择【共享此文件夹】选项。

（2）单击【权限】按钮，在弹出的如图 2-11 所示的【新建文件夹的权限】对话框中，选择所需权限。

（3）单击【确定】按钮，所选中的文件夹会变成如图 2-12 所示的图标效果，即设置成功。

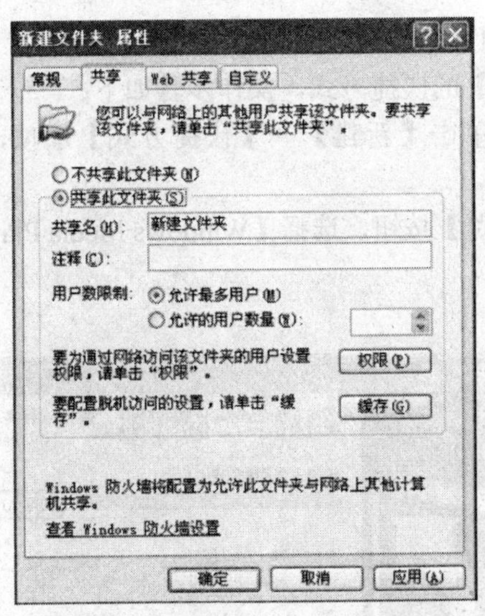

图 2-10 【新建文件夹属性】对话框

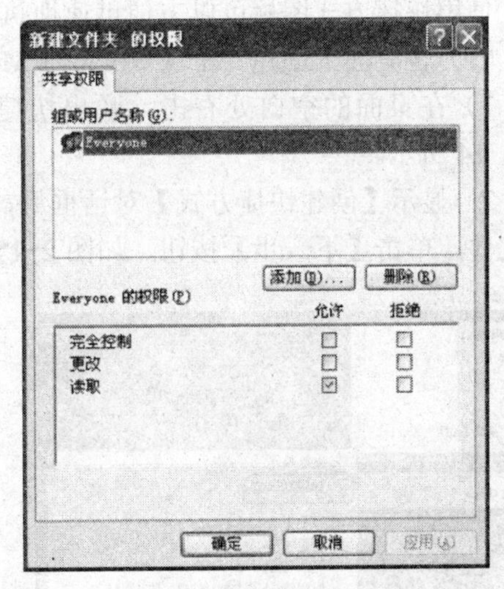

图 2-11 【新建文件夹的权限】对话框

11. 资源管理器

资源管理器主要用来管理软件资源及硬件资源，用户应主要掌握对文件（快捷方式）、文件夹等的操作。

图 2-12 共享的文件夹

✧ 资源管理器启动的基本方法：选择【开始】→【程序】→【附件】→【资源管理器】命令，打开如图 2-13 所示的窗口。

✧ 资源管理器启动的其他方法：右击【我的电脑】图标，在弹出的快捷菜单中选择【资源管理器】选项，或右击【开始】图标，在弹出的快捷菜单中选择【资源管理器】选项。

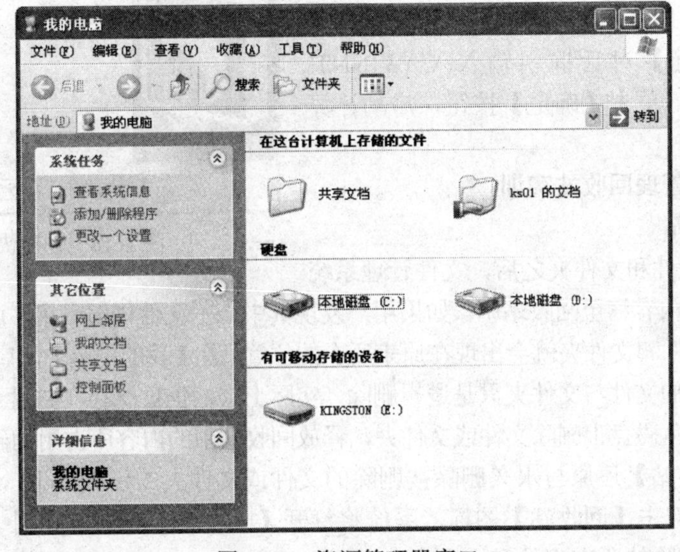

图 2-13 资源管理器窗口

12. **创建快捷方式**

使用快捷方式图标可以方便迅速地执行想要执行的程序或者打开想要打开的文件。

（1）在桌面上创建一个【Windows Media Player】的快捷方式，操作步骤如下：

1）在桌面的空白处右击，弹出快捷菜单后，单击【新建】→【快捷方式】选项，如图 2-14 所示。

2）显示【创建快捷方式】对话框后，单击【浏览】按钮，选择【Windows Media Player】的文件，单击【下一步】按钮，如图 2-15 所示。

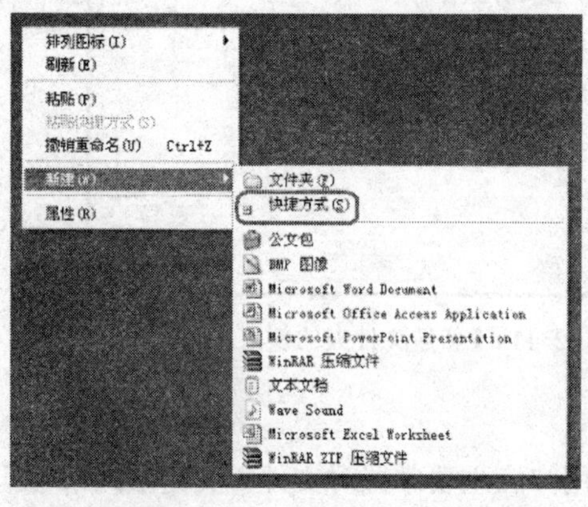

图 2-14　创建快捷方式 1

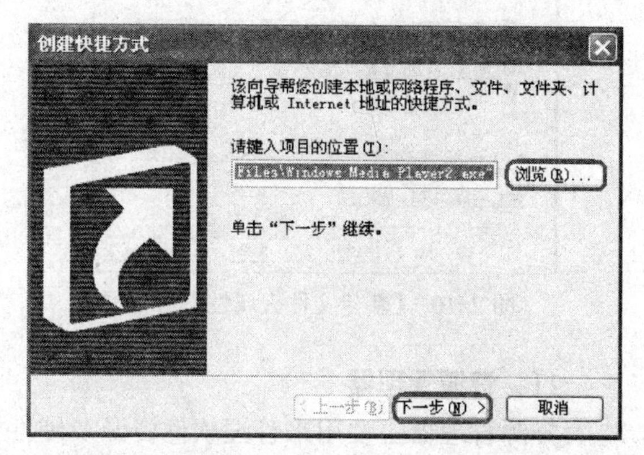

图 2-15　创建快捷方式 2

3）输入快捷方式的名称【Windows Media Player】，单击【完成】按钮，如图 2-16 所示，桌面上显示【Windows Media Player】的快捷方式图标。

图 2-16　创建快捷方式 3

（2）在【开始】菜单的【程序】子菜单里添加【计算器】(calc.exe）的快捷方式，操作步骤如下：

1）单击【开始】按钮，在【开始】菜单中选择【运行】命令。

2）在【运行】对话框中输入 C:\WINNT\System32\calc.exe，单击【确定】按钮，启动计算器应用程序。

（二）使用与管理回收站实训

1. **管理回收站**

用户在删除文件和文件夹之后，文件管理系统会自动将所删除的内容移至回收站中。如果用户发现其中一些文件仍旧有用，可通过回收站进行还原，被还原的文件和文件夹就会出现在原来所在的位置。在【我的电脑】窗口和【资源管理器】窗口中，用户删除的文件与文件夹只是逻辑删除，实际上它们仍被保存在磁盘上，只有清空回收站，才可以真正地从磁盘上删除文件或文件夹，释放回收站中的内容所占用的磁盘空间。

要利用【回收站】还原与永久删除被删除的文件或文件夹的步骤如下：

1）在桌面上双击【回收站】图标，系统将打开【回收站】窗口，如图 2-17 所示。窗口中列出了用户所删除的所有文件和文件夹。

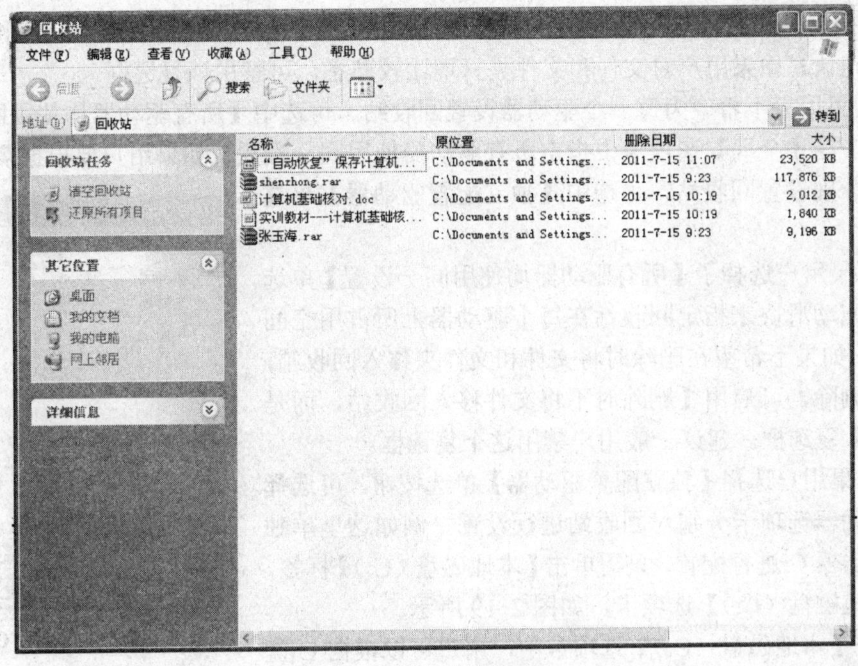

图 2-17 【回收站】窗口

2）在【回收站】窗口中，如果用户需要还原所有的已被删除的文件与文件夹，可单击窗口左侧【回收站任务】窗格中的【还原所有项目】链接命令，系统自动将所有的文件与文件夹还原到被删除前的位置。如果用户只需要还原某个文件或文件夹，可首先选定该文件或文件夹，然后单击【回收站任务】窗格中的【还原此项目】链接命令即可。

3）如果希望永久删除【回收站】中的文件或文件夹，可右击需要删除的文件或文件夹，系统将弹出快捷菜单，选择其中的【删除】命令即可完成永久删除。需要注意的是，这种删除是物理删除，文件再也无法恢复。

4）如果用户希望将回收站中的所有文件与文件夹都清理掉，可单击【回收站任务】窗格中的【清空回收站】链接命令，系统将自动完成物理删除操作，以清空整个【回收站】里的文件夹。

2. 设置回收站

在利用回收站进行删除文件和文件夹的管理过程中，用户可以使用回收站的默认设置，也可以自己动手定义回收站。在默认情况下，回收站最大占用硬盘空间的10%，并在用户删除文件和文件夹时显示信息提示框。用户可以对这些默认设置进行修改，以满足自己的特殊需要。

要设置回收站的存储空间与删除选项，可按以下步骤进行操作：

1）在桌面上，右击【回收站】图标，从弹出的快捷菜单中选择【属性】命令，打开【回收站属性】对话框，如图 2-18 所示。

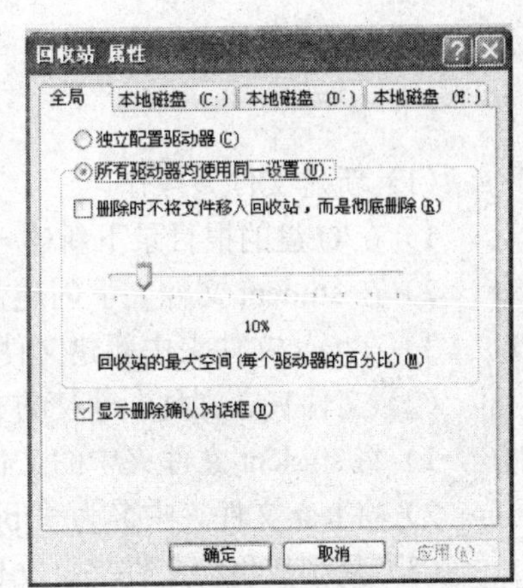

图 2-18 【回收站 属性】对话框

2）在【全局】选项卡中启用【显示删除确认对话框】复选框，可在删除文件和其他项目之前进行确认。如果用户对文件和文件夹管理比较熟悉，可禁用该复选框。

3）如果用户不希望为每一个驱动器设置回收站，可选中【所有驱动器均使用同一设置】单选按钮，在【全局】选项卡中指定所有驱动器使用同一设置；如果用户要根据需要为不同的驱动器分别设置回收站，可选中【独立配置驱动器】单选按钮。

4）如果用户选择了【所有驱动器均使用同一设置】单选按钮，可拖动滑块来指定回收站在每个驱动器上所占用空间的百分比。如果不希望在删除时将文件和文件夹移入回收站，而是彻底删除，可启用【删除时不将文件移入回收站，而是彻底删除】复选框。建议一般用户禁用这个复选框。

5）如果用户选择【独立配置驱动器】单选按钮，可选择每一个驱动器选项卡分别对回收站进行设置。例如这里单独对磁盘驱动器 C:进行配置，只需单击【本地磁盘（C:)】标签，打开【本地磁盘（C:)】选项卡，如图 2-19 所示。

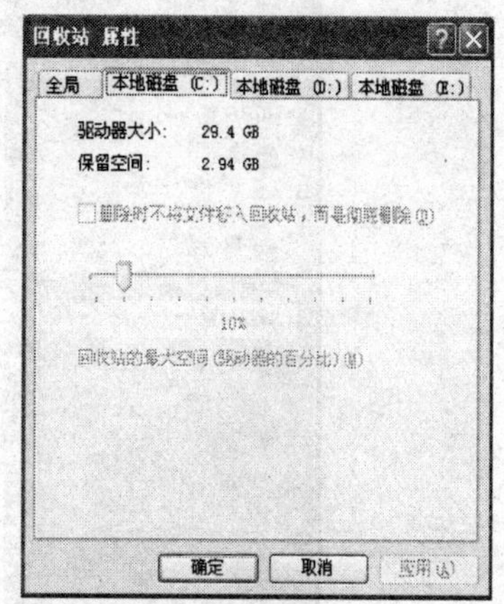

图 2-19 【本地磁盘（C:)】选项卡

6）在【本地磁盘（C:)】选项卡中，用户可以根据 C 盘的大小，以及资源占用空间的大小和剩余空间的大小来确定为回收站保留多少空间，只需拖动滑块进行调整即可。

7）设置完毕，单击【确定】按钮保存设置。

四、思考与提高

（1）文件的类型对文件操作有什么作用？
（2）创建文件快捷方式有什么好处？
（3）相对路径和绝对路径的区别是什么？路径对文件及文件夹的操作有什么作用？
（4）程序快捷方式和程序文件有什么区别？创建程序快捷方式的方法是怎么样的？
（5）回收站容量是不是越大越好？如何设置？

习　题　二

（1）新建文件夹操作。
1）在 C 盘的根目录下新建一个“student”文件夹。
2）在 student 文件夹下创建文件夹“test”。
3）在 test 文件夹中新建文件夹，取名为“jpg”。
（2）文件夹、文件、快捷方式的重命名。
1）将 student 文件夹中的文件“test”重命名为“file”。
2）将 test 文件夹中名为“jpg”的文件重命名为“bmp”。
（3）复制或移动文件夹、文件。
1）将 C:\windows\command 下的 edit.exe 复制到 student 文件夹下。

2）在D盘根目录下新建temp文件夹，将C:\windows下的odbc.txt、defrag.exe复制到此文件夹（d:\temp）下。

3）将student文件夹中的edit.exe文件移动到“file”文件夹下。

4）将file文件夹下的“edit.com”文件移动到桌面。

（4）删除文件夹、文件。

1）删除“file”文件夹中的文件edit.com。

2）删除桌面上的文件“edit.com”。

3）对以上的删除edit.com进行还原，清空回收站中的内容。

（5）文件、文件夹的属性设置。

1）将student文件夹下的edit.com设置为存档、只读。

2）利用Windows XP记事本创建一个文件“概述.txt”，保存在student文件夹下，文件内容为“办公自动化实训教程”，并设置该文件仅有只读、存档属性。

（6）查找文件或文件夹。

1）在C盘中查找“system.ini”文件，将其复制到student文件夹下，并重命名为“系统配置.ini”。

2）在C盘中查找“Desktop”的文件夹，并将其复制到student文件夹中。

3）查找文件名中含有 EXE 的文件，并将找到的文件容量最小的第一个文件复制到student文件夹中。

4）查找C盘中所有EXE类型文件，将查找的文件数记录在“exeFiles.txt”中，并将该文件保存在student文件夹中。

5）查找C盘Windows文件夹（不含其子文件夹）中首字母为S的所有INI类型的文件，将其全部复制到student文件夹中。

实训 3

中文字处理软件

3.1 制作个人自荐书

一、实训目的

（1）掌握字符格式、段落格式和页面格式的设置。
（2）掌握文档分节的使用方法。
（3）掌握图片的插入与处理方法。
（4）掌握艺术字的插入与处理方法。
（5）掌握文本框的插入与处理方法。
（6）掌握表格的制作。
（7）掌握打印预览和打印方法。

二、知识技能要点

（1）字符格式、段落格式的设置。
（2）页面格式的设置。
（3）图片的处理。
（4）艺术字的使用。
（5）文本框的使用。
（6）对文档进行分节。
（7）表格制作。
（8）打印预览与打印。

三、实训内容及步骤

（一）页面设置实训

1. 新建文档

（1）新建一个 Word 文档，如图 3-1 所示。

（2）按【Ctrl+S】组合键或选择【文件】菜单中的【保存】命令，如图 3-2 所示。

（3）打开【另存为】对话框，将其保存在桌面上，命名为“韩慧的个人自荐书”，如图 3-3 所示。

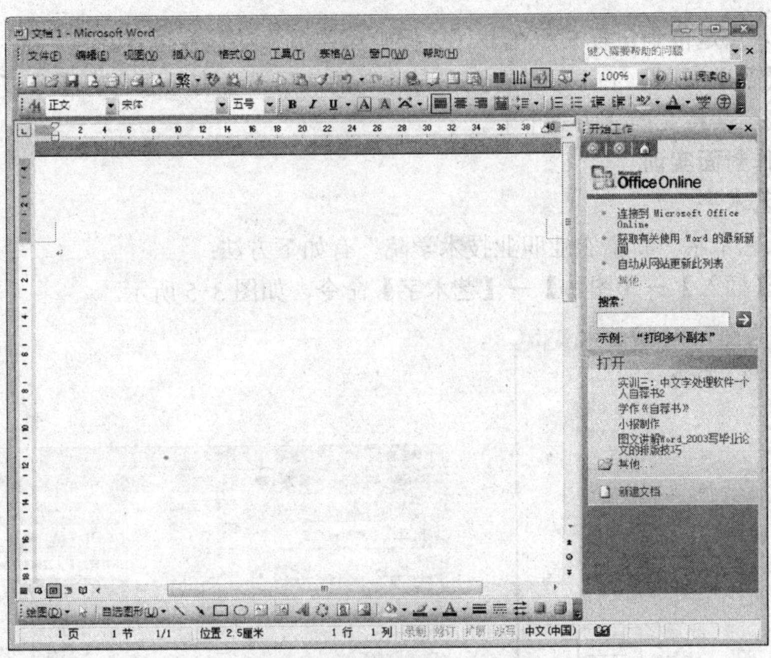

图 3-1　Word 新建文档窗口

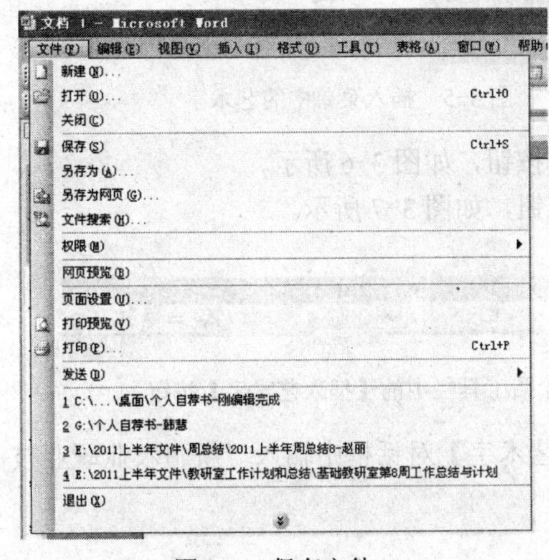

图 3-2　保存文件

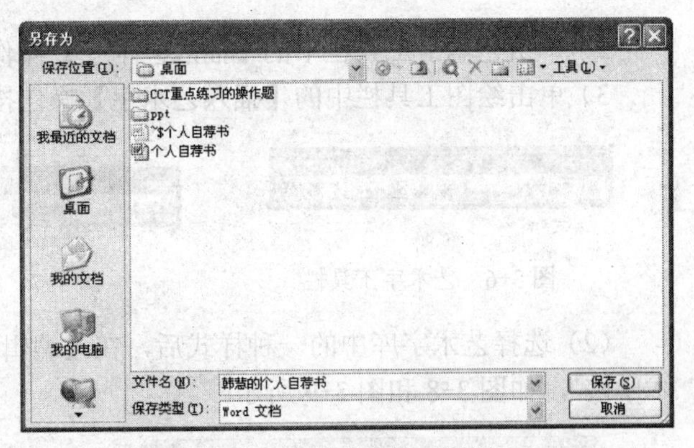

图 3-3　【另存为】对话框

2. 页面设置

（1）执行菜单栏上的【文件】→【页面设置】命令，打开【页面设置】对话框。

（2）单击【页边距】标签，打开【页边距】选项卡，在【页边距】选项区域中将上、下、右边距设为 2.4 厘米，左边距设为 3 厘米，单击【确定】按钮完成页面设置，如图 3-4 所示。

（3）插入分节符操作如下：

1）将插入点定位到“自荐书”的前面，执行【插入】菜单中的【分隔符】命令，打开【分隔符】对话框，在【分节符类型】选项区域中选择【下一页】选项，单击【确定】按钮。

2）将插入点定位到个人简历（表格）的前面，重复上面的操作。

3）将插入点定位到自荐书所在节（文档中第二节）的任意位置。

切换到【普通视图】下，可以看到在自荐书的前后，各有一条含有【分节符（下一页）】的双虚线，表示共将文档分为三个节。

（二）制作封面实训

1. 插入艺术字

（1）插入艺术字“新疆农业职业技术学院”有如下方法：

1）选择【插入】→【图片】→【艺术字】命令，如图 3-5 所示。

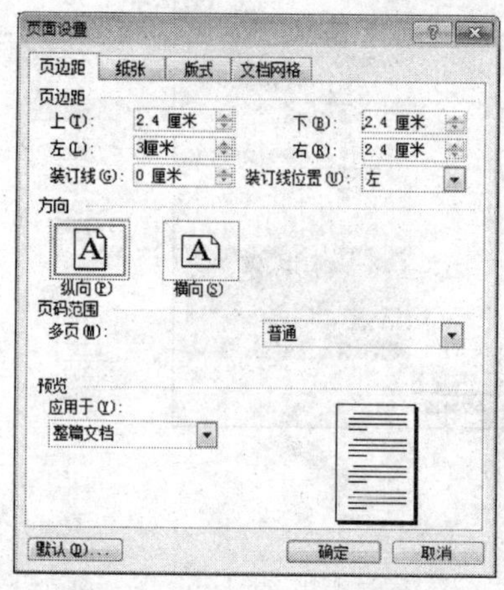

图 3-4 【页面设置】对话框

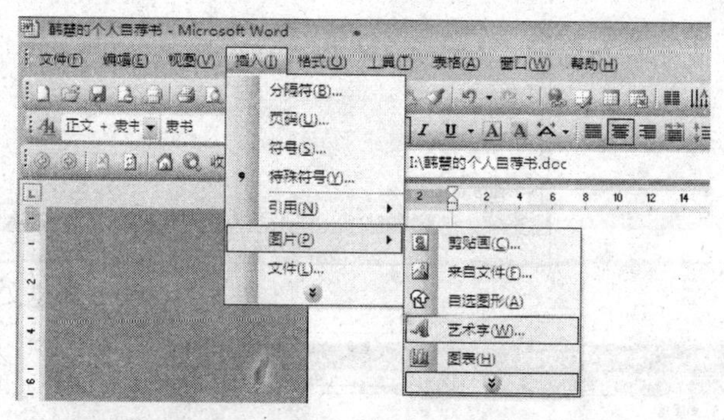

图 3-5 插入菜单中的艺术字

2）单击艺术字工具栏中的【插入艺术字】操作按钮，如图 3-6 所示。

3）单击绘图工具栏中的【插入艺术字】操作按钮，如图 3-7 所示。

图 3-6 艺术字工具栏

图 3-7 绘图工具栏中的【插入艺术字】按钮

（2）选择艺术字库中的一种样式后，在【编辑艺术字】对话框中输入“新疆农业职业技术学院”，如图 3-8 和图 3-9 所示。

图 3-8 【艺术字库】对话框

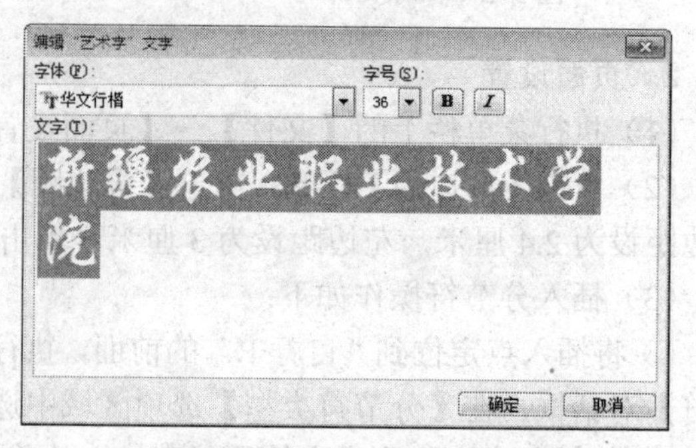

图 3-9 【编辑艺术字】对话框

（3）设置艺术字的环绕方式为【浮于文字上方】，如图 3-10 所示。

（4）设置艺术字的形状为【朝鲜鼓】，如图 3-11 所示。

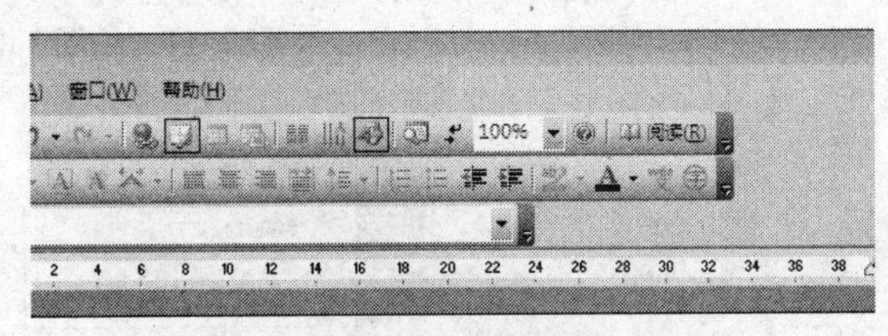

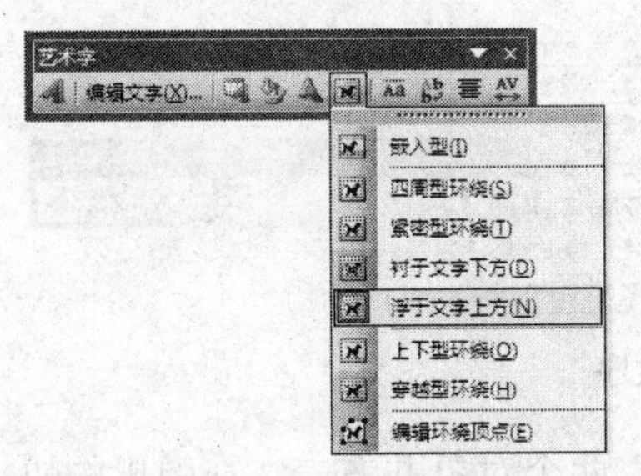

图 3-10　设置艺术字环绕方式

图 3-11　设置艺术字形状

（5）利用绘图工具栏给艺术字设置阴影样式，如图 3-12 所示。再选择已插入的艺术字，在艺术字的格式设置中设置填充颜色，如图 3-13 所示。

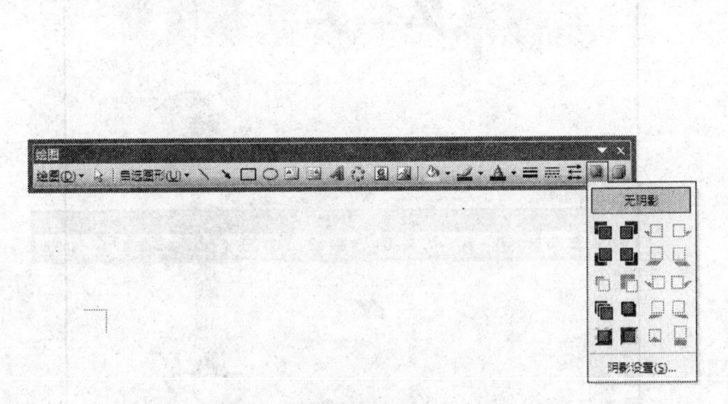

图 3-12　阴影设置

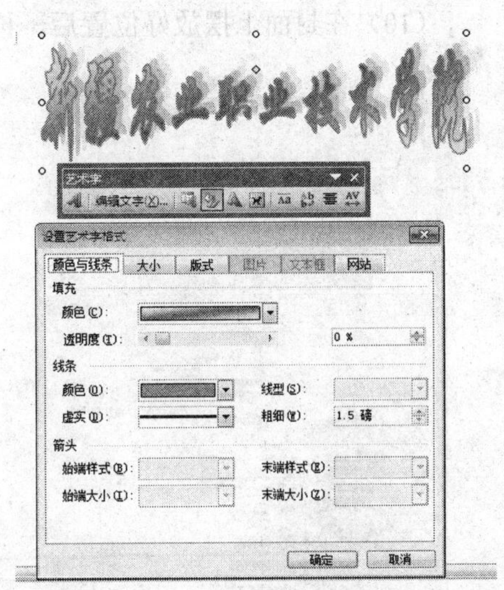

图 3-13　设置艺术字格式

（6）插入艺术字“自荐书”。

使用上述方法再插入一个艺术字“自”，使用绘图工具栏中的【椭圆】工具绘制一个圆形，如图 3-14 所示。

（7）选中艺术字“自”，右击，在弹出的快捷菜单中选择【叠放次序】为【置于顶层】，如图 3-15 所示。并将刚绘制的圆形移动到艺术字“自”的下面。

图 3-14　绘图工具栏

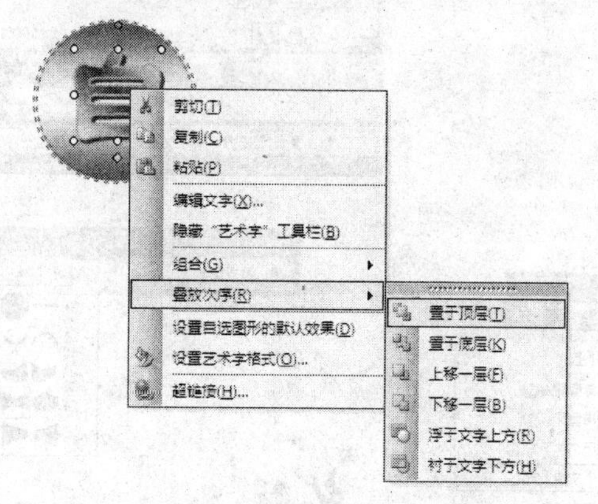

图 3-15　设置叠放次序

（8）按住【Shift】键后，选择圆形和艺术字“自”两个对象并右击，在弹出的快捷菜单中选择【组合】命令，组合成一个整体，如图 3-16 所示。

（9）对组合后的对象复制粘贴 2 次后，修改艺术字的内容分别为“荐”和“书”，然后设置不同的填充颜色和线条。

（10）在封面上摆放好位置后，再将它们组合为一个整体，封面效果如图 3-17 所示。

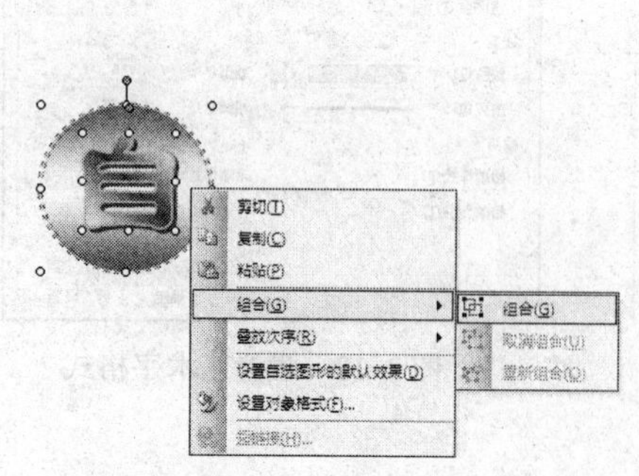

图 3-16　组合

图 3-17　插入艺术字后的封面效果

2. 插入图片

（1）插入一张学院的图片，操作方法有如下三种。

1）选择【插入】→【图片】命令，如图 3-18 所示。

2）单击图片工具栏中的【插入图片】操作按钮，如图 3-19 所示。

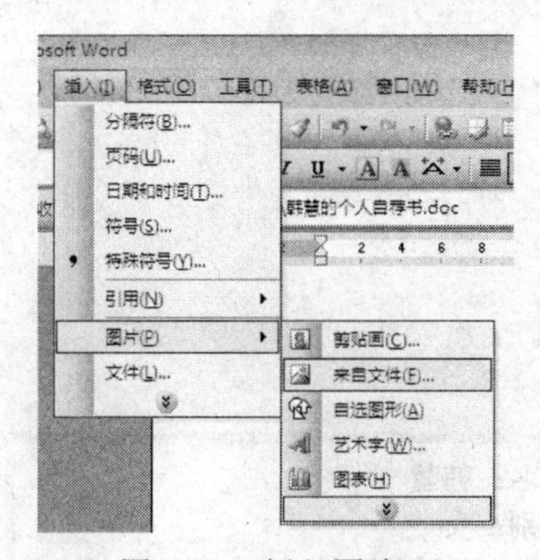

图 3-18　插入图片

图 3-19　图片工具栏

3）单击绘图工具栏中的【插入图片】操作按钮，如图 3-20 所示。

（2）选择任何一种方法，插入一张学院的图片，如图 3-21 所示。

图 3-20　绘图工具栏中的【插入图片】按钮

图 3-21　【插入图片】对话框

（3）选择插入的图片，在图片工具栏中设置环绕方式为【浮于文字上方】，如图 3-22 所示。

3. **插入文本框**

（1）插入一个文本框有如下两种方法：

1）单击绘图工具栏中的【文本框】操作按钮，如图 3-23 所示。

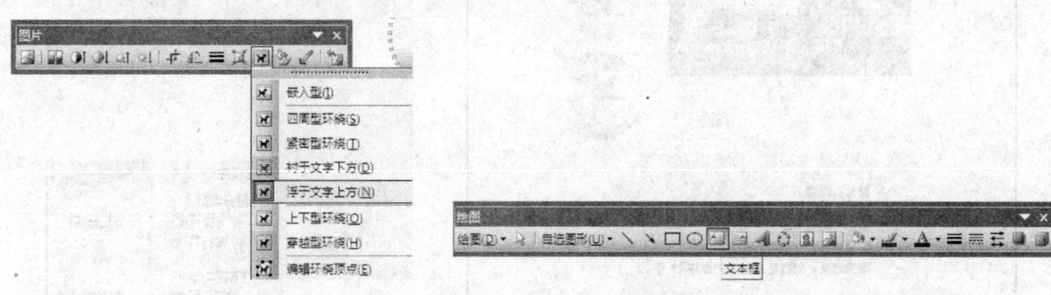

图 3-22　设置图片的环绕方式

图 3-23　绘图工具栏中的【文本框】按钮

2）选择【插入】→【文本框】命令，如图 3-24 所示。

（2）在文本框中输入个人信息：姓名、性别、专业、联系电话、地址等。

（3）利用绘图工具栏，设置文本框的填充颜色为【无填充】，设置文本框线条颜色为【无线条颜色】，效果如图 3-25 所示。

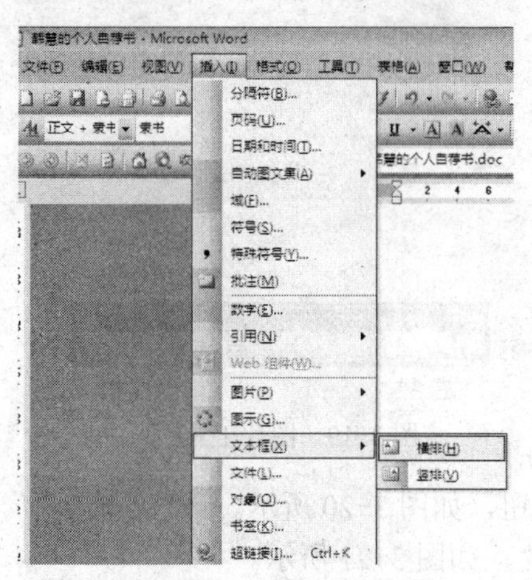

图 3-24　插入文本框

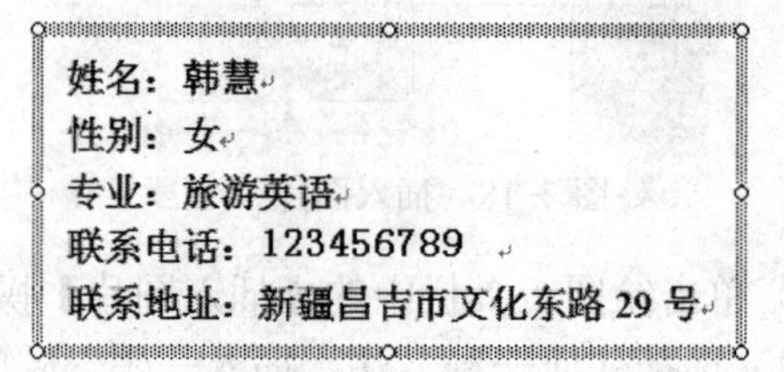

图 3-25　文本框

（4）调整文本框在封面上的位置。最后封面设计效果如图 3-26 所示。

（三）制作个人自荐书实训

1. 插入分隔符、日期和时间

（1）插入分隔符中的分页符，如图 3-27 所示，在封面页后插入了第 2 页。

图 3-26　设计好的封面

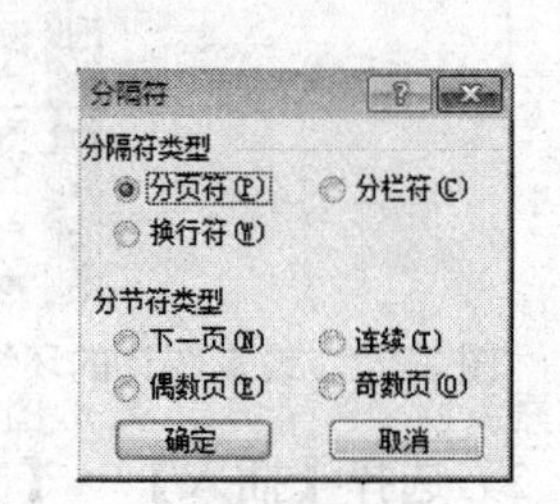

图 3-27　【分隔符】对话框

（2）在第 2 页编辑输入自荐书的文字内容，如图 3-28 所示。

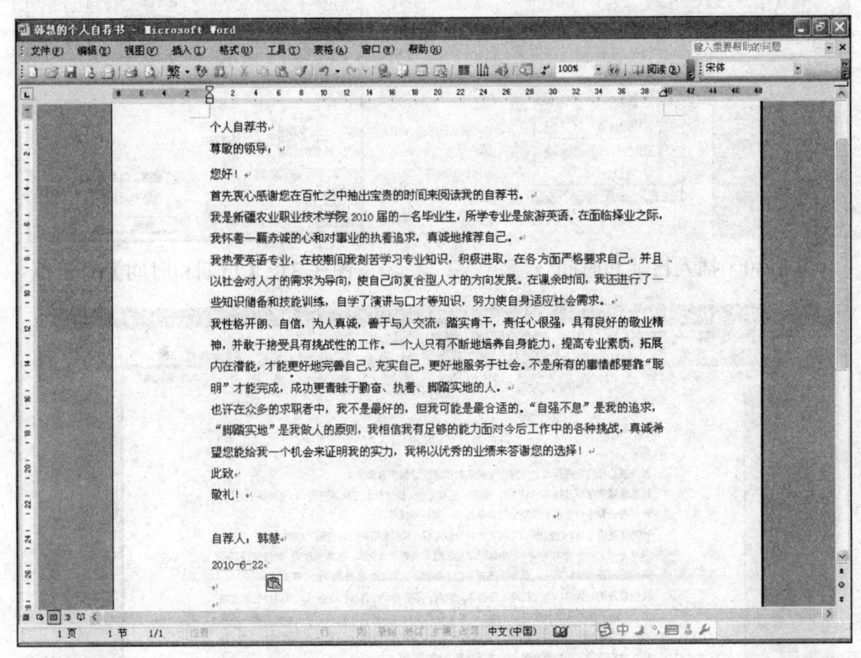

图 3-28　个人自荐书内容

（3）插入日期和时间。先选择自荐书中的日期，如图 3-29 所示；选择【插入】菜单中的【日期和时间】命令，弹出相应的对话框，如图 3-30 和图 3-31 所示；选择合适的日期进行插入，就将日期插入到个人自荐书中了，如图 3-32 所示。

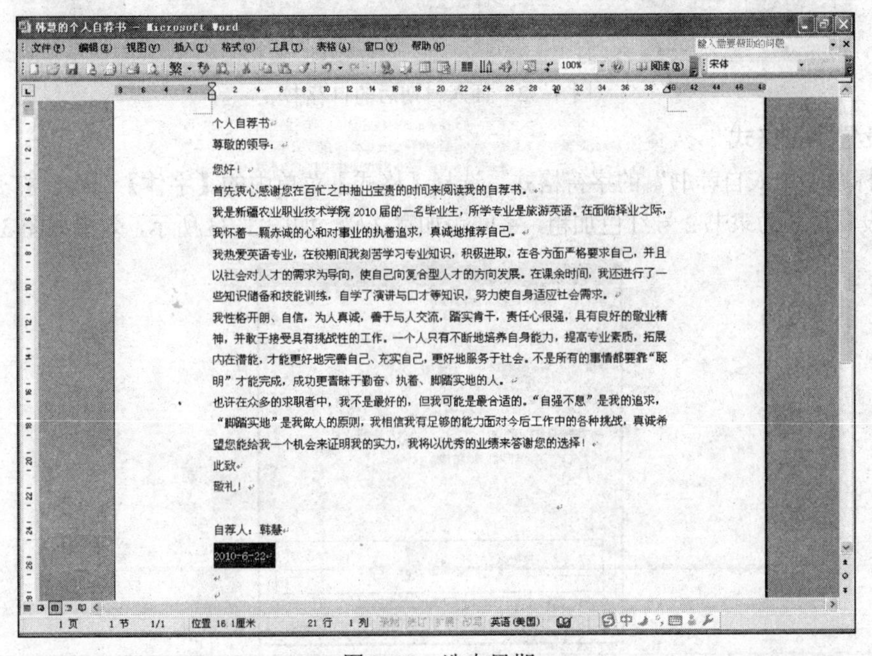

图 3-29　选中日期

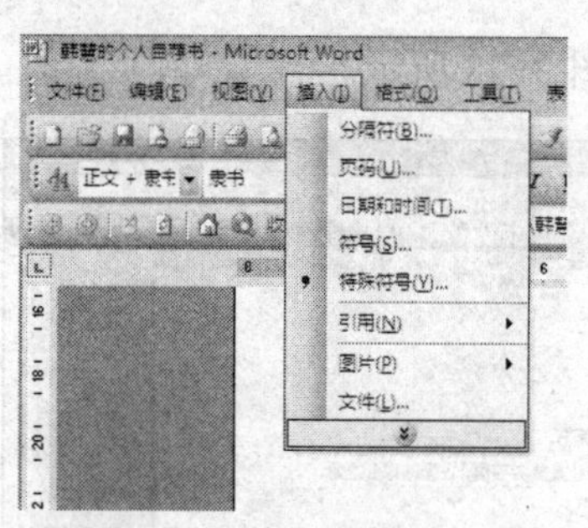

图 3-30　插入日期和时间

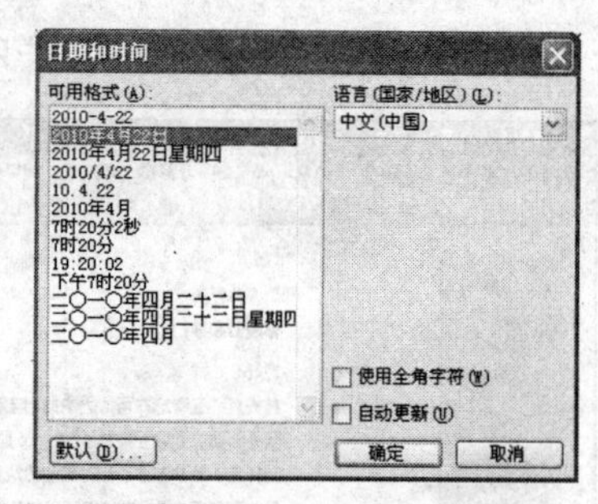

图 3-31　【日期和时间】对话框

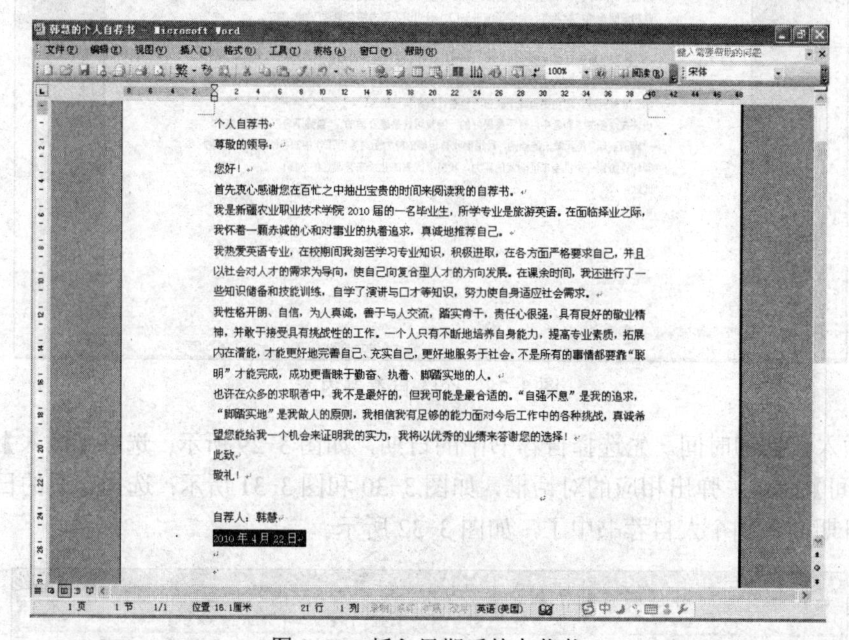

个人自荐书

尊敬的领导：

您好！

首先衷心感谢您在百忙之中抽出宝贵的时间来阅读我的自荐书。

我是新疆农业职业技术学院 2010 届的一名毕业生，所学专业是旅游英语。在面临择业之际，我怀着一颗赤诚的心和对事业的执著追求，真诚地推荐自己。

我热爱英语专业，在校期间我刻苦学习专业知识，积极进取，在各方面严格要求自己，并且以社会对人才的需求为导向，使自己向复合型人才的方向发展。在课余时间，我还进行了一些知识储备和技能训练，自学了演讲与口才等知识，努力使自身适应社会需求。

我性格开朗、自信，为人真诚，善于与人交流，踏实肯干，责任心很强，具有良好的敬业精神，并敢于接受具有挑战性的工作。一个人只有不断地培养自身能力，提高专业素质，拓展内在潜能，才能更好地完善自己、充实自己，更好地服务于社会。不是所有的事情都要靠“聪明”才能完成，成功更青睐于勤奋、执着、脚踏实地的人。

也许在众多的求职者中，我不是最好的，但我可能是最合适的。“自强不息”是我的追求，“脚踏实地”是我做人的原则，我相信我有足够的能力面对今后工作中的各种挑战，真诚希望您能给我一个机会来证明我的实力，我将以优秀的业绩来答谢您的选择！

此致

敬礼！

自荐人：韩慧

2010 年 4 月 22 日

图 3-32　插入日期后的自荐书

2. 设置字符格式

设置标题“个人自荐书”的字符格式。选择【格式】菜单中的【字体】命令，打开【字体】对话框，设置标题为隶书 2 号红色加粗，字间距加宽 2 磅，如图 3-33 所示，效果如图 3-34 所示。

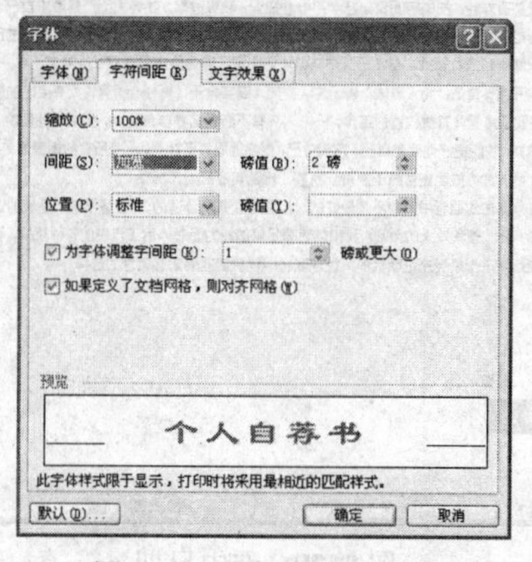

图 3-33　【字体】对话框

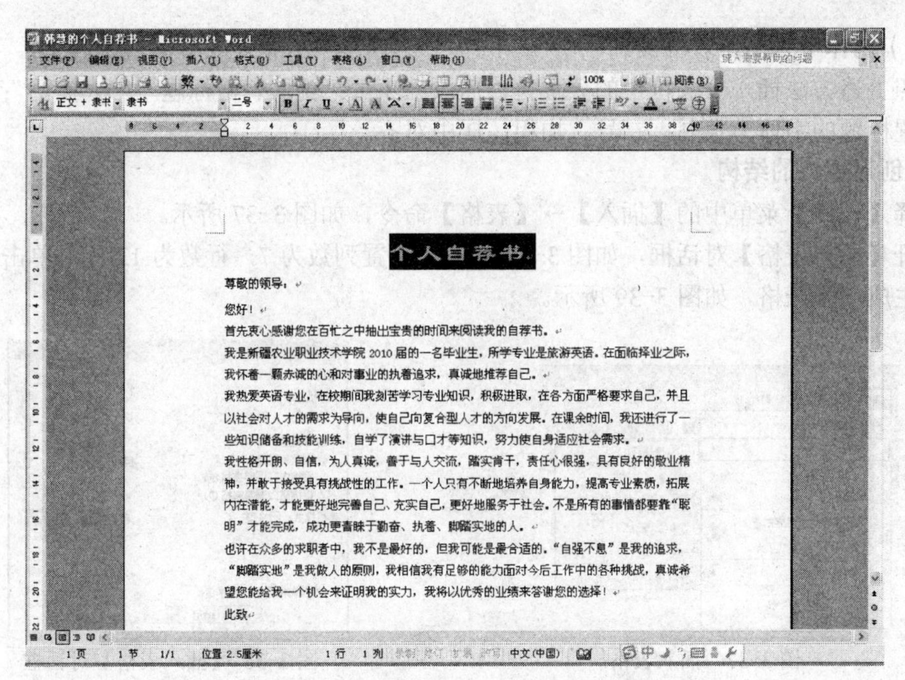

图 3-34　设置标题格式后的个人自荐书

3. 设置段落格式

选择个人自荐书正文所有内容，选择【格式】菜单中的【段落】命令，打开相应的对话框，如图 3-35 所示。设置首行缩进 2 字符，段前段后间距为 0.5 行，行距为 20 磅。设置完成后的效果如图 3-36 所示。

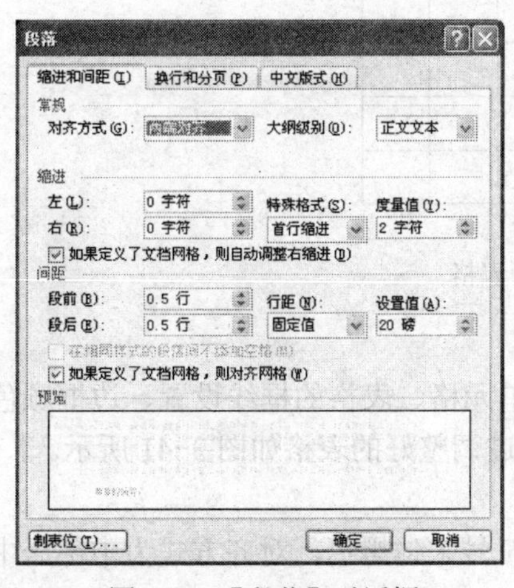

图 3-35　【段落】对话框

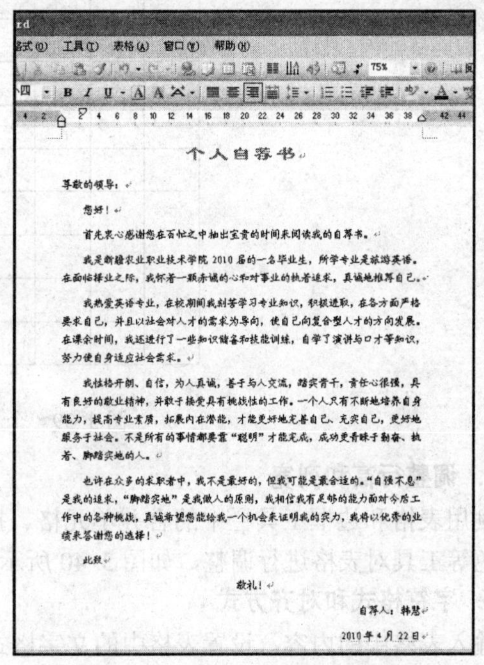

图 3-36　排版完成的个人自荐书

（四）制作个人简历表格实训

按照上述方法插入分隔符中的分页符，插入第 3 页；输入表格标题“个人简历”；选中标题，设置标题的字体为隶书、二号、加粗、居中对齐。

1. 创建表格的结构

选择【表格】菜单中的【插入】→【表格】命令，如图 3-37 所示。

打开【插入表格】对话框，如图 3-38 所示，设置列数为 7，行数为 12 行；单击【确定】按钮后生成一张表格，如图 3-39 所示。

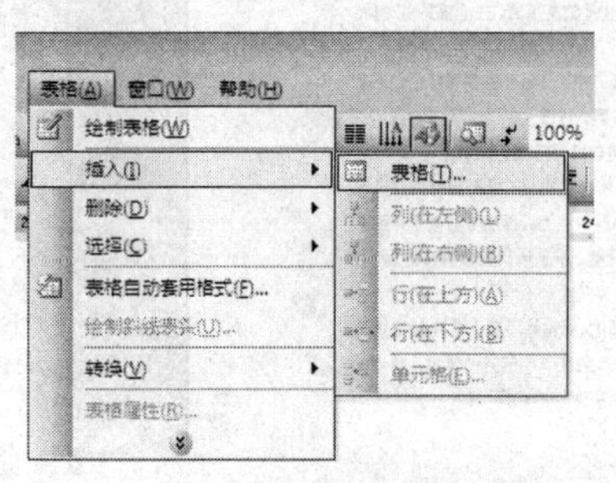

图 3-37　插入表格

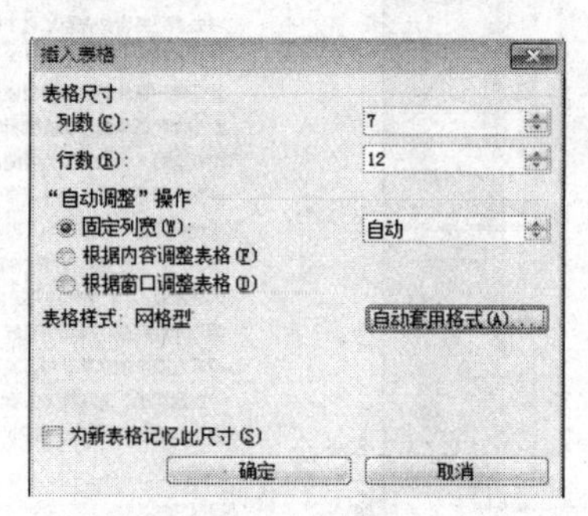

图 3-38　【插入表格】对话框

个人简历

图 3-39　个人简历表格

2. 调整行高和列宽

利用表格和边框工具栏中的合并单元格、拆分单元格、表格的框线设置、边框颜色、底纹颜色等工具对表格进行调整，如图 3-40 所示。经过调整好的表格如图 3-41 所示。

3. 字符格式和对齐方式

输入表格中的内容，设置表格中的文字格式为 5 号宋体黑色，对齐方式为中部居中，效果如图 3-42 所示。

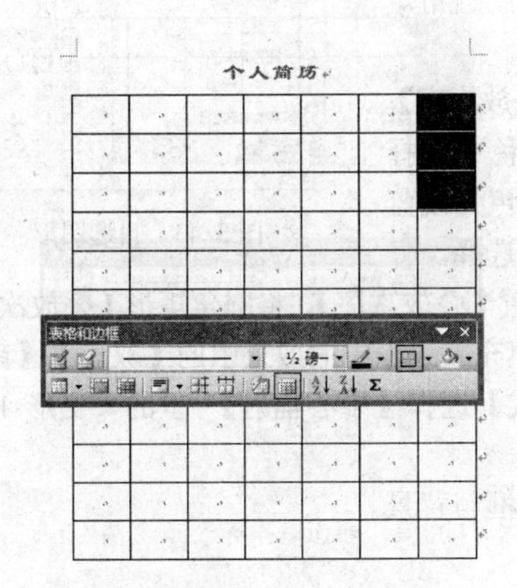

图 3-40　表格和边框工具栏

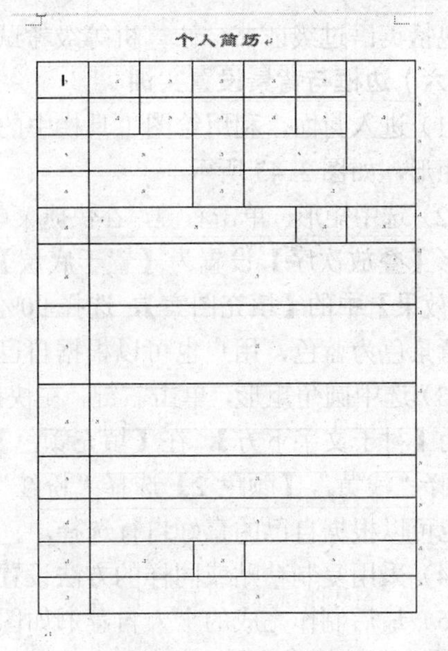

图 3-41　调整后的表格

个人简历

姓名	韩慧	性别	女	族别	汉	
政治面貌	团员	年龄	20	籍贯	新疆	
专业	旅游英语		毕业学校	新疆农业职业技术学院		
联系电话	123456789		email	Hanhui@163.com		
联系地址	新疆昌吉市文化东路 29 号				QQ	123456
个人介绍	平时喜欢看书或听音乐，当然为了锻炼自己，偶尔也会打工。					
家庭介绍	我家是三口之家，父亲和母亲都是平凡的人，但他们在我心中并不是平凡的人。					
专业介绍	我们处在信息时代，信息技术飞速发展，世界经济也快速发展，为了加强对外交流与沟通，随着我国经济的不断发展，我们旅游英语专业的学生也非常欠缺，所有这些都与英语和旅游专业息息相关、密不可分，英语和计算机信息技术越来越深刻全面的影响和改变着人们的生活。					
获得奖励	三好学生、优秀干部					
就业方向	翻译、导游					
特长	音乐、看书		爱好	英语、俄语、写作		
备注						

图 3-42　个人简历表格效果

（五）插入图片实训

插入分隔符中的分页符，插入第 4 页。在这页中可以插入自己的荣誉证书和等级考试证书（包括英语过级证书、计算机等级考试证书）等。

（六）边框与背景设置实训

（1）进入封面，利用绘图工具栏中的自选图形绘制圆角矩形和矩形，如图 3-43 所示。

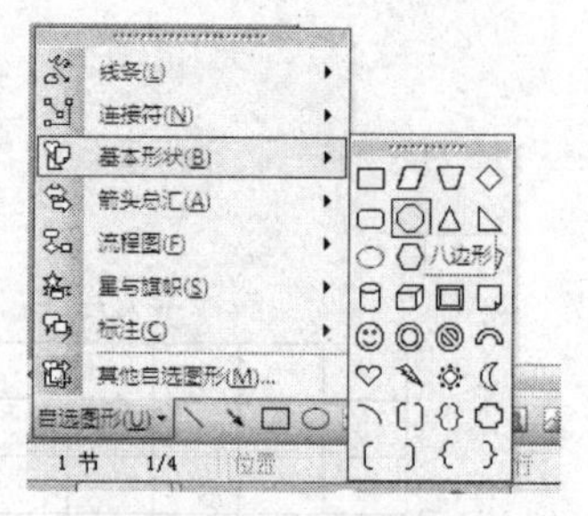

图 3-43　自选图形

（2）选中矩形，单击右键，在快捷菜单中设置【叠放次序】，将矩形【叠放次序】设置为【置于底层】，在填充颜色中选择【填充效果】中的【填充图案】，选择 90%图案，前景色为浅蓝色，背景色为蓝色，用户也可以根据自己的喜好自行选择。

（3）选中圆角矩形，单击右键，在快捷菜单中设置【叠放次序】，将圆角矩形【叠放次序】设置为【衬于文字下方】，在【填充颜色】中选择【填充效果】中的效果中的【双色】，【颜色 1】选择“浅黄”，【颜色 2】选择“粉红”，【底纹样式】选择【中心辐射】”里的“变形 1”，用户也可以根据自己的喜好自行选择。

（4）采用复制粘贴或同样的方法设置其他页的边框与背景。

（5）最后制作完成的个人自荐书如图 3-44 所示。

（七）打印预览和打印实训

1. 打印预览

（1）选择【文件】菜单中的【打印预览】命令，或单击【常用】工具栏上的【打印预览】按钮。

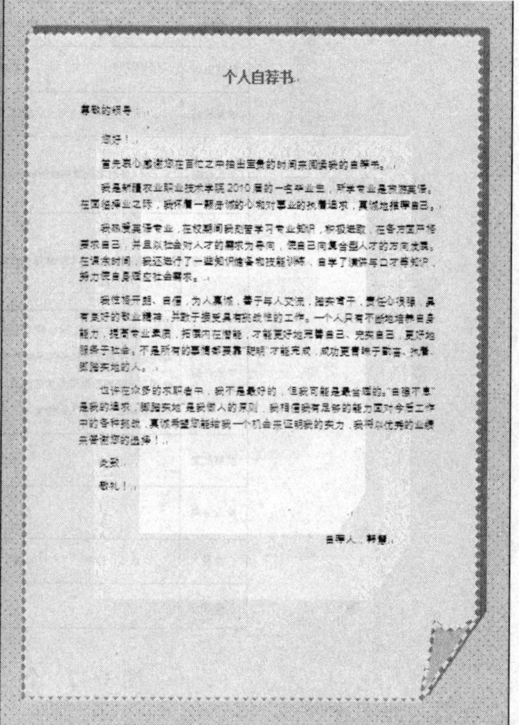

个人自荐书

尊敬的领导：

您好！

首先衷心感谢您在百忙之中抽出宝贵的时间来阅读我的自荐书。

我是新疆农业职业技术学院 2010 届的一名毕业生，所学专业是旅游英语。在面临择业之际，我怀着一颗赤诚的心和对事业的执着追求，真诚地推荐自己。

我热爱英语专业，在校期间我刻苦学习专业知识，积极进取，在各方面严格要求自己，并且以社会对人才的需求为导向，使自己向复合型人才的方向发展。在课余时间，我还进行了一些知识储备和技能训练，自学了演讲与口才等知识，努力使自身适应社会需求。

我性格开朗、自信，为人真诚，善于与人交流，踏实肯干，责任心较强，具有良好的敬业精神，并敢于接受具有挑战性的工作。一个人只有不断地培养自身能力，提高专业素质，挖掘内在潜能，才能更好地完善自己、充实自己，更好地服务于社会。不是所有的事情都要靠“聪明”才能完成，成功更青睐于勤奋、执着、脚踏实地的人。

也许在众多的求职者中，我不是最好的，但我可能是最合适的。“自强不息”是我的追求，“脚踏实地”是我做人的原则，我相信我有足够的能力面对今后工作中的各种挑战，真诚希望您能给我一个机会来证明我的实力，我将以优秀的业绩来答谢您的选择！

此致

敬礼！

自荐人：韩慧

图 3-44　制作好的个人自荐书

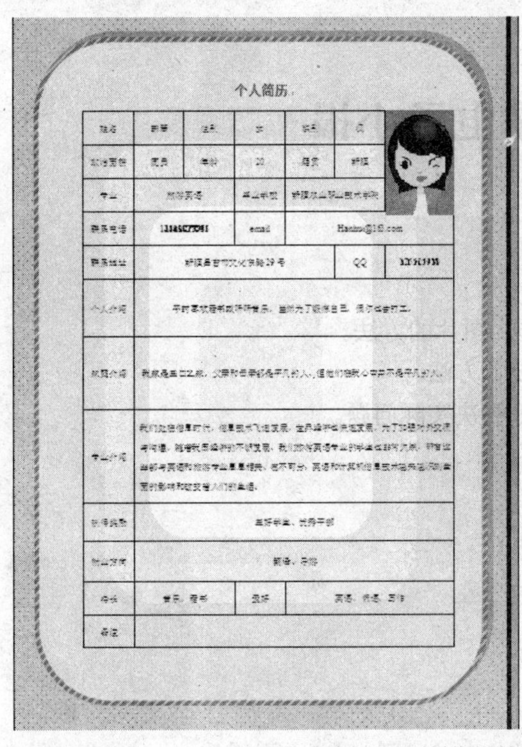

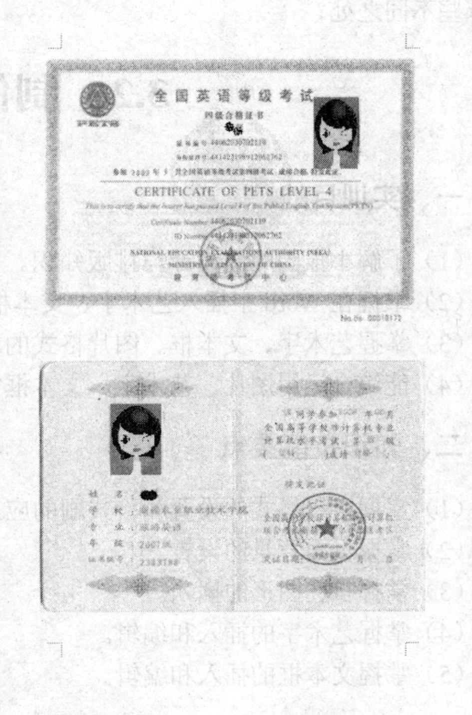

图 3-44　制作好的个人自荐书（续）

（2）打开【打印预览】窗口，并出现【打印预览】工具栏，可以看到文档的设置情况。

2. 打印

选择【文件】菜单中的【打印】命令，打开【打印】对话框，进行如图 3-45 所示的设置。

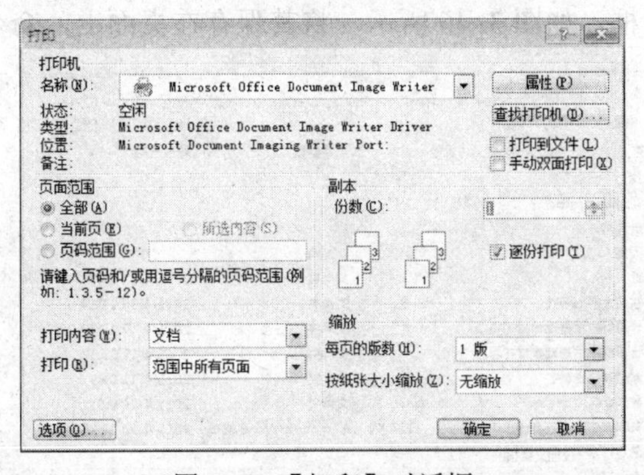

图 3-45 【打印】对话框

四、思考与提高

（1）对文档进行排版时应遵循哪些原则？

（2）通过学习，大家还可以对日常学习和工作中的实习报告、学习总结、申请书、工作计划、公告文件、调查报告、请假条等文档进行排版和打印。这些文档和个人自荐书的制作有哪些不同之处？

3.2　制作电子小报

一、实训目的

（1）了解小报的版面设计与排版知识。

（2）掌握在 Word 中插入艺术字、文本框、图片的方法。

（3）掌握艺术字、文本框、图片格式的设置方法。

（4）能综合运用图片、艺术字、文本框等解决实际问题。

二、知识技能要点

（1）掌握字符格式的设置和格式刷的应用。

（2）掌握页面背景的设置。

（3）掌握自选图形的插入。

（4）掌握艺术字的插入和编辑。

（5）掌握文本框的插入和编辑。

三、实训内容及步骤

（一）整体框架和报头制作实训

1. 页面设置

（1）新建一个 Word 文档，按【Ctrl+S】组合键或选择【文件】菜单中的【保存】命令，会打开【另存为】对话框，如图 3-46 所示，将其保存在桌面上，命名为“校园文摘报”。

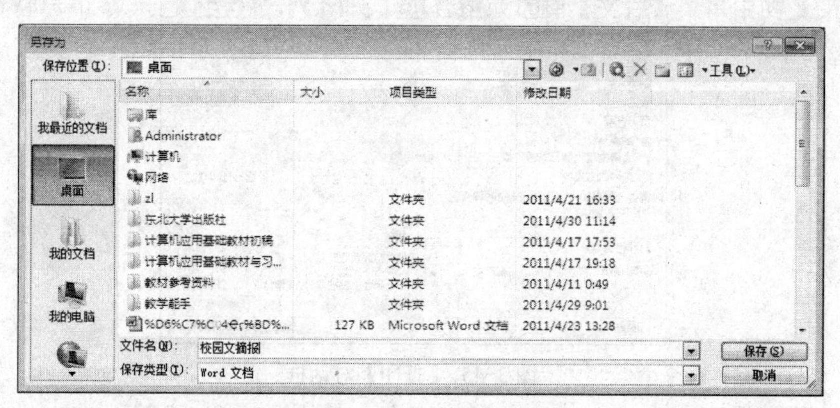

图 3-46　【另存为】对话框

（2）执行菜单栏上的【文件】→【页面设置】命令，打开【页面设置】对话框。

（3）单击【页边距】标签，打开【页边距】选项卡，在【页边距】选项区域中将上、下边距设为 3.17 厘米，左、右边距设为 2.54 厘米，纸张方向设置为横向，单击【确定】按钮完成页面设置，如图 3-47 所示。

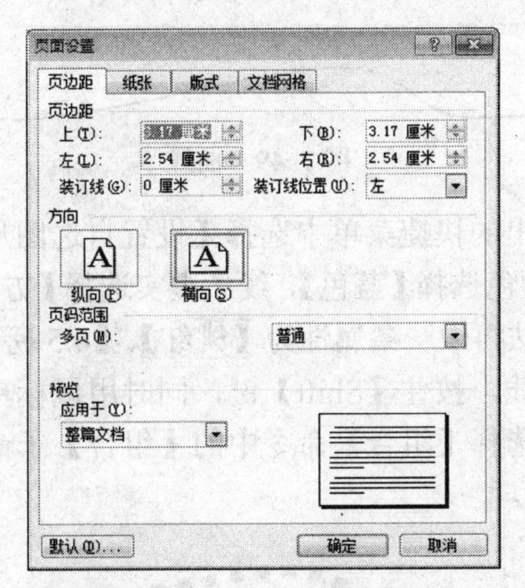

图 3-47　页面设置

2. **版面安排**

（1）可以使用文本框和自选图形框制作各个栏目。这份小报的整个内容可以分为 6 个栏目，如图 3-48 所示。

（2）版面中不规则的部分可以用文本框和线条进行分割，再用自选图形搭配和调整。

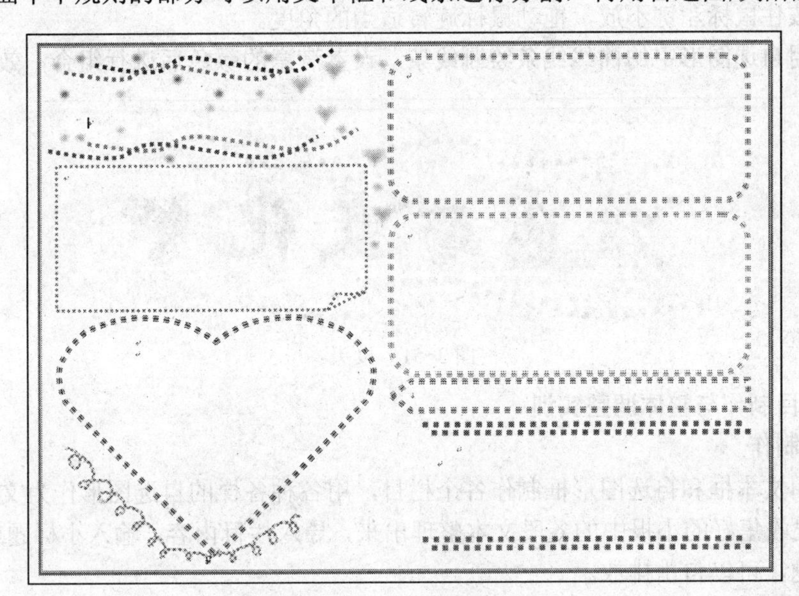

图 3-48　版面规划

3. **设计报头**

本报头主要是用艺术字、文本框、线条组合而成，关键在于想象、构思和搭配。

（1）先制作报头的名称为“校园与文化”，设置为艺术字。

（2）然后设置艺术字的字体、字号、色彩、线条颜色、文本框的阴影等，并进行组合。

4. **制作线条图案**

（1）打开【绘图】工具栏，单击【自选图形】按钮，选择【线条】→【曲线】命令，然后在文档中画一条类似图 3-49 所示的曲线。

图 3-49　曲线

（2）选中该曲线，在弹出的快捷菜单中选择【设置自选图形格式】命令，在【设置自选图形格式】对话框中，线条颜色选择【蓝色】，线条虚实选择【方点】，线条粗细选择【4.5 磅】。

（3）通过复制粘贴的方法再做一条属性为【桃红】、【4.5 磅】、【方点】的曲线。

（4）选中其中的一条曲线，按住【Shift】键，同时用鼠标单击另一条曲线，这时两条曲线都已被选中，然后右击，选择【组合】命令中的【组合】子命令，两条曲线就组合成一个操作对象了，如图 3-50 所示。

图 3-50　组合后的曲线

（5）选中该组合对象，单击【绘图】按钮，在打开的菜单中选择【旋转或翻转】→【自由旋转】命令。此时，操作对象的 4 个角上会出现 4 个绿色的圆点。把鼠标移动到其中一点上，然后按住鼠标左键不放，拖动鼠标旋转适当的角度。

（6）利用自选图形中的曲线线条绘制线条，设置满意的颜色后进行组合，效果如图 3-51 所示。

图 3-51　报头

（二）栏目制作与整体调整实训

1. 栏目制作

（1）使用文本框和自选图形框制作各个栏目，用各种各样的自选图形作为文章的边框。

（2）将已收集好的小报中的各段文本整理出来，导入栏目内容，输入小标题或文字内容，解决文字问题，可以自由排放。

（3）对栏目进行适当修饰。

（4）题图的设置和报头设置大同小异，除艺术字和文本框以外，还用了自选图形等，通过旋转、变形，然后组合而成。在绘制图形的过程中要注意图文的协调与和谐。

对小报整体布局进行调整。对各栏文字、图形、栏目框等进行协调，合理选择颜色搭配。进行艺术字、文本框、图片的插入，编辑、设置、调整、组合等的操作。

2. 艺术字的插入

艺术字一般适合用来做标题。艺术字的插入可以通过绘图工具栏来实现。

（1）插入。选择【插入】→【图片】→【艺术字】命令，打开【艺术字库】对话框。

（2）选择样式。选择一种艺术字样式，单击【确定】按钮，打开【编辑“艺术字”文字】对话框。

（3）编辑文字。在【编辑“艺术字”文字】对话框中输入设置为艺术字的文字。

3. 插入剪贴画

（1）打开【插入】菜单，选择【图片】子菜单中的【剪贴画】命令，打开【剪贴画】对话框。

（2）利用“搜索”功能，寻找满意的图画，单击选择一幅剪贴画。

（3）缩小和定位。

✧ 缩小：移动鼠标至控制点上，变成双向箭头时拖动，到适当时释放鼠标即可改变图形大小。

✧ 定位：移动鼠标至控制点上，变成十字箭头时拖动，到适当位置释放鼠标即可改变位置。

✧ 考虑：在选中图形后右击，在弹出的快捷菜单中选择【设置图片格式】命令，打开相应的对话框，选择【大小】选项卡后试一下能否达到大小的调整和位置的改变。

4. 插入文本框

（1）插入文本框。选择【插入】→【文本框】→【横排】命令，将“十”形光标移到要插入文本框处，单击并拖动绘制出一个文本框的边框。

（2）单击绘图工具栏上的按钮，对文本框的线型、线条颜色、填充颜色等进行设置。

（3）也可以通过绘图工具栏来插入自选图形进行设置。

（三）美化与加工实训

1. 设置页面边框

（1）打开 Word 2003 文档窗口，将插入点光标移动到需要设置边框的页面中。选择【格式】菜单中的【边框和底纹】命令，如图 3-52 所示。

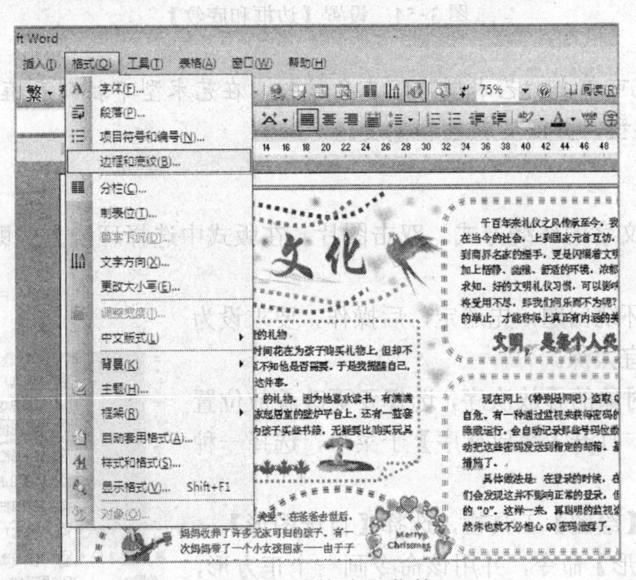

图 3-52 【格式】菜单

（2）在打开的【边框和底纹】对话框中切换到【页面边框】选项卡，如图 3-53 所示。

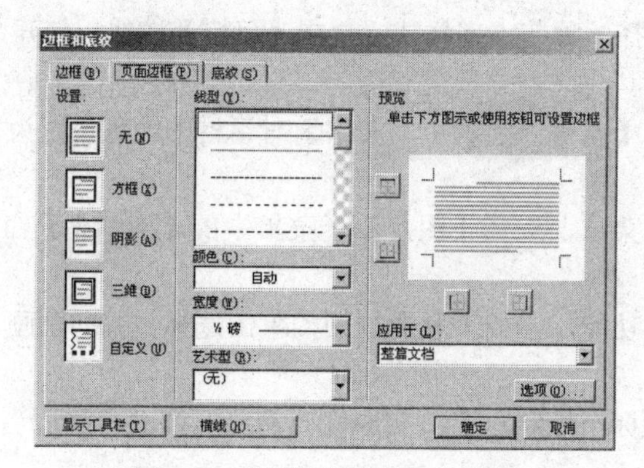

图 3-53 【边框和底纹】对话框

（3）在打开的【页面边框】选项卡中，【设置】选项区域选中【方框】选项，【线型】、【颜色】、【宽度】等设置如图 3-54 所示。

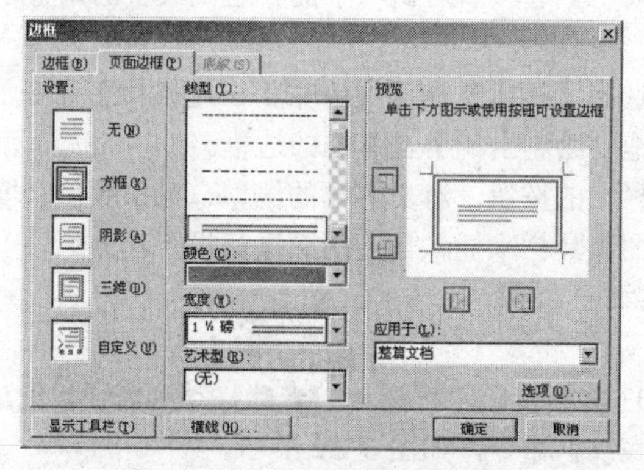

图 3-54 设置【边框和底纹】

注意：也可单击“艺术型”下三角按钮，在艺术型下拉列表框中选择合适的边框类型，并设置颜色和宽度。

2. 背景效果

（1）设置图片文字的环绕方式。双击图片，在版式中选择环绕方式即可。其他对象也可以实现图文环绕。

（2）设置图文环绕问题，先选定，后操作，要求设为背景的图片颜色不宜太深。

（3）调整各个对象的叠放次序，选择要更改叠放位置的图形对象，右击，打开【叠放次序】子菜单，选择一种叠放的方式。

（4）最后打开【绘图】工具栏，选择【自选图形】→【基本形状】→【矩形】命令，并用该命令画一个正方形，放在小报的最底层，如图 3-55 所示。

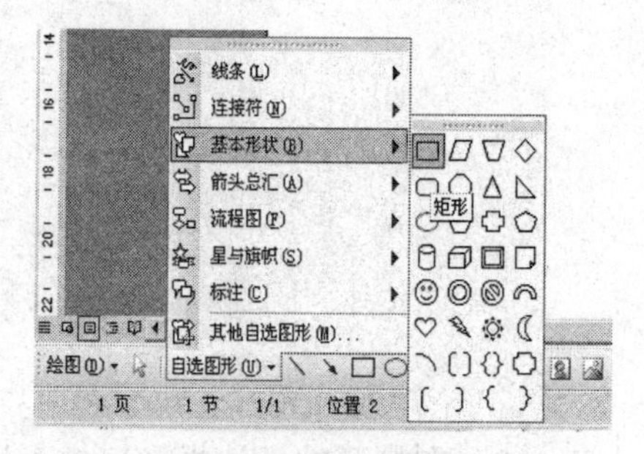

图 3-55 自选图形

完成之后的电子小报如图 3-56 所示。

（a）校园与文化

（b）校园文摘

图 3-56　电子小报

四、思考与提高

（1）怎样利用自选图形绘制出一个正方形和圆形？

（2）在电子小报的设计中如何使用分栏操作？

（3）组合后的对象可以进行放大、缩小、拉伸、挤压等变形操作吗？

（4）电子小报中的报头、报眉是如何制作的？

3.3　制作毕业论文

一、实训目的

（1）掌握 Word 文档属性的设置。

(2) 掌握样式的创建和使用。
(3) 掌握多级符号的创建和应用。
(4) 理解图表的自动编号及图表目录的创建。
(5) 掌握分节符的应用。
(6) 掌握页眉和页脚的创建。
(7) 掌握文档目录的创建。
(8) 掌握页面背景的设置。

二、知识技能要点

(1) 字符格式的设置和格式刷的应用。
(2) 页面设置。
(3) 页眉和页脚的设置。
(4) 分节符和分页符的使用。
(5) 目录的生成。

三、实训内容及步骤

1. 页面设置

(1) 仔细阅读“毕业论文排版要求”，如图 3-57 所示。

毕业论文排版要求

(1) 页面设置：

纸型：A4标准纸；

方向：纵向；

页边距：上 3.5cm， 下 2.6cm， 左 3cm， 右 2.6cm；

页眉：2.4 cm， 页脚：2cm。

操作方法：文件→页面设置。

(2) 格式

正文行距：22磅；

操作：格式→段落→行距－固定值－设置值22磅。

(3) 字体、字号：

标题一：设置为标题1，黑体、三号、加粗，居中，行距20磅，段落间距30磅；

标题二：设置为标题2，黑体、四号、加粗，左对齐，行距20磅，段落间距20磅；

标题三：设置为标题3，黑体、小四号、加粗，左对齐，行距20磅，段落间距18磅；

正文部分：宋体、小四；要求每个段落首行缩进2个字符，行距20磅。

(4) 页眉页脚的设置

1) 封面不允许设置页眉和页脚
2) 目录单独成页，允许多页，页眉设置为“目录”，页脚设置为Ⅰ……，页脚要连续。
3) 中文摘要单独分页，允许多页，页眉设置为“中文摘要”，页脚设置为Ⅰ……，页脚要连续。
4) 英文摘要单独分页，允许多页，页眉设置为“英文摘要”，页脚页脚要连续中文摘要。
5) 导论也要单独分页，允许多页，页眉设置为“导论”，页脚设置为A……，页脚要连续。
6) 正文的页眉设置为“论文的名称”，页脚设置为1……，页脚要连续。
7) 参考文献页眉设置为“参考文献”，页脚与正文连续。
8) 致谢页眉设置为“致谢”，页脚与正文连续。

图 3-57 毕业论文排版要求

(2) 根据“毕业论文排版要求”，从【文件】菜单中选择【页面设置】命令，显示【页面设置】对话框，选择【纸张】选项卡，如图 3-58 所示。

（3）根据论文的排版要求，在【页面设置】对话框中完成页边距、纸张、页眉页脚距边界的距离等设置，如图 3-59 所示。

（4）可以进行打印预览，可以直观地看到页面中的内容和排版是否适宜，避免事后的修改。

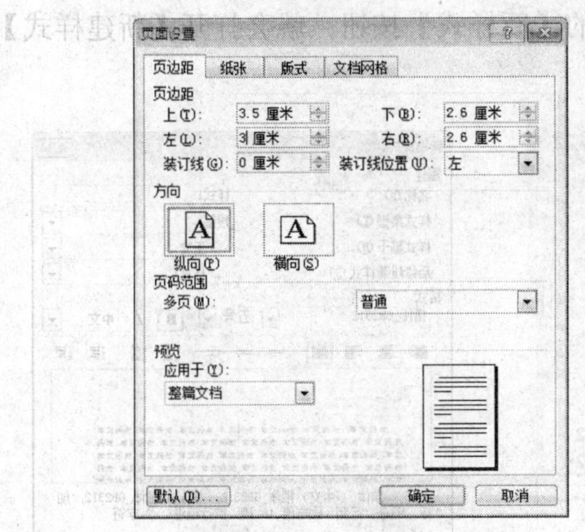

图 3-58　页边距的设置

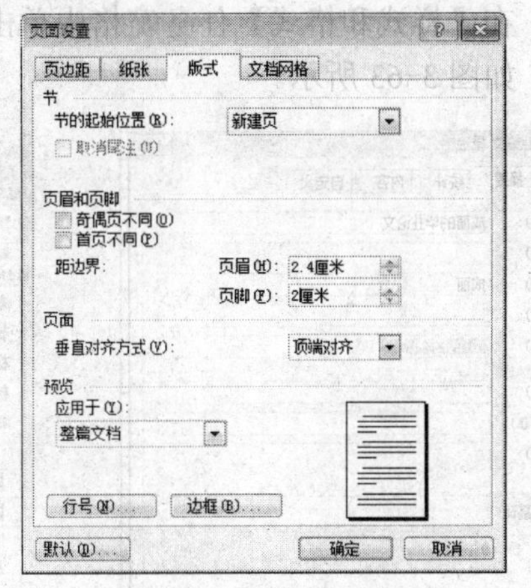

图 3-59　版式的设置

2. 属性设置

（1）选择【文件】菜单中的【属性】命令，如图 3-60 所示。

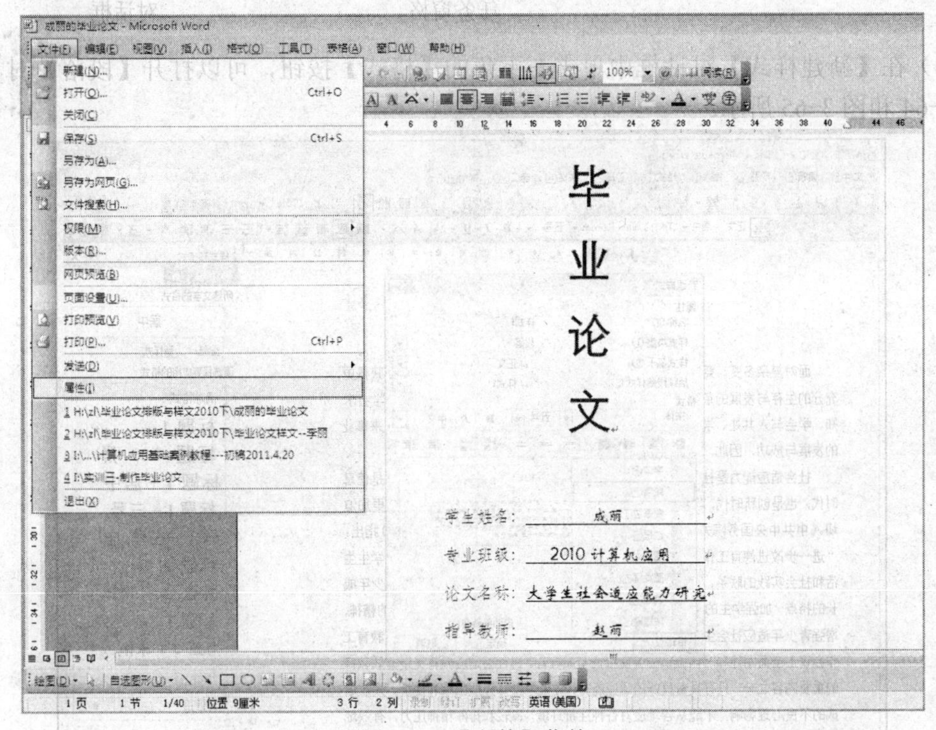

图 3-60　【文件】菜单

（2）打开文件属性对话框，从中选择【摘要】选项卡，可以设置文件的属性，如图 3-61 所示。

3. 使用样式

（1）选择【格式】菜单中的【样式和格式】命令，在右侧的任务窗格中即可设置或应用格式或样式，如图 3-62 所示。

（2）在【样式和格式】任务窗格中单击上方的【新样式】按钮，就会打开【新建样式】对话框，如图 3-63 所示。

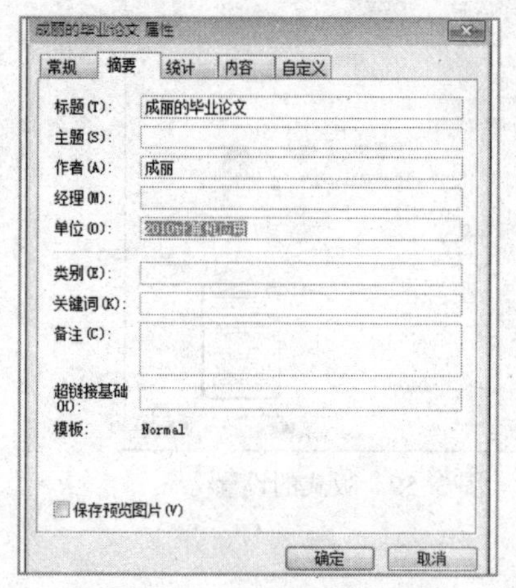

图 3-61 文件属性对话框

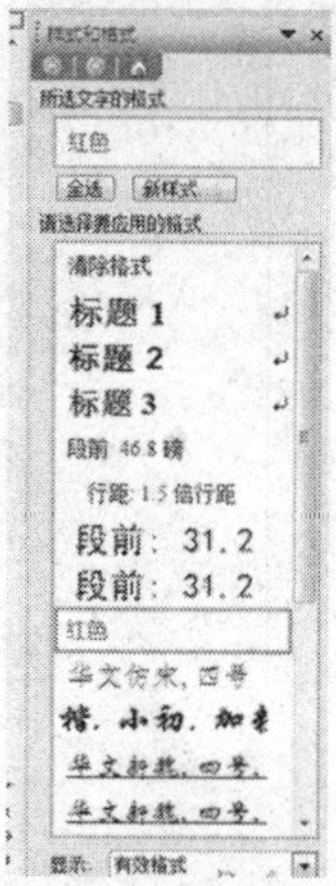

图 3-62 【样式和格式】任务窗格

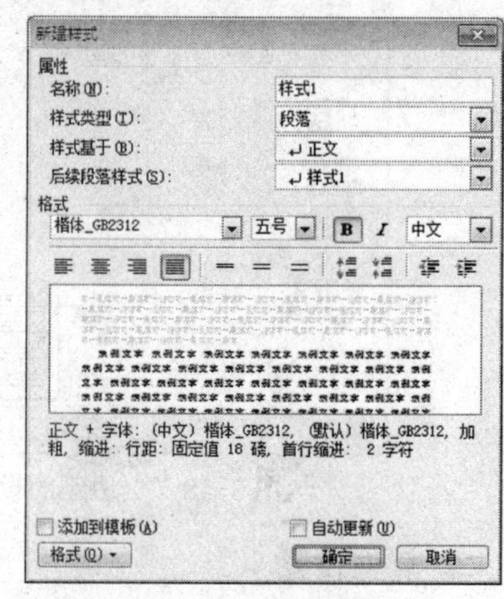

图 3-63 【新建样式】对话框

（3）在【新建样式】对话框中单击左下角的【格式】按钮，可以打开【段落】对话框，如图 3-64 和图 3-65 所示。

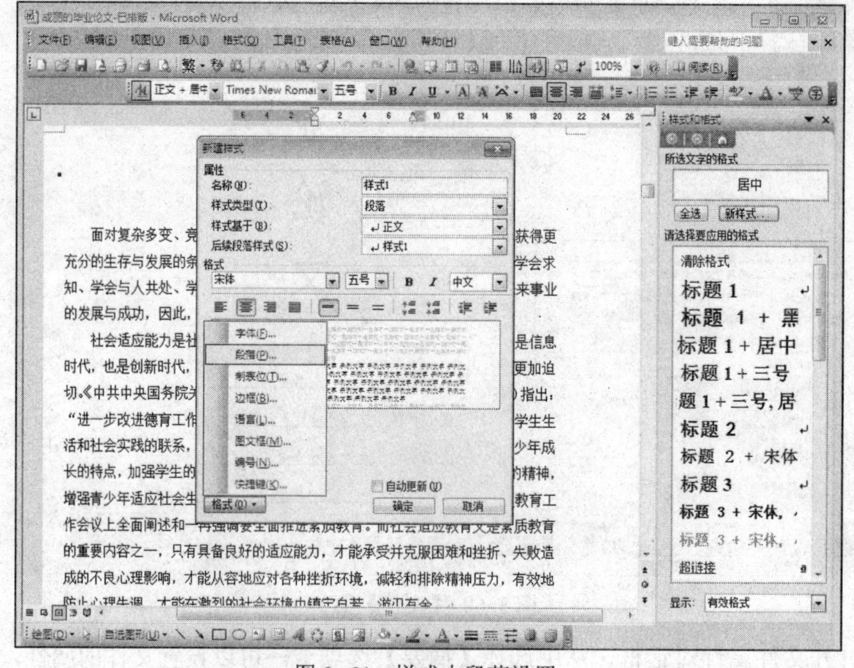

图 3-64 样式中段落设置

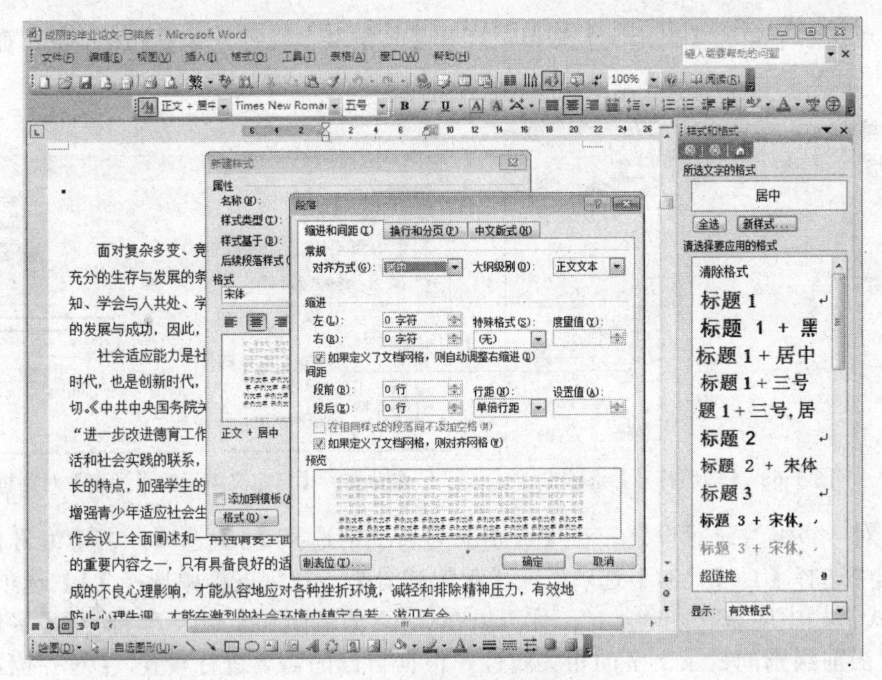

图 3-65 【段落】对话框

（4）可以按照毕业论文的排版要求进行段落和字体的设置，保存样式。

（5）先将标题或段落选中，然后再单击【样式与格式】任务窗格中的相应样式即可快速套用现有标题样式；然后再用同样的方法设置标题 2、标题 3、正文。

4. 设置项目符号或编号

（1）选择毕业论文需要设置项目符号或编号的内容。选择【格式】菜单中的【项目符号和编号】命令，打开【项目符号和编号】对话框，如图 3-66 所示。

（2）在打开的项目符号和编号对话框中，可进一步选择所需要的项目符号或编号，选择【格式】菜单中的【项目符号和编号】，打开【项目符号和编号】对话框，如图 3-67 所示。

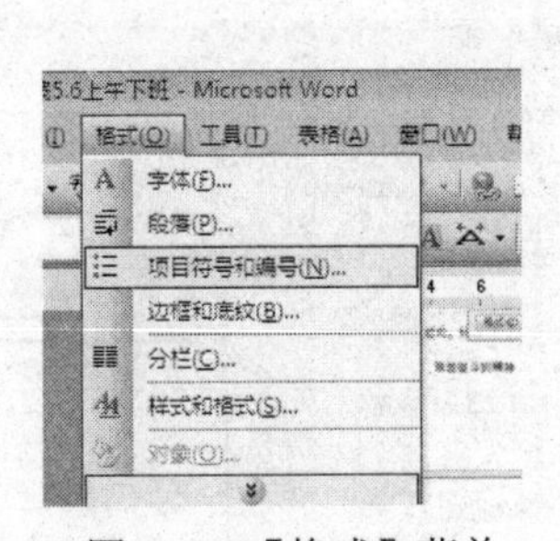

图 3-66 【格式】菜单

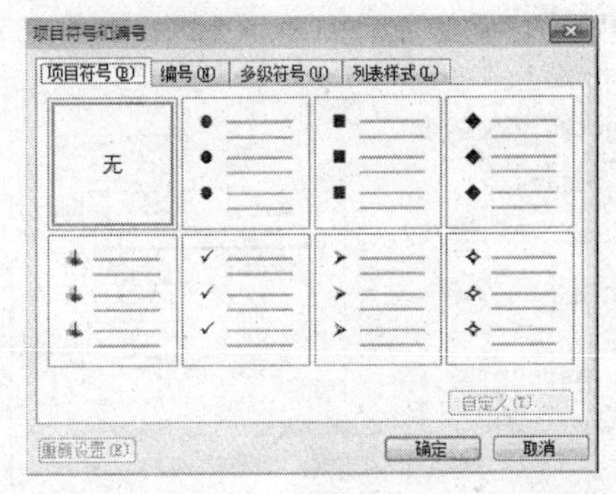

图 3-67 【项目符号和编号】对话框

5. 多级符号

（1）先选定所有章节的标题，然后选择【格式】菜单中的【项目符号和编号】命令，选择【多级符号】选项卡，如图 3-68 所示。

（2）单击右下角的【自定义】按钮，打开【自定义多级符号列表】对话框，如图 3-69 所示。

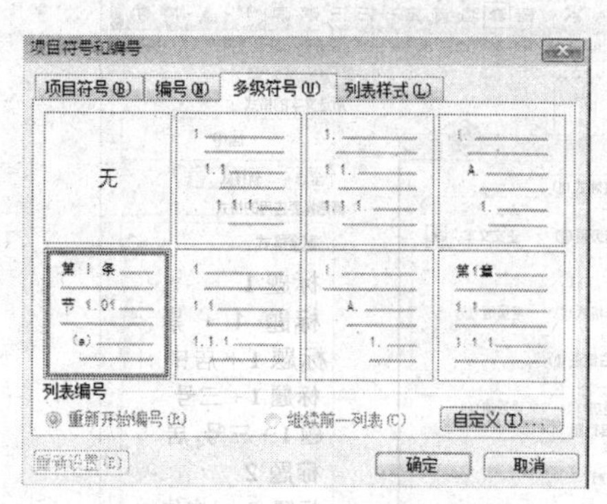
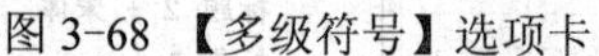

图 3-68 【多级符号】选项卡

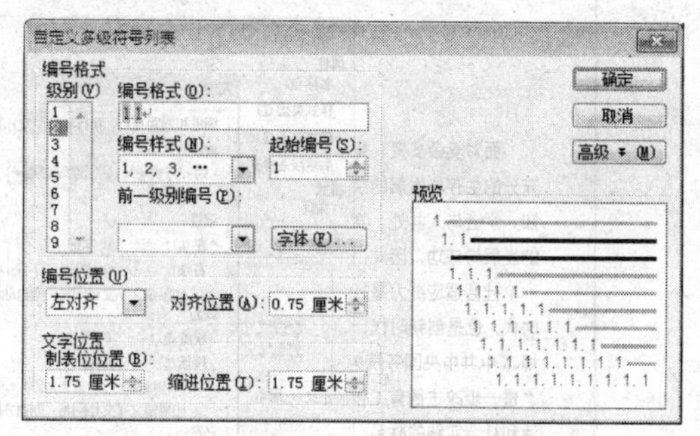

图 3-69 【自定义多级符号列表】对话框

（3）对一级编号进行设置。在【级别】列表框中选择【1】选项，在【编号样式】下拉列表框中选择【1，2，3，】选项，在【起始编号】下拉列表框中选择【1】选项，此时，【编号格式】栏中应该有一个“1”，你可以在“1”的后面加一个“.”符号。【字体】按钮用来设置当前级别的目录文字的相关属性，根据自己的需要进行设置。【对齐位置】设置为【0 厘米】，【缩进位置】设置为【0 厘米】。如果想要缩小编号和后续文字的距离，则单击右侧的【高级】按钮，在【编号之后】下拉列表框中选择【不特别标注】选项，如图 3-70 所示。

（4）对二级编号进行设置。在【级别】列表框中选择【2】选项，在【编号样式】下拉列表框中选择【1，2，3，】选项，在【起始编号】下拉列表框中选择【1】选项，此时，【编号格式】栏中应该有一个“1.1”。【字体】按钮用来设置当前级别的目录文字的相关属性，根据自己的需要进行设置。【对齐位置】设置为【0 厘米】，【缩进位置】设置为【0 厘米】。如果想要缩小编号和后续文字的距离，则单击右侧的【高级】按钮，在【编号之后】下拉列表框中选择【不特别标注】选项，如图 3-71 所示。

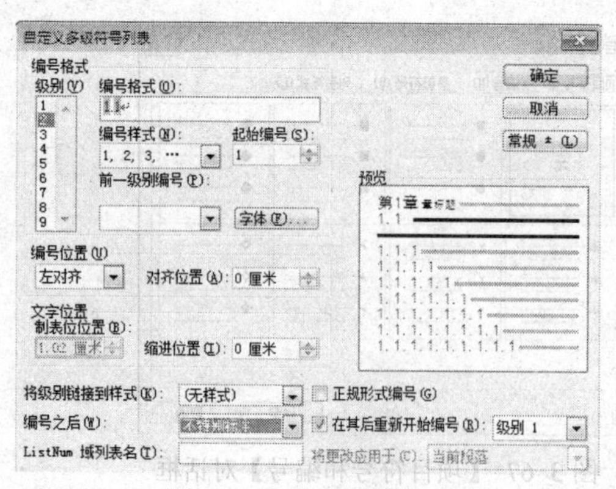

图 3-70 设置一级编号

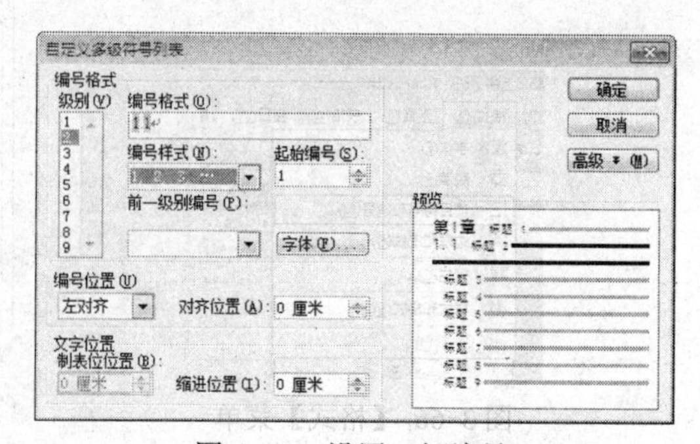

图 3-71 设置二级编号

（5）对三级编号进行设置的方法依照二级编号的设置方法设置即可，只是要注意【编号样式】的选择就可以了，如图 3-72 所示。

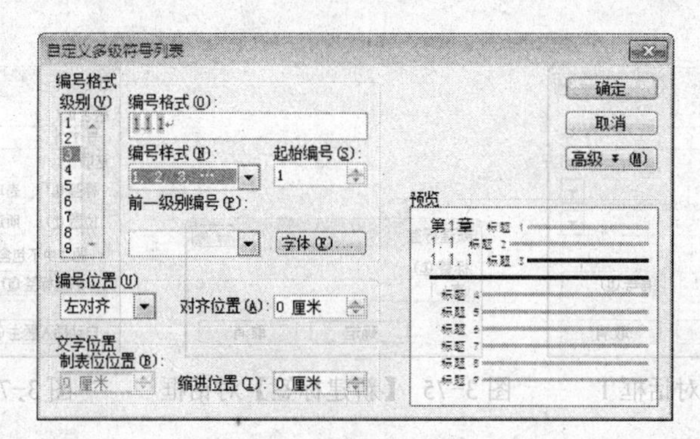

图 3-72　设置三级编号

6. 图和表格的自动编号

（1）选中表格，右击【插入】，在下拉菜单中选择【引用】→【题注】，如图 3-73 所示。

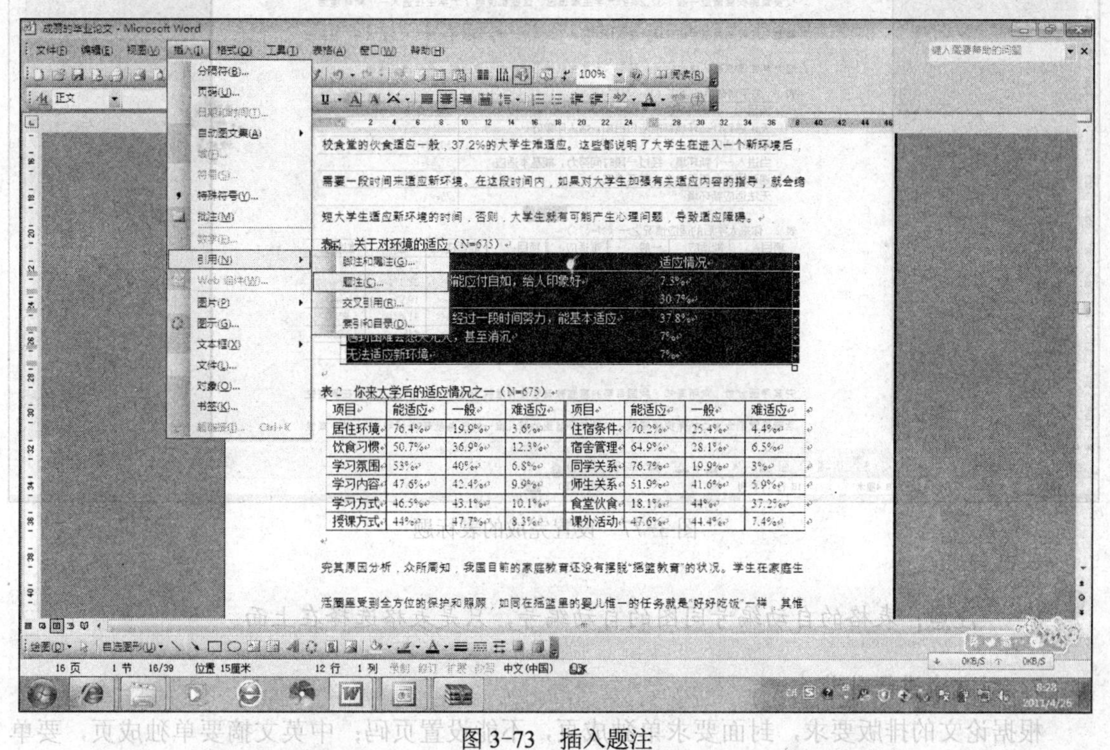

图 3-73　插入题注

（2）在图 3-74 所示的【题注】对话框 1 中，单击【新建标签】按钮，如图 3-74 所示。然后在弹出的【新建标签】对话框中输入“表 1.”或是“表 2.”或是“表 3.”等，或是“表 1-”，“表 2-”，“表图 3-”，如图 3-75 所示。

（3）选择【位置】项，具体设置要求根据“毕业论文排版要求”中的规定，输入好后，就可以看到自动编号的样子了。一般图的自动编号选择放在图片的下面，表的自动编号选择放在表的上面，如图 3-76 所示。

（4）单击【确定】按钮，对插入的表进行命名，排版（一般采用黑体，五号，居中）。自动编号的表格前面有个黑点，这个黑点就是以后图表的索引位置，如图 3-77 所示。

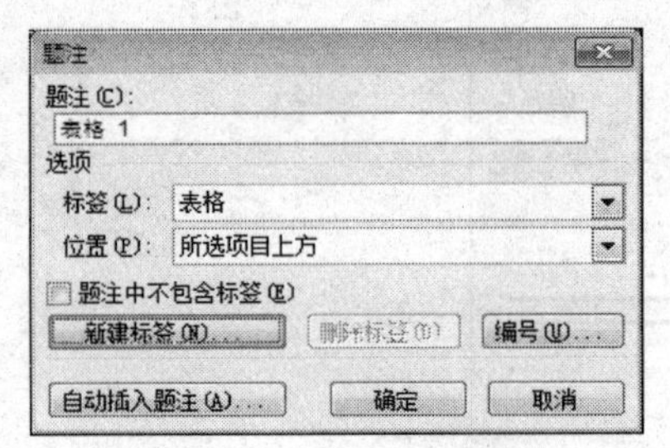

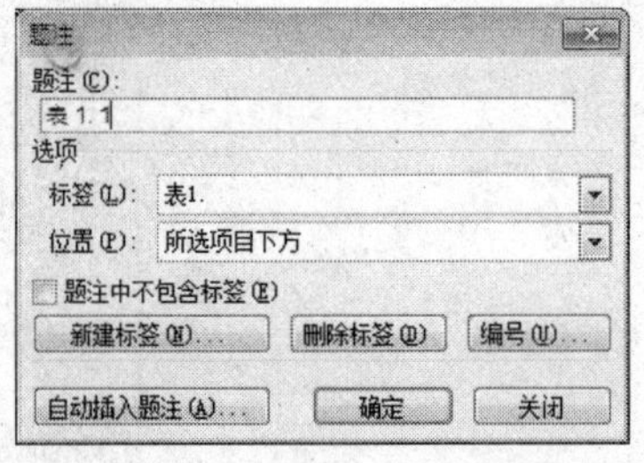

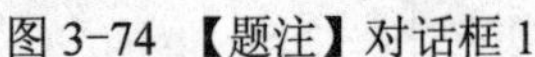

图 3-74 【题注】对话框 1　　图 3-75 【新建标签】对话框　　图 3-76 【题注】对话框 2

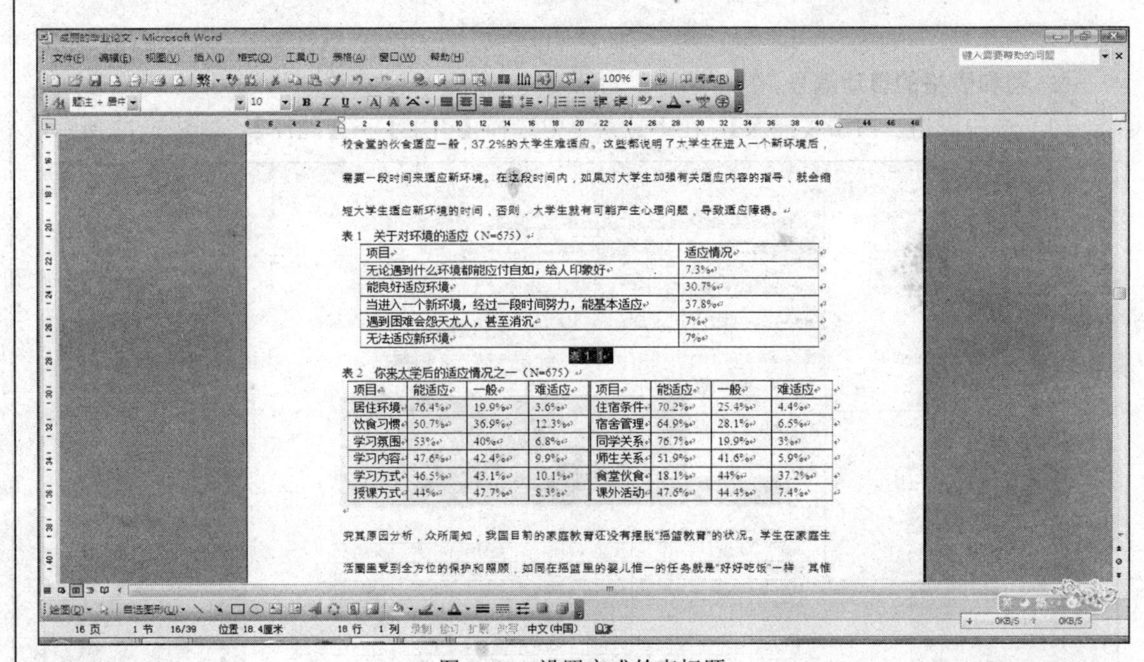

项目	适应情况
无论遇到什么环境都能应付自如，给人印象好	7.3%
能良好适应环境	30.7%
当进入一个新环境，经过一段时间努力，能基本适应	37.8%
遇到困难会怨天尤人，甚至消沉	7%
无法适应新环境	7%

项目	能适应	一般	难适应	项目	能适应	一般	难适应
居住环境	76.4%	19.9%	3.6%	住宿条件	70.2%	25.4%	4.4%
饮食习惯	50.7%	36.9%	12.3%	宿舍管理	64.9%	28.1%	6.5%
学习氛围	53%	40%	6.8%	同学关系	76.7%	19.9%	3%
学习内容	47.6%	42.4%	9.9%	师生关系	51.9%	41.6%	5.9%
学习方式	46.5%	43.1%	10.1%	食堂伙食	18.1%	44%	37.2%
授课方式	44%	47.7%	8.3%	课外活动	47.6%	44.4%	7.4%

图 3-77　设置完成的表标题

注意：表格的自动编号同图的自动编号，只是表格选择在上面。

7. 对文章进行分节

根据论文的排版要求，封面要求单独成页，不能设置页码；中英文摘要单独成页，要单独编写页码；目录单独成页，单独编写页码。要设置不同的页眉和页脚，就需要进行分节，必须分成单独的节。可以看出，文章要整体分为 8 部分。所以，要用分节符将文章整体分为 8 个节。

（1）首先确定插入点，在封面后插入分节符，选择【插入】菜单下的【分隔符】命令，如图 3-78 所示。在【分隔符】对话框中选择【分节符类型】选项区域的【下一页】选项，如图 3-79 所示。

（2）使用以上方法，使得目录、摘要、导论、正文、结束语、参考文献、致谢都是另起一页，使论文共分为 8 节。

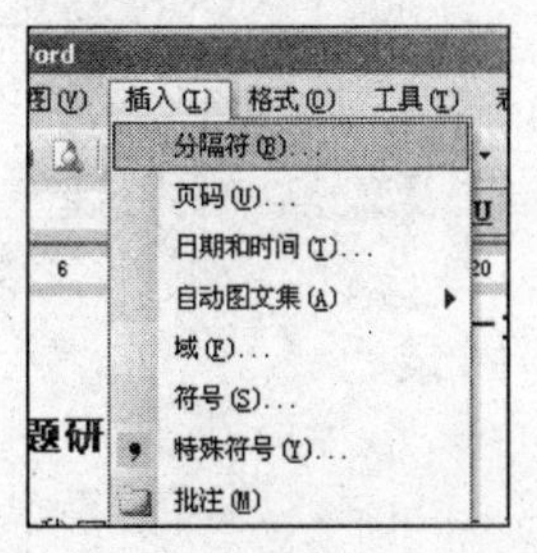

图 3-78　插入分隔符

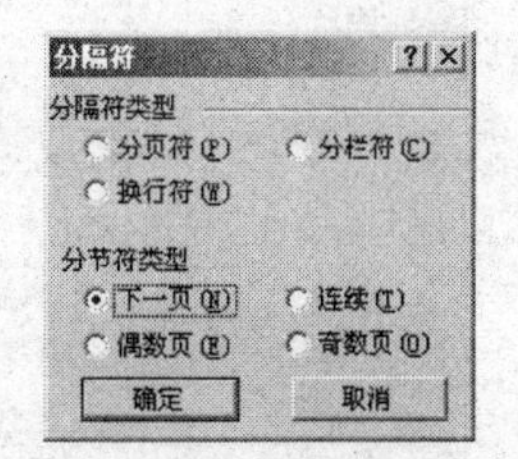

图 3-79　【分隔符】对话框

注意：分节符是为在一节中设置相对独立的格式页插入的标记，分节符的类型如下。

✧　下一页：光标当前位置后的全部内容移到下一页面上。

✧　连续：光标当前位置以后的内容将按新的设置编排，但其内容不转到下一页，而是从当前空白处开始。单栏文档同分段符；多栏文档，可保证分节符前后两部分的内容按多栏方式正确排版。

✧　偶数页/奇数页：光标当前位置以后的内容将会转换到下一个偶数页/奇数页上，Word会自动在偶数页/奇数页之间空出一页。

8. 插入目录

（1）要想自动显示目录，必先定义目录项。选择【视图】菜单中的【大纲】命令切换至大纲视图，如图 3-80 所示。大纲模式下文档各段落的级别显示得清楚，选定文章标题，将之定义为“1 级”，接着依次选定需要设置为目录项的文字，将之逐一定义为“2 级”。当然，若有必要，可继续定义“3 级”目录项。

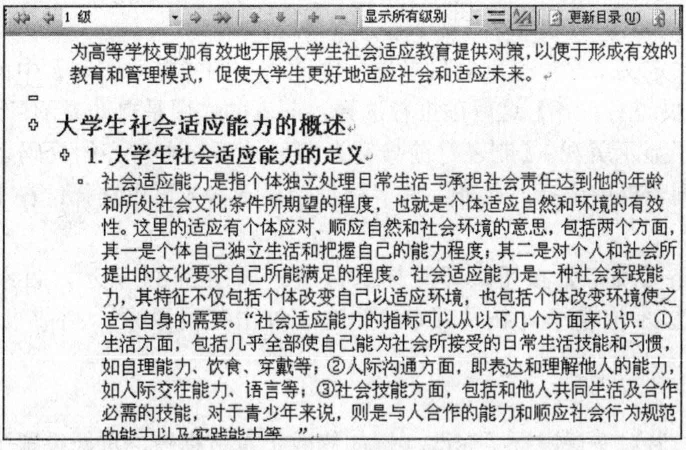

1 级　显示所有级别　更新目录(U)

为高等学校更加有效地开展大学生社会适应教育提供对策，以便于形成有效的教育和管理模式，促使大学生更好地适应社会和适应未来。

大学生社会适应能力的概述

1. 大学生社会适应能力的定义

社会适应能力是指个体独立处理日常生活与承担社会责任达到他的年龄和所处社会文化条件所期望的程度，也就是个体适应自然和环境的有效性。这里的适应有个体应对、顺应自然和社会环境的意思，包括两个方面，其一是个体自己独立生活和把握自己的能力程度；其二是对个人和社会所提出的文化要求自己所能满足的程度。社会适应能力是一种社会实践能力，其特征不仅包括个体改变自己以适应环境，也包括个体改变环境使之适合自身的需要。“社会适应能力的指标可以从以下几个方面来认识：①生活方面，包括几乎全部使自己能为社会所接受的日常生活技能和习惯，如自理能力、饮食、穿戴等；②人际沟通方面，即表达和理解他人的能力，如人际交往能力、语言等；③社会技能方面，包括和他人共同生活及合作必需的技能，对于青少年来说，则是与人合作的能力和顺应社会行为规范的能力以及实践能力等。”

图 3-80　大纲视图

（2）目录项定义完毕，选择【视图】菜单中的【页面】命令回至页面模式。将光标插入文档中欲创建目录处，打开【插入】菜单，执行【引用】→【索引和目录】命令，如图 3-81 所示。

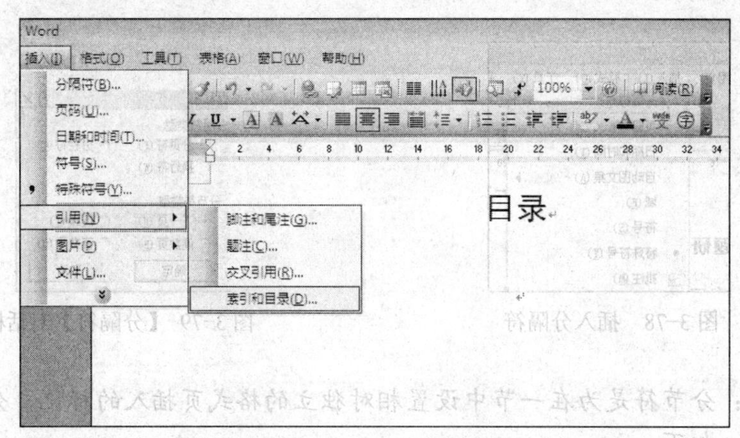

图 3-81　插入索引和目录

（3）打开【索引和目录】对话框，单击【目录】标签，如图 3-82 所示。

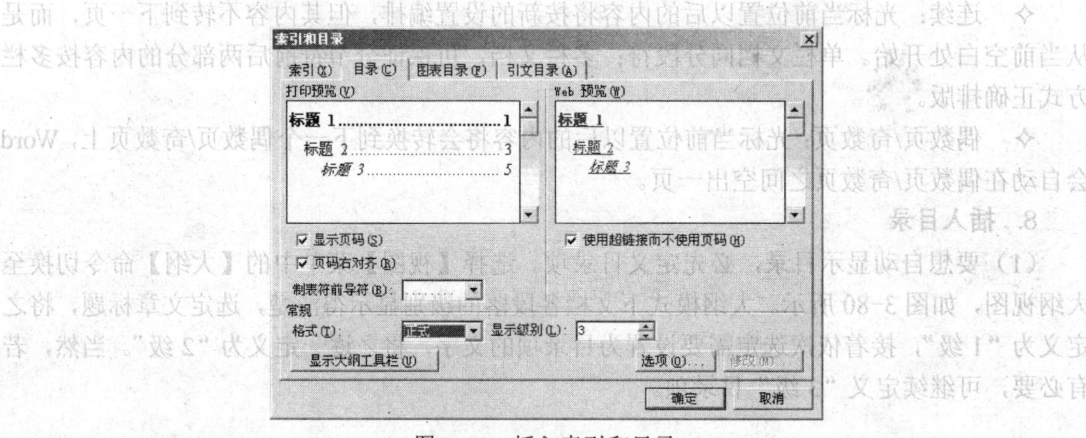

图 3-82　插入索引和目录

（4）上面一共定义了三个级别的目录项，因此将上图【显示级别】中的数字改为“3”。【显示页码】与【页码右对齐】这两项推荐选择，前者的作用是自动显示目录项所在的页面，后者的作用是为了显示美观。【制表符前导符】即目录项与右对齐的页码之间区域的显示符号，可在其下拉列表框中选择。此外，有多种目录显示格式可供选择，在【格式】下拉列表框中就可以看到。

（5）最后单击【确定】按钮，即可插入目录。如图 3-83 所示，目录就这样生成了，包括页码都自动显示出来了。按住【Ctrl】键，单击某目录项，当前页面自动跳转至该目录项。

9. 更新目录

插入目录后，若对文章进行了修改（例如修改了章节标题，重新设置了页面，增删内容等能够影响目录结构的操作），需要更新目录。

（1）将鼠标指向目录，右击，在弹出的快捷菜单中选择【更新域】命令，如图 3-84 所示。

（2）在【更新目录】对话框中，选择【只更新页码】或者【更新整个目录】选项，如图 3-85 所示，就可以更新目录了。

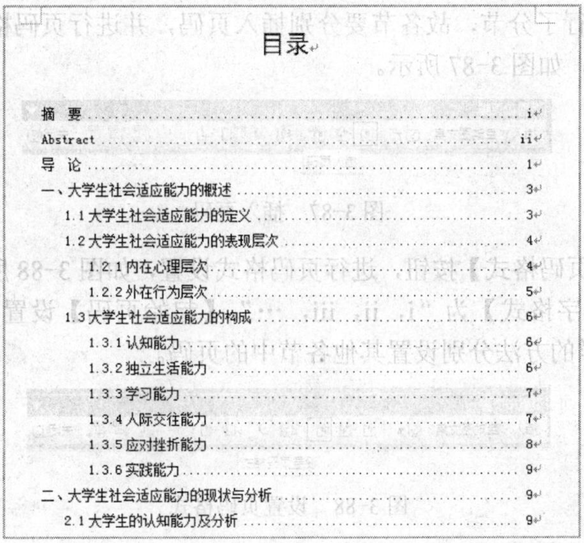

目录

摘 要 i
Abstract ii
导 论 1
一、大学生社会适应能力的概述 3
1.1 大学生社会适应能力的定义 3
1.2 大学生社会适应能力的表现层次 4
1.2.1 内在心理层次 4
1.2.2 外在行为层次 5
1.3 大学生社会适应能力的构成 6
1.3.1 认知能力 6
1.3.2 独立生活能力 6
1.3.3 学习能力 7
1.3.4 人际交往能力 7
1.3.5 应对挫折能力 8
1.3.6 实践能力 9
二、大学生社会适应能力的现状与分析 9
2.1 大学生的认知能力及分析 9

图 3-83 插入的目录

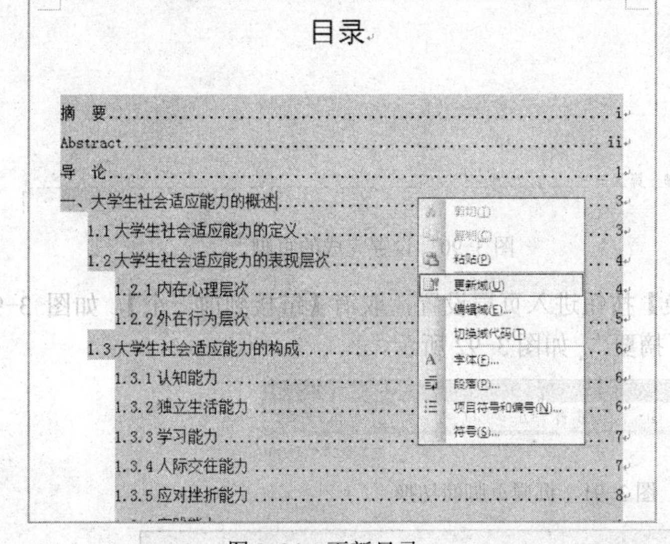

图 3-84 更新目录

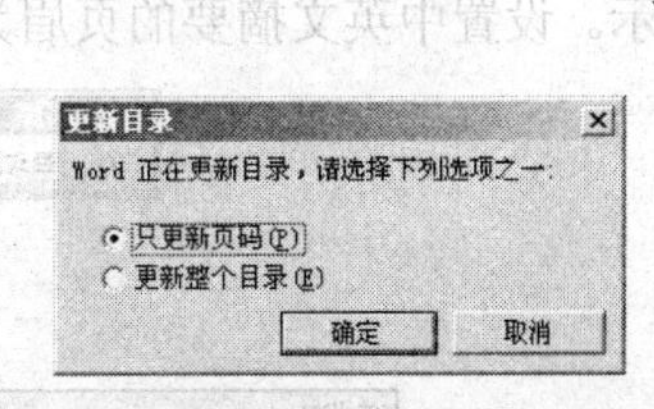

图 3-85 【更新目录】对话框

10. 设置页眉和页脚

（1）进入各节的页脚和页眉，单击页脚和页眉工具栏上的【链接到前一个】按钮，如图 3-86 所示。

图 3-86 页眉页脚工具栏

（2）首先把各节的【与上一节相同】全部去除。否则，对前节的操作会自动影响到后节。取消【链接到前一个】，使设置的内容只在本节有效，而不会影响其他分节区。

（3）因为文章进行了分节，故各节要分别插入页码，并进行页码格式设置。单击【插入页码】按钮插入页码，如图 3-87 所示。

图 3-87　插入页码

（4）单击【设置页码格式】按钮，进行页码格式设置，如图 3-88 所示。其中在“中英文摘要”节中设置【数字格式】为“i，ii，iii，…”，【起始页码】设置为“i”，如图 3-89 和图 3-90 所示。用同样的方法分别设置其他各节中的页码。

图 3-88　设置页码格式

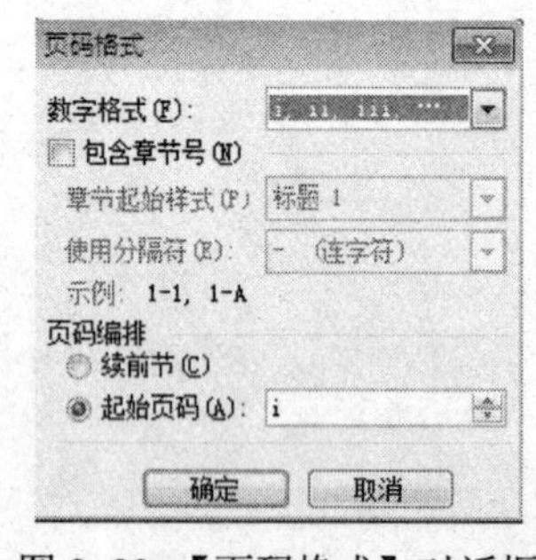

图 3-89 【页码格式】对话框

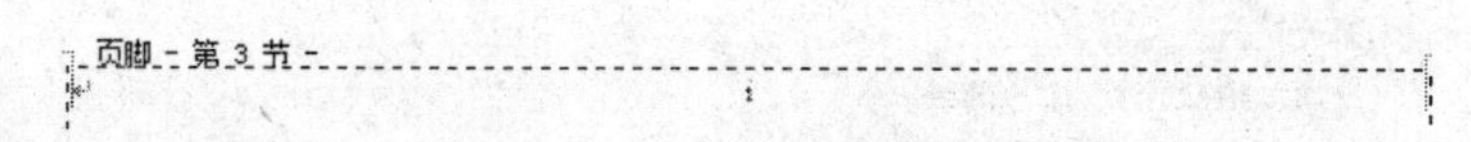

图 3-90　设置完成的页脚

（5）单击【在页眉页脚间切换】按钮进入页眉设置，取消【链接到前一个】，如图 3-91 所示。设置中英文摘要的页眉为“摘要”，如图 3-92 所示。

图 3-91　页眉页脚间切换

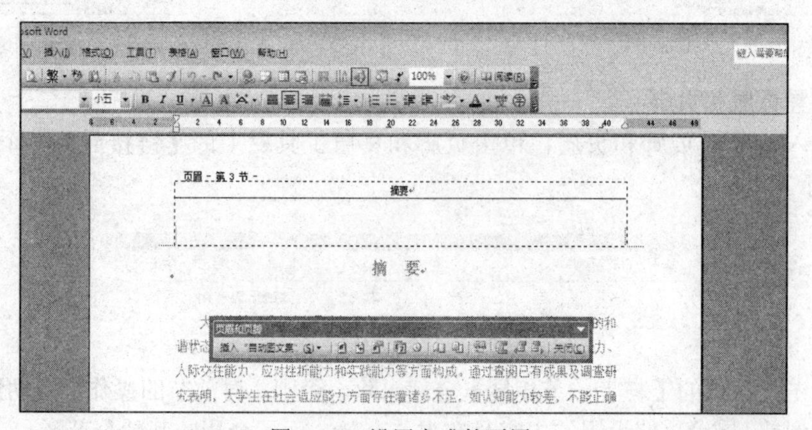

图 3-92　设置完成的页眉

最后，排版制作完成的毕业论文部分内容如图 3-93 所示。

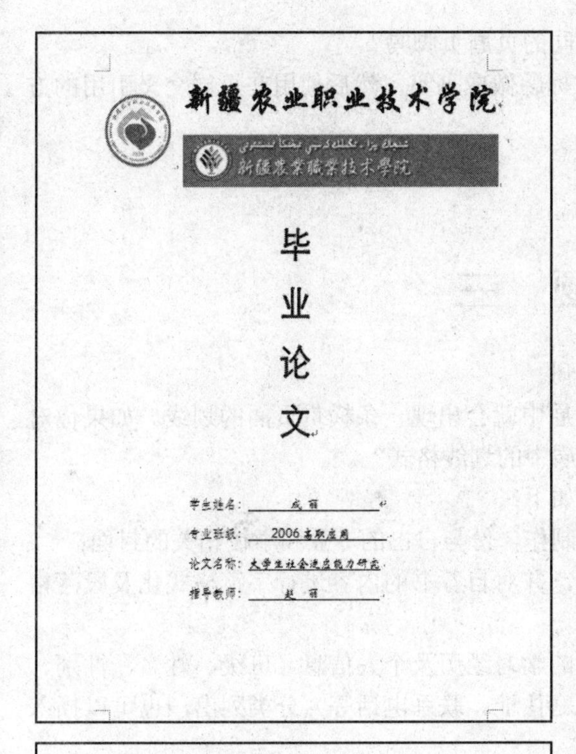

目录

摘 要

大学生社会适应能力是大学生在大学校园生活环境中为达到与所处环境的和谐状态而必须具备的一种综合能力，主要由认知能力、独立生活能力、学习能力、人际交往能力、应对挫折能力和实践能力等方面构成。通过查阅已有成果及调查研究表明，大学生在社会适应能力方面存在着诸多不足，如认知能力缺乏，不能正确评价自我和他人；缺乏有效的学习方法和自主学习的能力；人际交往存在障碍；实践能力弱等。要提高大学生社会适应能力，应从学校教育和大学生自我教育两个方面入手，主要包括：强化认知训练，提高大学生的认知能力；加大“三自”教育力度，提高大学生的独立生活能力；注重学习方法的训练，提高大学生的学习能力；加强人际沟通，提高大学生的人际交往能力；优化心理适应的辅导，提高大学生的应对挫折能力；加大实践性教育的力度，提高大学生的应变能力等等，不断提高大学生社会适应能力，促使大学生健康人格的养成，从而最终促使大学生顺利适应新的社会角色。

关键词：大学生社会适应能力培养

Abstract

Ability of social adaptation is a kind of integrate ability which college students must have, being in harmony with the surroundings in the school campus .It is mainly composed of ability of cognition, independent life, learning, communication with others, cope with setback and ability of practice, and so on .According to the survey, it shows that in the ability of social adaptation college students lack rather badly ability of cognition in which they couldn't correctly evaluate ego and others, lack effective learning methods and ability of self-learning .And communication with others lacks obstacle, the ability of practice is very poor. Therefore, it is very necessary to improve college students' ability of social adaptation. To improve the ability, the aghor thinks that we must start with two aspects: school education and self-education. The measures are strengthening cognition training to enhance the college students' ability of cognition, intensifying "self-education, self-manage and self-service" of college students to improve their ability of independent life, reinforcing more communications with others to improve ability of communication, strengthening the practice education in order to improve ability of meeting an emergency and more training mind adaptation to improve ability of coping with setback. All these measures finally aim to improve ability of social adaptation of college students and to adapt them to the new social poles.

Keywords: collega students ability of social adaptation develop.

图 3-93 制作完成的毕业论文

四、思考与提高

（1）你会设置“奇数页”和“偶数页”不同的页眉页脚吗？

（2）论文里页眉使用章标题，可以采用章标题做成书签，然后使用在页眉交叉引用的方法来维护两者的一致，你会设置完成吗？

（3）如何设置脚注？

（4）分页符与分节符有什么区别？

习 题 三

（1）请你为你所在的班级设计一份电子报刊。

（2）用户选择在文档中使用页眉后，在页眉中就会出现一条横贯页面的划线。如果你对系统设置的划线格式不满意的话，如何修改页眉中的划线格式？

（3）自己动手制作一份个人自荐书，要求如下：

✧ 用适当的图片、文字等对象，设计、制作一份与自己的专业和学校相关的封面；

✧ 根据自己的实际情况输入一份自荐书，并对自荐书的内容进行字符格式化及段落格式化；

✧ 制作一份表格型的个人简历，将自己的学习经历及个人信息（班级、姓名、性别、学号、个人兴趣、爱好、族别、政治面貌、家庭住址、联系电话等）分类列出，也可以插入一张自己的电子照片。

实训 4
电子表格应用软件

4.1 制作成绩表

一、实训目的

（1）熟练掌握工作表的插入、删除、复制等操作。
（2）熟练掌握单元格中数据类型、对齐方式等格式设置。
（3）熟练掌握 Excel 的公式的使用，能进行简单的函数计算。

二、知识技能要点

（1）工作表和单元格格式的设置。
（2）单元格的引用。
（3）条件格式的设置。
（4）公式的计算与应用。
（5）常用函数的使用方法。
（6）文档的打印输出。

三、实训内容及步骤

1. 规划表格结构

（1）建立名为“Excel 实训”的工作簿，将工作簿中默认工作表 Sheet1 更名为“期末成绩汇总表”，如图 4-1 所示。

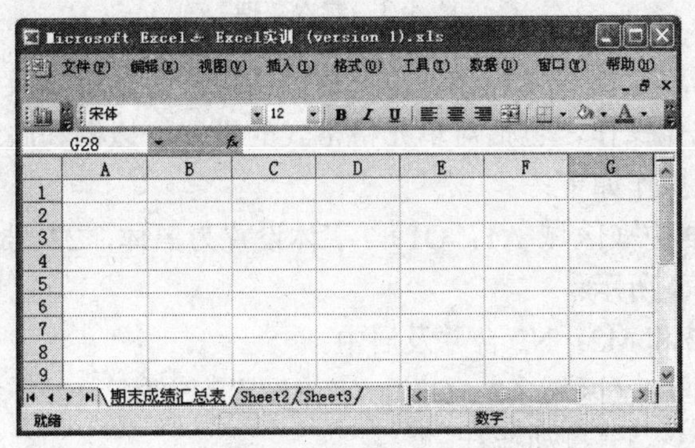

图 4-1 新建 Excel 文档

（2）在工作表中输入表格标题以及行标题，如图 4-2 所示。

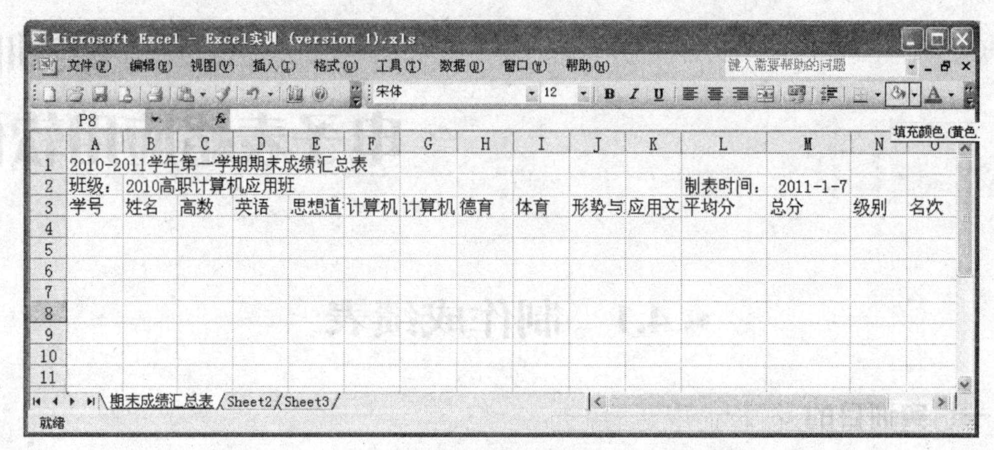

	A	B	C	D	E	F	G	H	I	J	K	L	M	N	O
1	2010-2011学年第一学期期末成绩汇总表														
2	班级：	2010高职计算机应用班										制表时间：	2011-1-7		
3	学号	姓名	高数	英语	思想道	计算机	计算机	德育	体育	形势与	应用文	平均分	总分	级别	名次
4															
5															
6															
7															
8															
9															
10															
11															

图 4-2　输入标题

2. 输入表格内容和设置单元格格式

（1）对应各标题行，输入具体的数据。输入数据后的表格如图 4-3 所示。

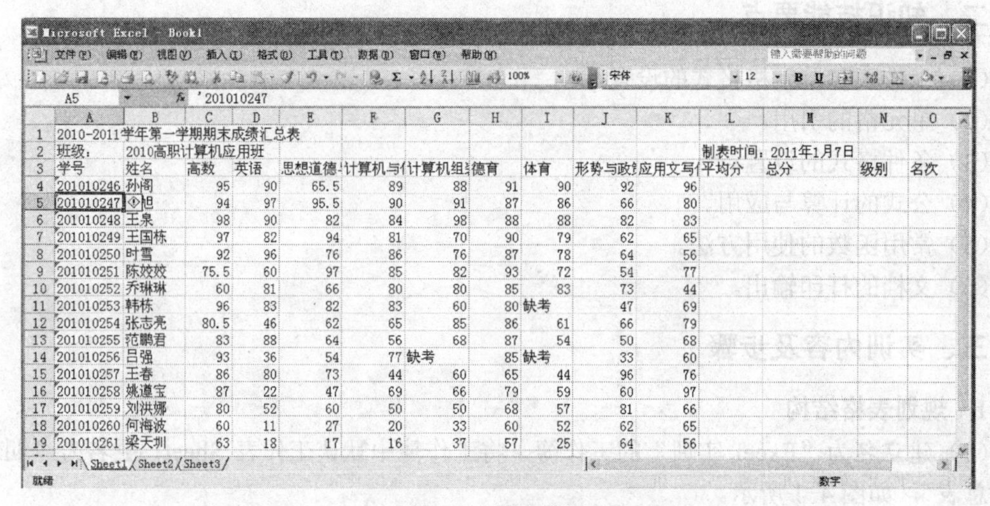

	A	B	C	D	E	F	G	H	I	J	K	L	M	N	O
1	2010-2011学年第一学期期末成绩汇总表														
2	班级：	2010高职计算机应用班										制表时间：2011年1月7日			
3	学号	姓名	高数	英语	思想道德	计算机与	计算机组	德育	体育	形势与政	应用文写	平均分	总分	级别	名次
4	201010246	孙阁	95	90	65.5	89	88	91	90	92	96				
5	201010247	[illegible]旭	94	97	95.5	90	91	87	86	66	80				
6	201010248	王泉	98	90	82	84	98	88	88	82	83				
7	201010249	王国栋	97	82	94	81	70	90	79	62	65				
8	201010250	时雪	92	96	76	86	76	87	78	64	56				
9	201010251	陈姣姣	75.5	60	97	85	82	93	72	54	77				
10	201010252	乔琳琳	60	81	66	80	80	85	83	73	44				
11	201010253	韩栋	96	83	82	83	60	80	缺考	47	69				
12	201010254	张志亮	80.5	46	62	65	85	86	61	66	79				
13	201010255	范鹏君	83	88	64	56	68	87	54	50	68				
14	201010256	吕强	93	36	54	77	缺考	85	缺考	33	60				
15	201010257	王春	86	80	73	44	60	65	44	96	76				
16	201010258	姚遵宝	87	22	47	69	66	79	59	60	97				
17	201010259	刘洪娜	80	52	60	50	50	68	57	81	66				
18	201010260	何海波	60	11	27	20	33	60	52	62	65				
19	201010261	梁天圳	63	18	17	16	37	57	25	64	56				

图 4-3　输入数据

（2）对输入的数据进行格式化操作。主要通过【格式】菜单以及【常用】和【格式】工具栏对工作表进行格式化操作，包括对单元格格式的设置，边框和底纹设置以及行高、列宽的设置等。具体格式化操作如下：

1）将标题合并及居中（区域 A1：O1），字体设置为黑体，22 号，添加下边框，线条样式为双下划线，如图 4-4 所示：

2）将区域 B2：D2 和 M2：N2 合并及居中。

图 4-4　设置边框

3）将标题栏水平居中（区域 A3：O3），字体设置为宋体，12 号，加粗，底纹为【灰色-25%】，自动换行。

4）正文字体为宋体，12 号，默认对齐方式。

5）行高设置：标题行行高为 32，第 2～3 行行高为 28，其余行高默认。列宽设置：调整到合适列宽。

6）对数据区域 A3：O19 添加所有框线，线条样式默认。

7）选中数据区域 C4：K19，设置所有数据保留小数点 1 位，并且选择【格式】菜单中的【条件格式】命令，进行如图 4-5 所示的设置。

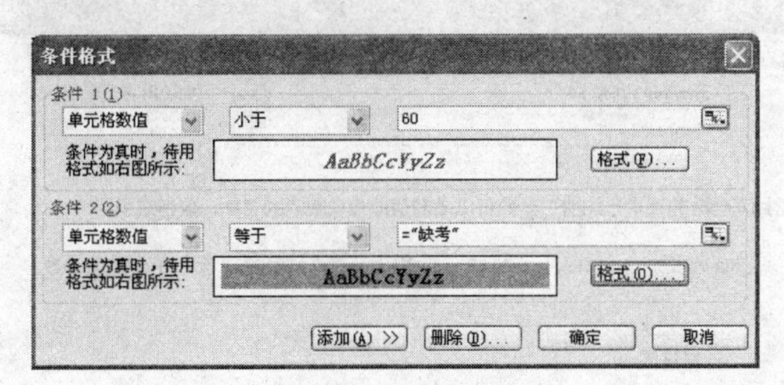

图 4-5　条件格式

8）选中数据区域 L4：O19，设置底纹颜色为黄色。格式化后的数据表如图 4-6 所示。

2010-2011学年第一学期期末成绩汇总表

班级：	2010高职计算机应用班										制表时间：	2011-1-7		
学号	姓名	高数	英语	思想道德与法律基础	计算机与信息技术基础	计算机组装与维护	德育	体育	形势与政策	应用文写作	平均分	总分	级别	名次
201010246	孙阁	95.0	90.0	65.5	89.0	88.0	91.0	90.0	92.0	96.0				
201010247	常旭	94.0	97.0	95.5	90.0	91.0	87.0	86.0	66.0	80.0				
201010248	王泉	98.0	90.0	82.0	84.0	98.0	88.0	88.0	82.0	83.0				
201010249	王国栋	97.0	82.0	94.0	81.0	70.0	90.0	79.0	62.0	65.0				
201010250	时雪	92.0	96.0	76.0	86.0	76.0	87.0	78.0	64.0	*56.0*				
201010251	陈姣姣	75.5	60.0	97.0	85.0	82.0	93.0	72.0	*54.0*	77.0				
201010252	乔琳琳	60.0	81.0	66.0	80.0	80.0	85.0	83.0	73.0	*44.0*				
201010253	韩栋	96.0	83.0	82.0	83.0	60.0	80.0	缺考	*47.0*	69.0				
201010254	张志亮	80.5	*46.0*	62.0	65.0	85.0	86.0	61.0	66.0	79.0				
201010255	范鹏君	83.0	88.0	64.0	*56.0*	68.0	87.0	*54.0*	*50.0*	68.0				
201010256	吕强	93.0	*36.0*	*54.0*	77.0	缺考	85.0	缺考	*33.0*	60.0				
201010257	王春	86.0	80.0	73.0	*44.0*	60.0	65.0	*44.0*	96.0	76.0				
201010258	姚遵宝	87.0	*22.0*	*47.0*	69.0	66.0	79.0	*59.0*	60.0	97.0				
201010259	刘洪娜	80.0	*52.0*	60.0	*50.0*	*50.0*	68.0	*57.0*	81.0	66.0				
201010260	何海波	60.0	*11.0*	*27.0*	*20.0*	*33.0*	60.0	*52.0*	62.0	65.0				
201010261	梁天圳	63.0	*18.0*	*17.0*	*16.0*	*37.0*	*57.0*	*25.0*	64.0	*56.0*				

图 4-6　格式化后的数据表

3. Excel 常用函数和公式的应用

（1）增加表格结构。在上述表格的下方（第 21 行），增加部分表格结构，如图 4-7 所示。

汇总情况	最高分									
	最低分									
	及格人数									
	考试人数									
	及格率									

图 4-7　增加表格结构

（2）利用 Excel 常用函数和基本公式编辑计算表格中黄色区域数据。Excel 中提供的常用函数 SUM( )、AVERAGE( )、MAX( )、MIN( )、IF( )、RANK( )、COUNT( )、COUNTIF( )，计算总分、平均分、最高分、最低分、级别、排名以及考试人数和及格人数。

1）计算平均分：首选选中单元格 L4，然后选择【插入】菜单中的【函数】选项或者直接单击常用工具栏上Σ·的下三角按钮，选择 AVERAGE( )，弹出如图 4-8 所示的对话框。

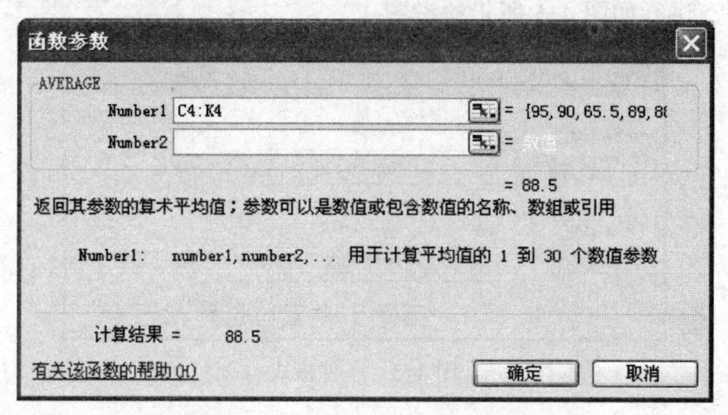

图 4-8　AVERAGE 参数对话框

在 Number1 中选中求平均分的数据区域，单击【确定】按钮，即可求出对应一行即一名学生所有课程的平均分。

2）计算总分：利用 SUM( )函数计算每位同学的各科成绩总分。SUM( )具体应用如图 4-9 所示。

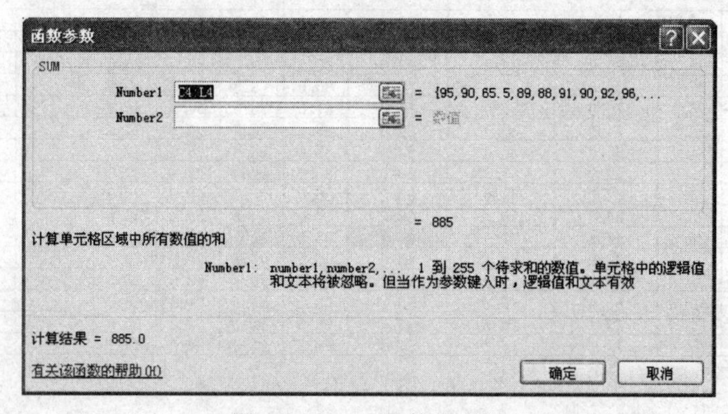

图 4-9　SUM 参数对话框

注意：数据区域的选定，不能将平均分区域包含进去。

3）级别显示：利用 IF( )函数计算级别显示，总分 700 分以上为优秀，(700,600]为良好，(600,500]为及格，500 分以下为差。IF( )函数具体应用如图 4-10 所示。

4）计算排名：利用 RANK( )函数计算每一位学生在班级中的排名。RANK( )函数的具体应用如图 4-11 所示。

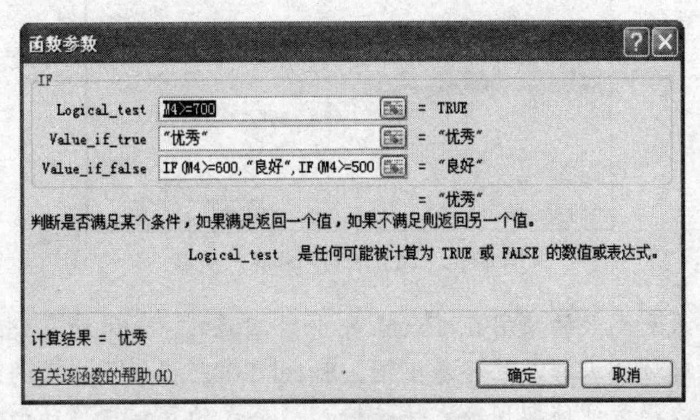

图 4-10 IF 参数对话框

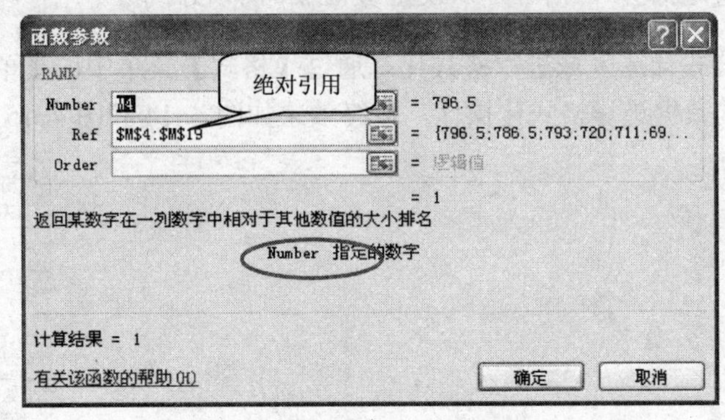

图 4-11 RANK 参数对话框

注意：在求名次的过程中，要将数据范围设为绝对引用。

5）统计考试人数和及格人数：利用 COUNT( )和 COUNTIF( )函数统计考试人数和及格人数。具体引用如图 4-12 和图 4-13 所示。

6）编辑 Excel 公式计算及格率：首先选中第一门课程高数对应的及格率单元格 C25，然后在编辑栏输入公式 =C23/C24 。

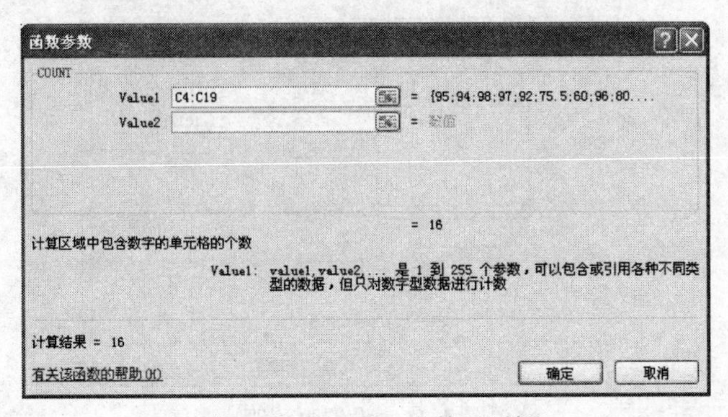

图 4-12 COUNT 参数对话框

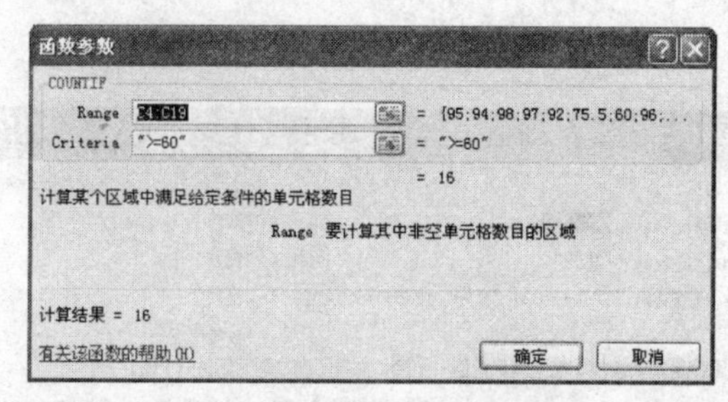

图 4-13　COUNTIF 参数对话框

注意：公式和函数的使用在 Excel 中会经常遇到，如果所有公式都逐一输入是件很麻烦的工作，且容易出错。Excel 2003 提供了公式的复制和移动功能，可以很方便地实现公式快速输入。公式的复制与移动和单元格数据的复制与移动类似，同样可以使用剪切板、填充柄等。

（3）对函数和公式计算区域进行格式化。通过【格式】菜单中的【单元格】选项或者格式工具栏对计算出的数据进行格式化操作，最终效果如图 4-14 和图 4-15 所示。

汇总情况	最高分	98.0	97.0	97.0	90.0	98.0	93.0	90.0	96.0	97.0
	最低分	60.0	11.0	17.0	16.0	33.0	57.0	25.0	33.0	44.0
	及格人数	16	10	12	11	12	15	8	12	13
	考试人数	16	16	16	16	15	16	14	16	16
	及格率	100.0%	62.5%	75.0%	68.8%	80.0%	93.8%	57.1%	75.0%	81.3%

图 4-14　计算结果 1

平均分	总分	级别	名次
88.5	796.5	优秀	1
87.4	786.5	优秀	3
88.1	793.0	优秀	2
80.0	720.0	优秀	4
79.0	711.0	优秀	5
77.3	695.5	良好	6
72.4	652.0	良好	7
75.0	600.0	良好	11
70.1	630.5	良好	8
68.7	618.0	良好	10
62.6	438.0	差	14
69.3	624.0	良好	9
65.1	586.0	及格	12
62.7	564.0	及格	13
43.3	390.0	差	15
39.2	353.0	差	16

图 4-15　计算结果 2

4. 页面设置和打印输出

（1）打开【文件】菜单，选择【页面设置】命令。

（2）设置左右边距均为 1.4 厘米，如图 4-16 所示。

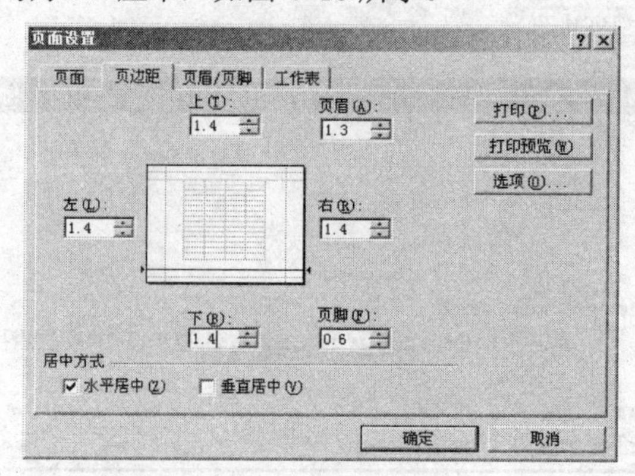

图 4-16　设置页边距

（3）设置纸型为 A4，纸型设置如图 4-17 所示。

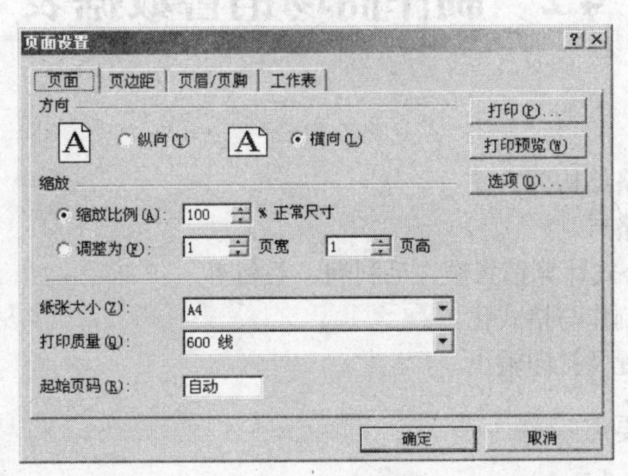

图 4-17　设置纸型

（4）在【文件】菜单中选择【打印预览】命令，整体效果如图 4-18 所示。

2010-2011学年第一学期期末成绩汇总表

班级：　2010高职计算机应用班　　　　制表时间：　2011年1月7日

学号	姓名	高数	英语	思想道德与法律基础	计算机与信息技术基础	计算机组装与维护	德育	体育	形势与政策	应用文写作	平均分	总分	级别	名次
201010246	孙阁	95.0	90.0	65.5	89.0	88.0	91.0	90.0	92.0	96.0	88.5	796.5	优秀	1
201010247	常旭	94.0	97.0	95.5	90.0	91.0	87.0	86.0	66.0	80.0	87.4	786.5	优秀	3
201010248	王泉	98.0	90.0	82.0	84.0	98.0	88.0	88.0	82.0	83.0	88.1	793.0	优秀	2
201010249	王国栋	97.0	82.0	94.0	81.0	70.0	90.0	79.0	62.0	65.0	80.0	720.0	优秀	4
201010250	时雪	92.0	96.0	76.0	86.0	76.0	87.0	78.0	64.0	56.0	79.0	711.0	优秀	5
201010251	陈姣姣	75.5	60.0	97.0	85.0	82.0	93.0	72.0	54.0	77.0	77.3	695.5	良好	6
201010252	乔琳琳	60.0	81.0	66.0	80.0	80.0	85.0	83.0	73.0	44.0	72.4	652.0	良好	7
201010253	韩栋	96.0	83.0	82.0	83.0	60.0	80.0	缺考	47.0	69.0	75.0	600.0	良好	11
201010254	张志高	80.5	46.0	62.0	65.0	85.0	86.0	61.0	66.0	79.0	70.1	630.5	良好	8
201010255	范鹏君	83.0	88.0	64.0	56.0	68.0	87.0	54.0	50.0	68.0	68.7	618.0	良好	10
201010256	吕强	93.0	36.0	54.0	77.0	缺考	85.0	缺考	33.0	60.0	62.6	438.0	差	14
201010257	王春	86.0	80.0	73.0	44.0	60.0	65.0	44.0	96.0	76.0	69.3	624.0	良好	9
201010258	姚遵宝	87.0	22.0	47.0	69.0	66.0	79.0	59.0	60.0	97.0	65.1	586.0	及格	12
201010259	刘洪娜	80.0	52.0	60.0	50.0	50.0	68.0	57.0	81.0	66.0	62.7	564.0	及格	13
201010260	何海波	60.0	11.0	27.0	20.0	33.0	60.0	52.0	62.0	65.0	43.3	390.0	差	15
201010261	梁天圳	63.0	18.0	17.0	16.0	37.0	57.0	25.0	64.0	56.0	39.2	353.0	差	16

汇总情况		高数	英语	思想道德与法律基础	计算机与信息技术基础	计算机组装与维护	德育	体育	形势与政策	应用文写作
汇总情况	最高分	98.0	97.0	97.0	90.0	98.0	93.0	90.0	96.0	97.0
	最低分	60.0	11.0	17.0	16.0	33.0	57.0	25.0	33.0	44.0
	及格人数	16	10	12	11	12	15	8	12	13
	考试人数	16	16	16	16	15	16	14	16	16
	及格率	100.0%	62.5%	75.0%	68.8%	80.0%	93.8%	57.1%	75.0%	81.3%

图 4-18　整体效果

（5）如果预览符合要求，打开【文件】菜单，选择【打印】命令，如安装有打印机，可以进行打印。

四、思考与提高

通过学习，大家还可以针对日常学习和生活中常见的某一门课程成绩、计算机等级考试成绩表进行表格制作和数据处理。

4.2 制作商场销售数据表

一、实训目的

（1）掌握规划表格结构的方法。

（2）设置单元格格式。

（3）编写 Excel 公式计算销售额、毛利润、毛利率。

（4）掌握图表的制作与格式化。

（5）掌握页面设置及打印输出。

二、知识技能要点

（1）工作表和单元格格式的设置。

（2）公式的计算与应用。

（3）单元格的引用。

（4）图表的制作与格式化。

（5）文档的页面设置。

（6）文档的打印输出。

三、实训内容及步骤

1. 规划表格结构

（1）新建名为“Excel 实训”的工作簿，修改工作表 Sheet1 的名称为“某商场销售数据表”，如图 4-19 所示。

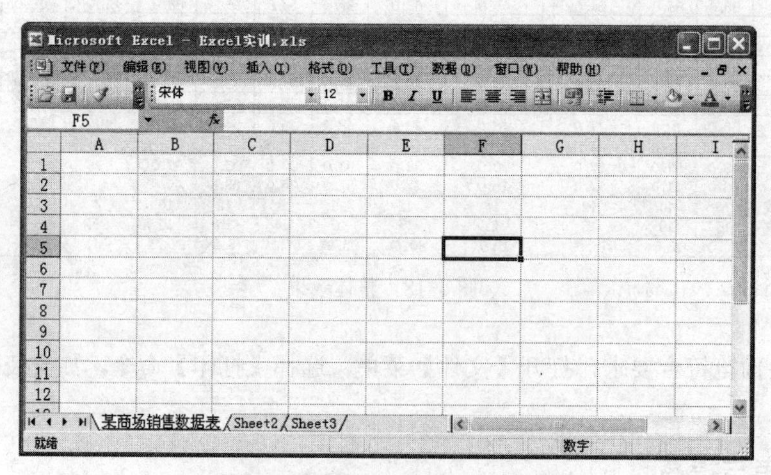

图 4-19 “Excel 实训”工作簿

（2）在工作表中输入表格标题以及行标题，如图 4-20 所示。

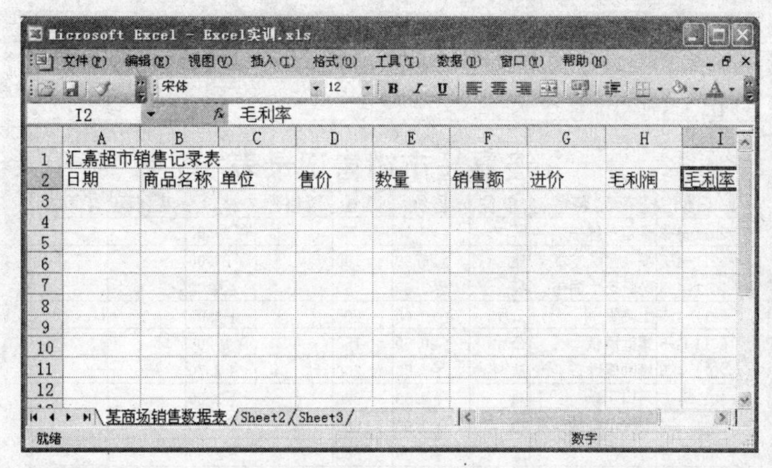

图 4-20　输入标题

2. 输入内容和设置单元格格式

（1）对应各标题行，输入具体的数据。输入数据后的表格如图 4-21 所示。

	A	B	C	D	E	F	G	H	I
1	汇嘉超市销售记录表								
2	日期	商品名称	单位	售价	数量	销售额	进价	毛利润	毛利率
3	2011-4-5	麦趣尔纯	箱	45	50		40		
4	2011-4-5	海飞丝洗	瓶	26.8	100		23		
5	2011-4-5	盼盼芝士	袋	7.8	60		6		
6	2011-4-5	土鸡蛋	公斤	10	200		8.5		
7	2011-4-5	螺旋辣椒	公斤	20.5	150		19		
8	2011-4-5	康师傅绿	瓶	3.5	260		2.7		
9	2011-4-5	可口可乐	瓶	2.5	320		1.8		
10	2011-4-5	农夫山泉	瓶	2	500		1.8		
11	2011-4-5	王老吉	罐	3.5	560		2.9		

图 4-21　输入数据后的表格

（2）对输入的数据进行格式化操作。主要通过【格式】菜单以及【常用】和【格式】工具栏对工作表进行格式化操作，包括对单元格格式的设置，边框和底纹设置以及行高、列宽的设置等。具体格式化操作如下：

1）将标题合并及居中（区域 A1：I1），字体设置为黑体，24 号。

2）将标题栏水平居中（区域 A2：I2），字体设置为宋体，14 号，加粗，底纹为【灰色-25%】。

3）正文字体为宋体，12 号，默认对齐方式。

4）行高设置：标题行行高为 32，标题栏行高为 31，数据行行高为 29。

5）将“售价”和“进价”对应的数据设置为人民币格式，并保留小数点 2 位。

格式化后的数据表如图 4-22 所示。

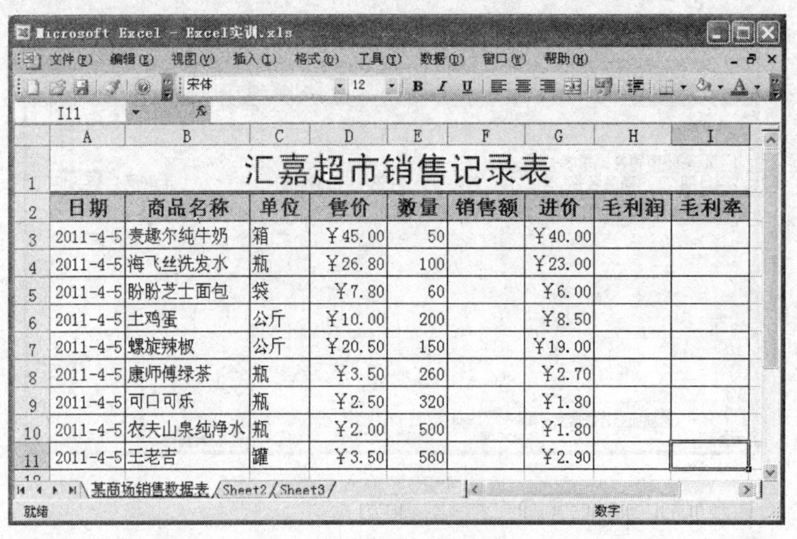

汇嘉超市销售记录表

日期	商品名称	单位	售价	数量	销售额	进价	毛利润	毛利率
2011-4-5	麦趣尔纯牛奶	箱	￥45.00	50		￥40.00		
2011-4-5	海飞丝洗发水	瓶	￥26.80	100		￥23.00		
2011-4-5	盼盼芝士面包	袋	￥7.80	60		￥6.00		
2011-4-5	土鸡蛋	公斤	￥10.00	200		￥8.50		
2011-4-5	螺旋辣椒	公斤	￥20.50	150		￥19.00		
2011-4-5	康师傅绿茶	瓶	￥3.50	260		￥2.70		
2011-4-5	可口可乐	瓶	￥2.50	320		￥1.80		
2011-4-5	农夫山泉纯净水	瓶	￥2.00	500		￥1.80		
2011-4-5	王老吉	罐	￥3.50	560		￥2.90		

图 4-22　格式化后的数据表

3. 计算销售额、毛利润、毛利率

计算数据表中的销售额、毛利润和毛利率，要求保留小数点 2 位，毛利率用百分比表示。其中，销售额=售价×数量，毛利润=（售价-进价）×数量，毛利率=毛利润/销售额。

计算完的数据表如图 4-23 所示。

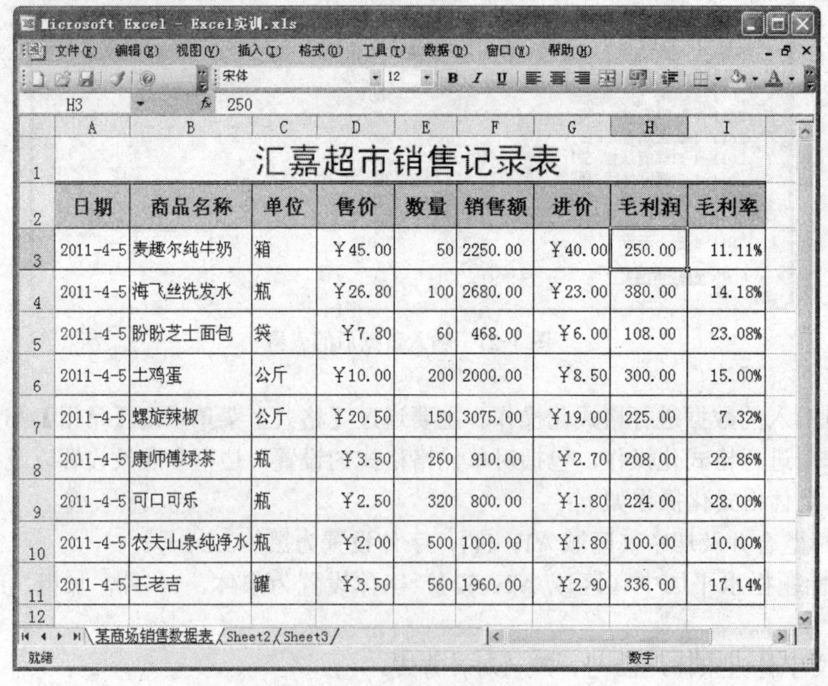

汇嘉超市销售记录表

日期	商品名称	单位	售价	数量	销售额	进价	毛利润	毛利率
2011-4-5	麦趣尔纯牛奶	箱	￥45.00	50	2250.00	￥40.00	250.00	11.11%
2011-4-5	海飞丝洗发水	瓶	￥26.80	100	2680.00	￥23.00	380.00	14.18%
2011-4-5	盼盼芝士面包	袋	￥7.80	60	468.00	￥6.00	108.00	23.08%
2011-4-5	土鸡蛋	公斤	￥10.00	200	2000.00	￥8.50	300.00	15.00%
2011-4-5	螺旋辣椒	公斤	￥20.50	150	3075.00	￥19.00	225.00	7.32%
2011-4-5	康师傅绿茶	瓶	￥3.50	260	910.00	￥2.70	208.00	22.86%
2011-4-5	可口可乐	瓶	￥2.50	320	800.00	￥1.80	224.00	28.00%
2011-4-5	农夫山泉纯净水	瓶	￥2.00	500	1000.00	￥1.80	100.00	10.00%
2011-4-5	王老吉	罐	￥3.50	560	1960.00	￥2.90	336.00	17.14%

图 4-23　计算完的数据表

4. 图表的制作与格式化

（1）制作商品日销售统计表，操作步骤如下。

1）选取数据源为商品名称、数量、销售额以及毛利润。

2）选择【插入】菜单中的【图表】选项或者单击常用工具栏中的【图表向导】按钮，根据图表向导完成图表的制作。

① 选择图表类型和数据区域：如图 4-24 和图 4-25 所示。

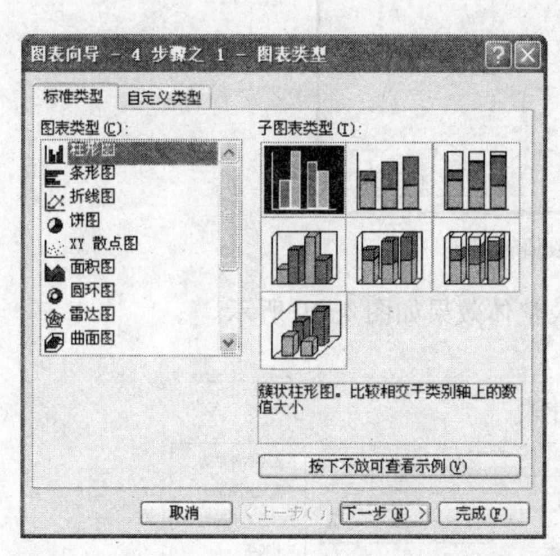

图 4-24　选择图表类型

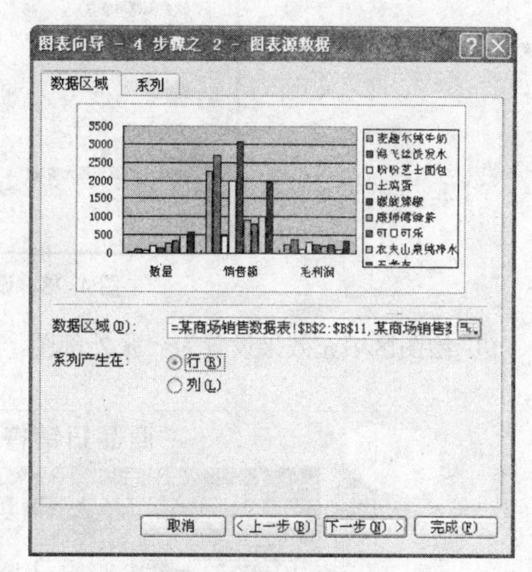

图 4-25　选择数据区域

② 图表选项：输入图表标题，如图 4-26 所示。

③ 确定图表位置：最后确定图表位置，如图 4-27 所示。

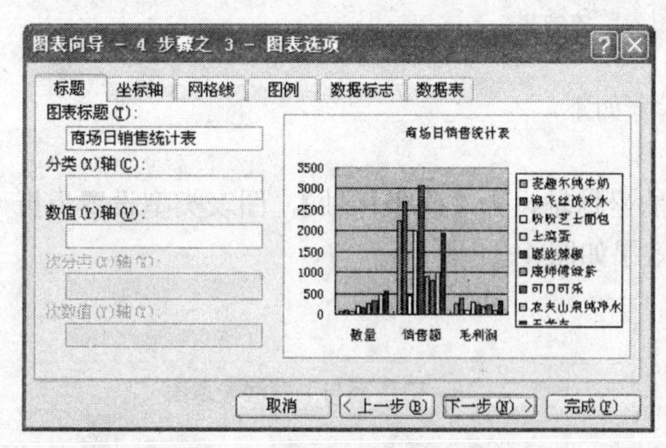

图 4-26　输入图表标题

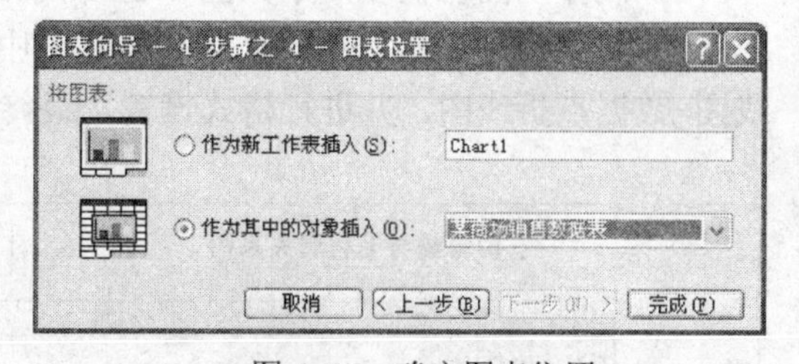

图 4-27　确定图表位置

3）图表格式化。

① 图表标题设置为宋体，字号为 20；水平轴和数值轴字体设置为宋体，字号为 10；图例字体设置为宋体，字号为 9。

② 数值轴刻度设置如图 4-28 所示。

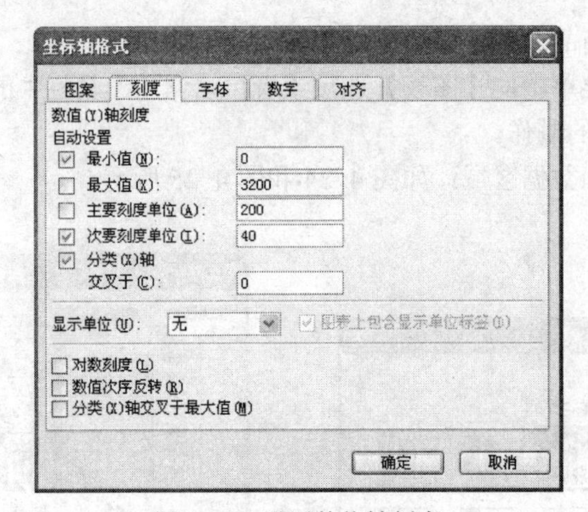

图 4-28 设置数值轴刻度

③ 绘图区填充效果设置为一张外部图，图表整体效果如图 4-29 所示。

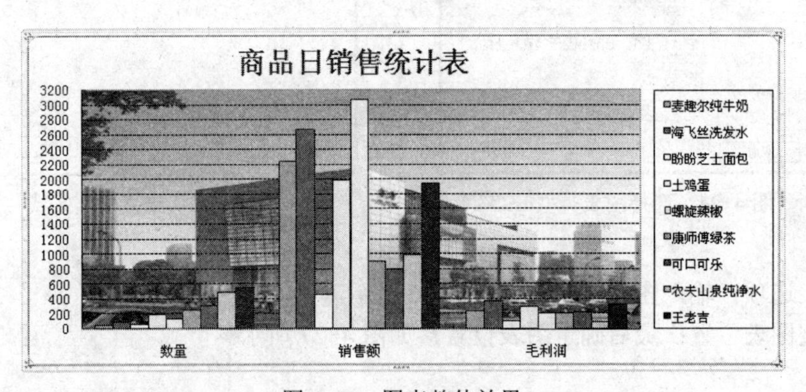

图 4-29 图表整体效果

（2）制作销售额与毛利润关系图，操作步骤如下。

1）制作的图表初步效果如图 4-30 所示。

2）将“毛利润”的【数据系列格式】中的坐标轴设为【次坐标轴】，图表类型设置为折线图-数据点折线图，并进行格式设置，最终效果如图 4-31 所示。

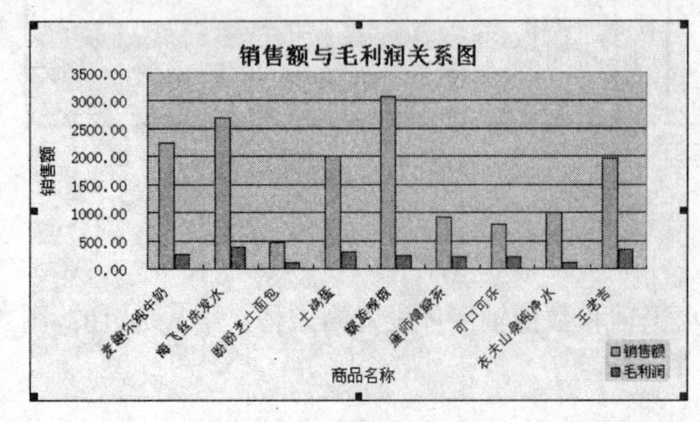

图 4-30 图表初步效果

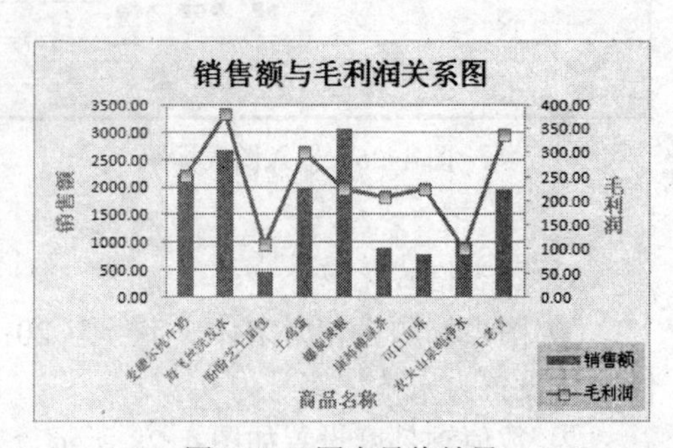

图 4-31 图表最终效果

5. **页面设置和打印输出**

（1）选择【文件】菜单中的【页面设置】命令，设置左右边距均为 1.4 厘米，纸型为 A4，如图 4-32 和图 4-33 所示。

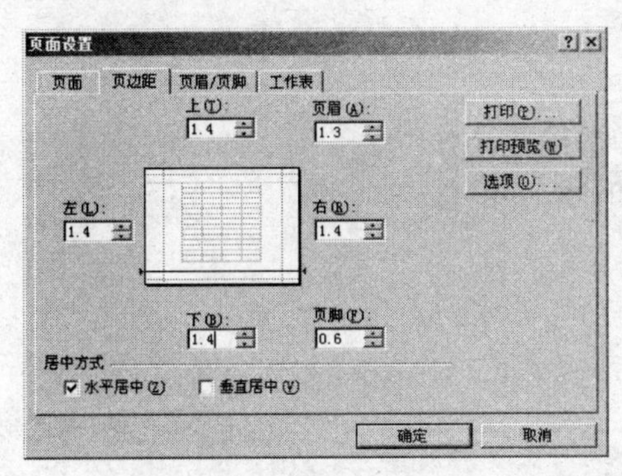

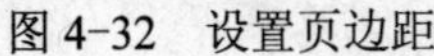

图 4-32　设置页边距

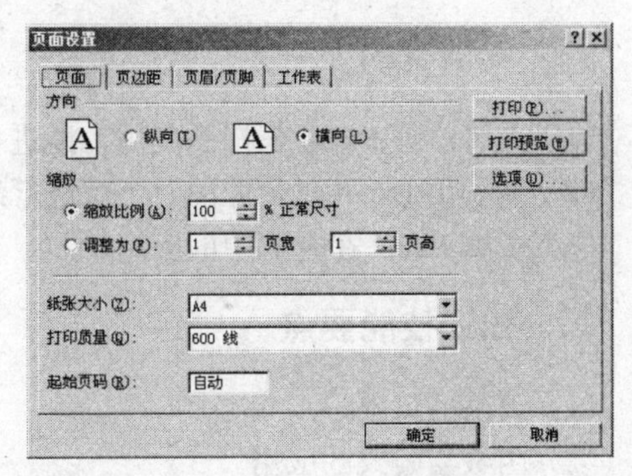

图 4-33　设置纸型

（2）打开【文件】菜单，选择【打印预览】命令。如果预览符合要求，打开【文件】菜单，选择【打印】命令，如安装有打印机，可以进行打印，整体效果如图 4-34 所示。

汇嘉超市销售记录表

日期	商品名称	单位	售价	数量	销售额	进价	毛利润	毛利率
2011-4-5	麦趣尔纯牛奶	箱	￥45.00	50	2250.00	￥40.00	250.00	11.11%
2011-4-5	海飞丝洗发水	瓶	￥26.80	100	2680.00	￥23.00	380.00	14.18%
2011-4-5	盼盼芝士面包	袋	￥7.80	60	468.00	￥6.00	108.00	23.08%
2011-4-5	土鸡蛋	公斤	￥10.00	200	2000.00	￥8.50	300.00	15.00%
2011-4-5	螺旋辣椒	公斤	￥20.50	150	3075.00	￥19.00	225.00	7.32%
2011-4-5	康师傅绿茶	瓶	￥3.50	260	910.00	￥2.70	208.00	22.86%
2011-4-5	可口可乐	瓶	￥2.50	320	800.00	￥1.80	224.00	28.00%
2011-4-5	农夫山泉纯净水	瓶	￥2.00	500	1000.00	￥1.80	100.00	10.00%
2011-4-5	王老吉	罐	￥3.50	560	1960.00	￥2.90	336.00	17.14%

图 4-34　整体效果

四、思考与提高

根据 Excel 中提供的图表类型，尝试制作其他类型的图表。例如对学生情况登记表、人事登记表、考试报名表、工资表、公司员工信息表、考勤表等各种表格进行计算和分析。

4.3　制作企业工资表

一、实训目的

（1）熟练掌握 Excel 表格的使用，能进行简单的函数计算。

（2）能利用 Excel 对企业的月工资进行统计和计算并汇总。

（3）了解 Excel 在企业中的应用。

二、知识技能要点

（1）表格的调整。

（2）函数与公式的应用。

（3）窗口冻结。

（4）分类汇总。

（5）自动筛选。

三、实训内容及步骤

（一）设计工资表实训

1. 表格设置

（1）选中 A1 至 T1 单元格，设置表格的标题样式为黑体、20 磅字、加粗、合并居中。

（2）选择【格式】→【单元格】命令，打开【单元格格式】对话框，选【对齐】选项卡，进行如图 4-35 所示的设置。

（3）选择【格式】→【单元格】命令，打开【单元格格式】对话框，选【字体】选项卡进行设置，如图 4-36 所示。

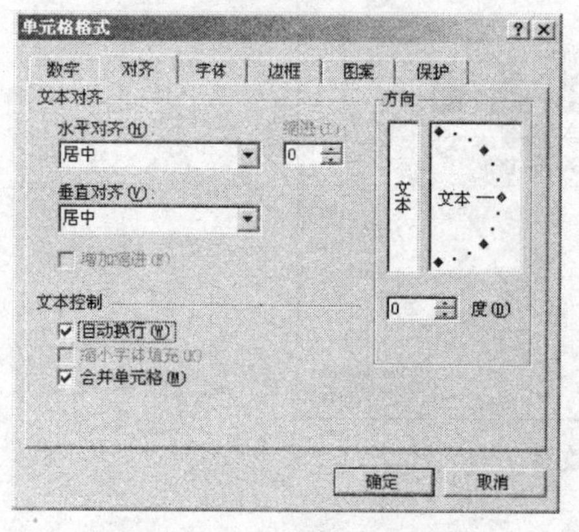

图 4-35　单元格对齐设置

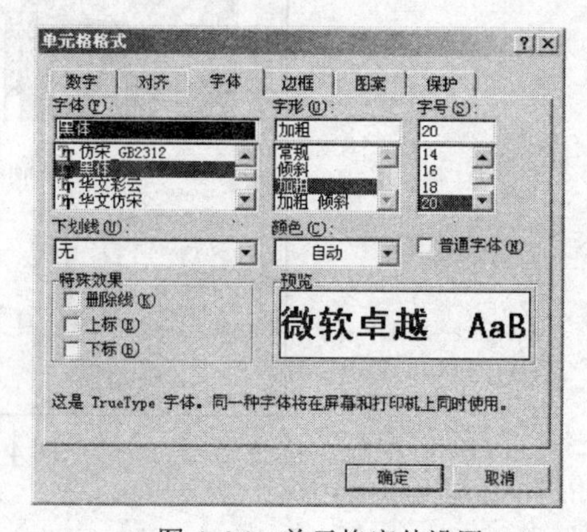

图 4-36　单元格字体设置

（4）在标题下方插入一行，输入日期“二〇一一年四月一日”。

（5）选中 A150 单元格到 S150 单元格，合并单元格，输入如下内容。

制表:　　　　　　　　审核:　　　　　　　　　　审批:

2. 计算工资

(1) 求出每个员工的应发工资。说明：应发工资=基本工资+月度奖金+住房津贴+职务工资+社保+电话费+其他+考核。

1) 单击 L5 单元格，插入函数。

2) 选 SUM 函数，进行如图 4-37 所示的设置。

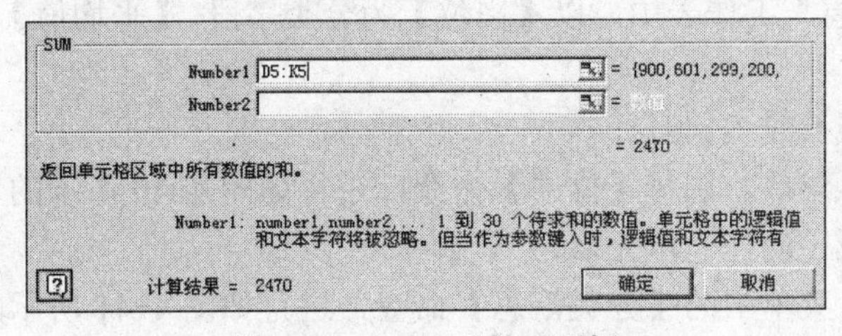

图 4-37　SUM 函数对话框

3) 单击 L5 单元格，把鼠标移动到右下角小黑点处，鼠标变成黑色加号，双击黑色加号，自动填充，计算出每个员工的应发工资。

(2) 求出每个员工的实发工资。说明：实发工资=应发工资-水电+伙食+医疗+社保+所得税。

1) 选择 R5 单元格，单击编辑栏的=号按钮，在编辑栏输入如图 4-38 所示的内容。

2) 单击 R5 单元格，把鼠标移动到右下角小黑点处，鼠标变成黑色加号，双击黑色加号，自动填充，计算出每个员工的实发工资。

(3) 合计每项资金总额。

1) 在总计行，单击 D149 单元格（基本工资列的最后一个单元格），选择【插入】→【函数】命令。

2) 选 SUM 函数，进行如图 4-39 所示的设置。

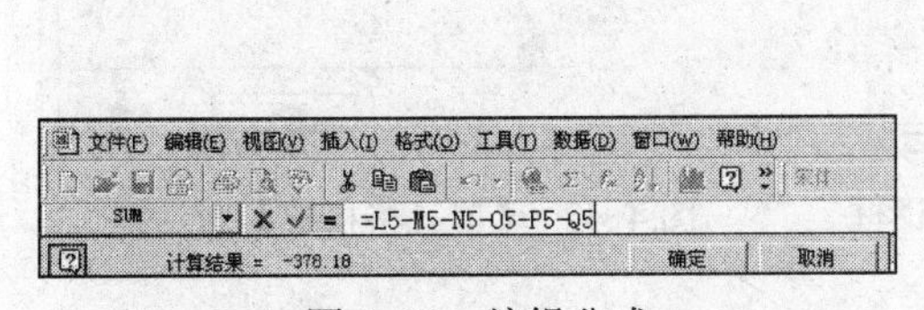

图 4-38　编辑公式

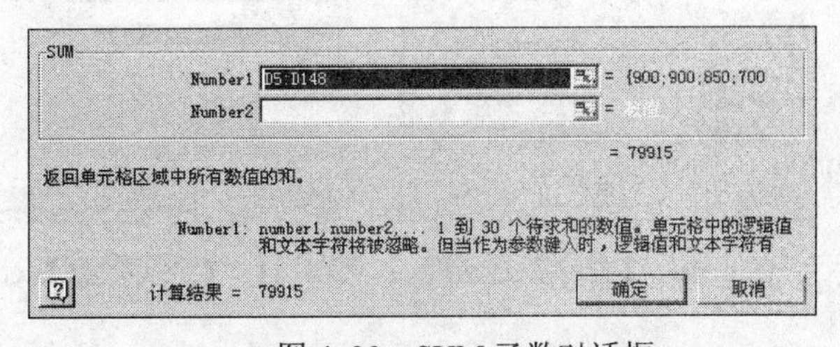

图 4-39　SUM 函数对话框

3) 单击 D149 单元格，把鼠标移动到右下角小黑点处，鼠标变成黑色加号，按住鼠标左键横向拖动，自动填充，计算出每个项目的资金总额。

3. 窗口冻结

要求：将前四行冻结窗格，利于查询。步骤如下：

(1) 选择第 5 行。

(2) 打开【窗口】菜单，选择【冻结窗格】命令。

4. **工资汇总**

（1）在后勤工作表之前插入新工作表，并重命名为“汇总信息”。将后勤工作表的所有内容复制到“汇总信息”工作表中，完成如下操作。

1）在工作表标签处右击，选择【插入】→【工作表】命令。

2）选工作表，在后勤工作表之前生成“Sheet1”工作表。

3）双击“Sheet1”工作表标签，输入“汇总信息”。

4）打开“后勤”工作表，按【Ctrl+A】组合键全选后勤工作表中所有内容，按【Ctrl+C】组合键复制。打开“汇总信息”工作表，单击A1单元格，按【Ctrl+V】组合键粘贴所有内容。

（2）在“汇总信息”工作表中，以【岗位】为分类字段，【平均值】为汇总方式，对【应发工资】进行汇总。

1）选择数据区域B5：S148。

2）打开【数据】菜单，选择【排序】命令，进行如图4-40所示的设置。

3）选中数据区域中的任一单元格。

4）选择【数据】菜单中的【分类汇总】命令，进行如图4-41所示的设置。

5. **美化表格**

设置“应发工资”和“实发工资”列底纹，设置“总计”行的底纹，步骤如下。

（1）按住【Ctrl】键选择数据区域L3：K148和R3：R148、A149：S149。

（2）右击，选择【设置单元格格式】命令。

（3）选择【图案】选项卡，设置25%的灰色底纹，如图4-42所示。

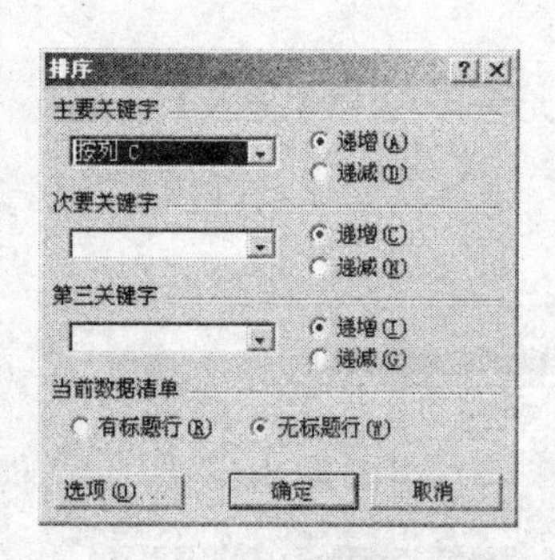

图4-40 【排序】对话框

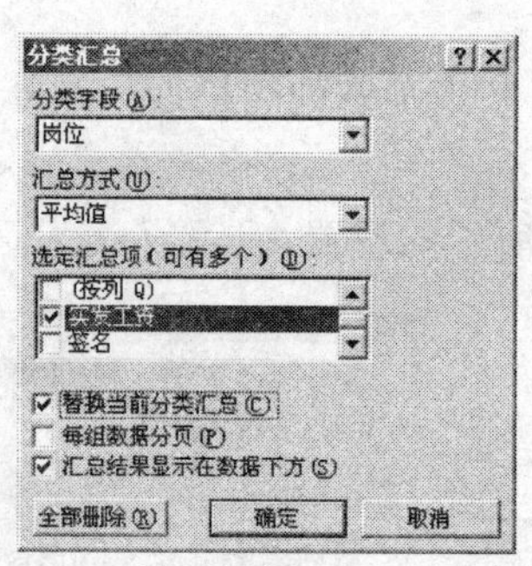

图4-41 【分类汇总】对话框

图4-42 【单元格格式】对话框

（4）完成后以原文件名保存在原路径的文件夹里。

6. **页面设置和打印输出**

设置左右边距均为1.4厘米，纸型为A4，进行打印预览和输出，步骤如下：

（1）打开【文件】菜单，选择【页面设置】命令。

（2）设置页边距如图4-43所示，设置纸型如图4-44所示。

（3）打开【文件】菜单，选择【打印预览】命令。如果预览符合要求，打开【文件】菜单，选择【打印】命令，如安装有打印机，可以进行打印。

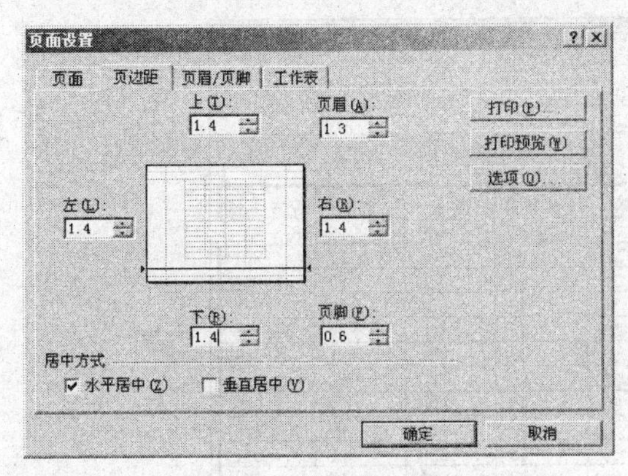

图 4-43　设置页边距

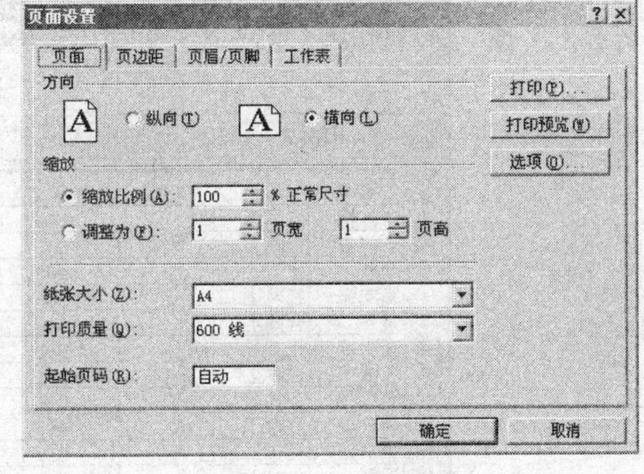

图 4-44　设置纸型

(二) 汇总工资表实训

1. 表格调整

要求设置表格的标题样式为：楷体，四号字，蓝色加粗，合并居中。在“原始信息”工作表的 G 列前，插入 “奖金”列，步骤如下：

（1）选中标题，利用格式工具栏，设置字体格式。

（2）选中 G 列，右击，选择【插入】命令。

2. 工资计算

（1）应用 IF 函数，填充“原始信息”工作表内“奖金”一列的数据。奖金数据按职称分为以下 3 个等级：工人 600 元，助工 650 元，工程师 700 元。单击 G3 单元格，选择【插入】→【函数】命令，选择 IF 函数，进行如图 4-45 所示的设置。

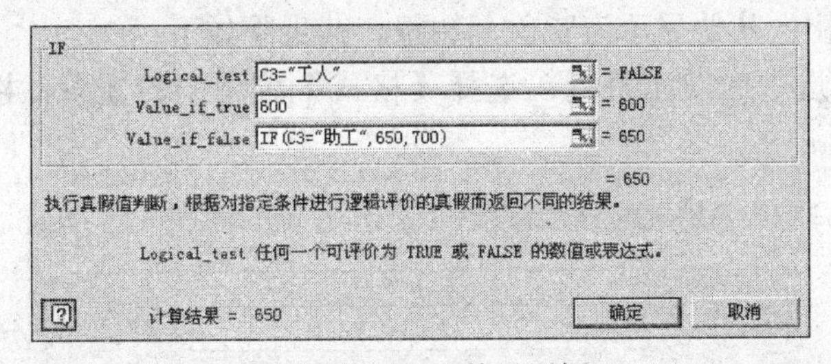

图 4-45　IF 函数对话框

（2）计算员工应发工资，应发工资 = 基本工资 + 保险 + 山区津贴 + 住房补贴 + 生活补助+ 奖金 − 水电 −（扣 07.1～07.5 的个人所得税及借支）。在 I3 单元格的编辑栏输入如图 4-46 所示的内容。

3. 工资标记

（1）将上述已完成的“原始信息”工作表的所有数据（不包括表格格式和标题）复制到“编号信息”工作表中，对“编制”列进行降序排列。在“姓名”前增加“编号”一列，根据不同编制进行编号。其中正式工的编号为 Z001，Z002，…，Z016；临时工的编号为 L001，L002，…，L014；合同工的编号为 H001，H002，…，H023。其步骤如下：

1）选中“原始信息”工作表中所有内容，在“编号信息”工作表中单击一个单元格，右击，在弹出的快捷菜单中选择【选择性粘贴】命令，弹出相应的对话框，在其中选择【数值】选项。

Microsoft Excel - E3样稿

文件(F) 编辑(E) 视图(V) 插入(I) 格式(O) 工具(T) 数据(D) 窗口(W) 帮助(H)

SUM =D3+E3+F3+G3-H3

计算结果 = 1,067 确定 取消

	A	B	C	D	E	F	G	H	I
2	姓名	编制	职称	基本工资	保险	生活补助	奖金	水电	应发工资
3	张林艳	合同工	助工	364	33	32	650	12	3+G3-H3
4	王学俊	合同工	工程师	561	36	15	700	11	1,301
5	李红	正式工	工人	406	30	43	600	23	1,056
6	高志强	临时工	工人	286	30	43	600	18	941
7	姚齐	合同工	工人	476	30	43	600	24	1,125
8	高明德	正式工	助工	661	33	32	650	11	1,365
9	杜倩	合同工	工程师	754	36	15	700	15	1,490
10	方仪琴	正式工	工人	394	30	43	600	22	1,045
11	姚云琪	临时工	工人	463	30	43	600	10	1,126
12	张小云	正式工	工人	319	30	43	600	21	971
13	王刚	临时工	工人	219	30	43	600	18	874
14	米雪	合同工	工人	250	30	43	600	25	898
15	张雷	临时工	工人	331	30	43	600	24	980
16	陈良	合同工	工人	414	30	43	600	16	1,071
17	毛小峰	临时工	工人	627	30	43	600	19	1,281
18	徐小飞	正式工	工人	807	30	43	600	22	1,458
19	李志刚	正式工	助工	267	33	32	650	15	967
20	郭小峰	临时工	工人	226	30	43	600	24	875
21	沈云秀	合同工	工程师	420	36	15	700	15	1,156
22	韦小宝	合同工	工人	390	30	43	600	21	1,042

原始信息 / 编号信息 / 汇总信息 / 工程师工资

图 4-46 员工工资表

2）选择“编制”列任一单元格，单击 按钮进行降序排序。在“编号”列添加编号时，是字母与数字的混合形式，可以利用自动填充。

（2）应用条件格式，对“编号信息”工作表的“应发工资”一列数据设置格式，要求：当员工应发工资大于 1 200 元时，数据显示为红色，加粗；当员工应发工资小于 1 000 元时，数据显示为金色，加粗；其他显示为紫色，加粗。其步骤如下：

设置条件格式，选中应发工资列，选择【格式】菜单中的【条件格式】命令，进行如图 4-47 所示的设置。

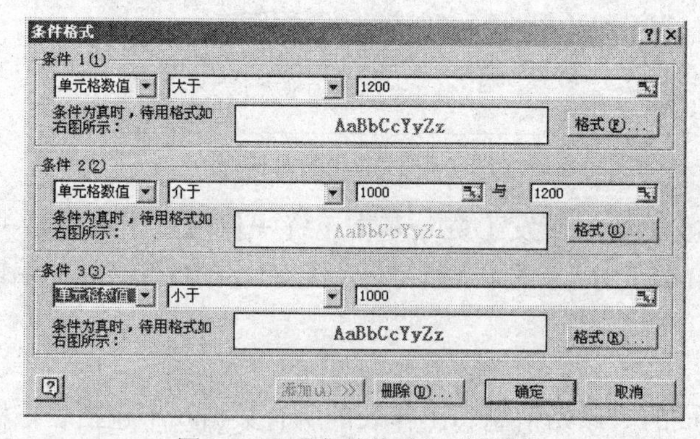

图 4-47 【条件格式】对话框

4. 工资汇总

将“编号信息”工作表的所有内容复制到“汇总信息”工作表中，完成如下操作。

（1）从“汇总信息”工作表中筛选出基本工资大于 600 的职称为“工程师”的记录（包含表格第一行表头部分）复制到“工程师工资”工作表内。步骤如下：

筛选工资记录，打开【数据】菜单，选择【筛选】子菜单中的【自动筛选】命令，在“职称”列筛选，选择“工程师”。

（2）在“汇总信息”工作表中，以【职称】为分类字段，【求和】为汇总方式，对【应发工资】进行汇总。步骤如下：

以“职称”为关键字排序，选择【数据】菜单中的【分类汇总】命令，进行如图 4-48 所示的设置。

5. **制作工资图表**

根据“工程师工资”工作表的员工姓名和应发工资数据完成如下图表，并将该图表嵌入到“工程师工资”工作表中，样图如图 4-49 所示。步骤如下。

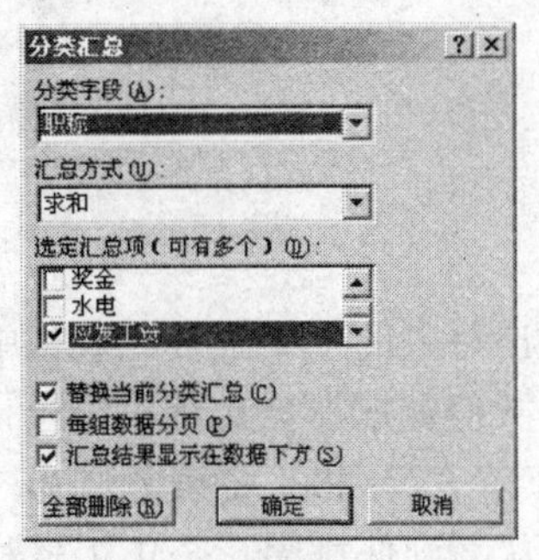

图 4-48 【分类汇总】对话框

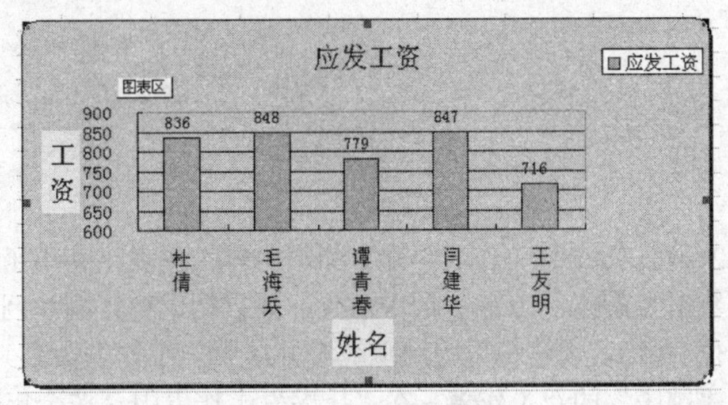

图 4-49 “应发工资”图表

（1）选中“工程师工资”工作表中的“姓名”和“应发工资”数据区域，选择【插入】菜单中的【图表】命令，在打开的【图表向导】对话框中，选择【柱形图】选项，在【图表选项】对话框中选择【嵌入工程师工资表】选项，生成图表后对图表进行调整，如图 4-50 所示。

（2）对图表调整时要注意设置工资轴的刻度值，如图 4-51 所示。

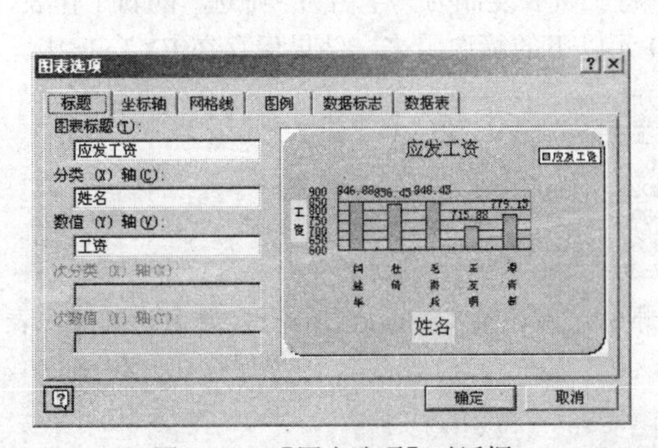

图 4-50 【图表选项】对话框

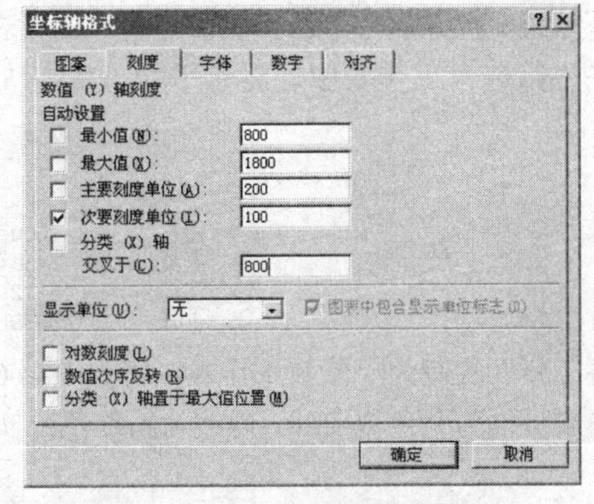

图 4-51 【坐标轴格式】对话框

（3）操作完成后以原文件名保存在原路径里。

四、思考与提高

可以结合上述知识，完成多张工资表的关联和操作。

习 题 四

1. 打开工作簿文件EX1.xls（内容如下），将工作表Sheet1的A1：C1单元格合并为一个单元格，内容居中，计算“数量”列的“总计”项及“所占比例”列的内容（所占比例=数量/总计，设置数字格式为百分比，保留小数两位），将工作表命名为“人力资源情况表”。取“人力资源情况表”的“人员类型”列和“所占比例”列的单元格内容（不包括“总计”行），建立“分离型饼图”，系列产生在列，数据标志为“显示百分比”，标题为“人力资源情况图”，插入到表的A9：E29单元格区域内。

	A	B	C
1	某企业人力资源情况表		
2	人员类型	数量	所占比例(%)
3	市场销售	78	
4	研究开发	165	
5	工程管理	76	
6	售后服务	58	
7	总计		

2. 在Sheet1工作表中建立如下内容工作表，并用函数求出每人的全年工资，表格中的所有数据为紫色、19磅、居中放置，并自动调整行高和列宽，数值数据加美元货币符号（保留两位小数），表格标题为绿色，合并居中，工作表命名为“工资表”。将工资表复制为一个名为“排序”的新工作表，在“排序”工作表中，按全年工资从高到低排序，全年工资相同时按10～12月工资从大到小排，结果保存在EX2.xls中。再将工资表复制为一张新工作表，并为此表数据创建“簇状柱形图”（第1行第6列除外），横坐标为“各季度”，图例为“姓名”，工作表名为“图表”，图表标题为“工资图表”。结果保存在EX2.xls中。

3. 在Sheet1工作表中建立如下内容的工作表，并用公式求出每人的月平均工资，并为其添加人民币符号（保留两位小数），全表数据15磅、居中，行高22，列宽15。标题倾斜加下划线、合并居中。工作表命名为“工资表”。将工资表复制为一个名为“筛选”的新工作表，在“筛选”工作表中，将月平均工资在5 000元以下的筛选出来，结果保存在EX3.xls中。

	A	B	C	D	E	F
1	工资表					
2	姓名	1～3	4～6	7～9	10～12	全年
3	程东	3500	3802	4020	4406	15728
4	王梦	3468	3980	5246	4367	17061
5	刘莉	4012	3908	3489	5216	16625
6	王芳	3688	3766	3685	4589	15728

将工资表复制为一张新工作表，将表中第6列删除，并在第4行前添加一行，姓名为陈峰，表格中外框为紫色双实线，内线为粉红色单实线，工作表命名为“修改”，结果保存在EX3.xls中。

	A	B	C	D	E	F
1	工资表					
2	姓名	一月	二月	三月	四月	月平均
3	孟东	2300	5720	3806	4886	
4	刘刚	8700	7800	6686	7325	
5	郑玲	5400	4508	7331	8326	
6	谭丽	7600	7563	6758	4300	

实训 5
演示文稿制作软件

5.1　制作个人专业介绍演示文稿

一、实训目的

（1）创建演示文稿，能够制作静态的演示文稿。
（2）使用各种对象编辑和美化演示文稿。

二、知识技能要点

（1）创建演示文稿的三种方法。
（2）图片、艺术字、图表的使用。
（3）表格制作与编辑。
（4）版式、背景、设计模板。

三、实训内容及步骤

1. 创建空白演示文稿

（1）选择【开始】菜单中的【程序】命令，打开【Microsoft Office】下的【Microsoft Office PowerPoint 2003】，新建一个 PowerPoint 演示文稿。

（2）启动 PowerPoint 后，选择【文件】菜单中的【新建】命令，在【新建演示文稿】任务窗格中单击【空演示文稿】超链接，弹出【幻灯片版式】任务窗格，可根据需要选择合适的版式。

2. 使用设计模板创建演示文稿

（1）在任务窗格中单击【根据设计模板】超链接，打开【幻灯片设计】任务窗格，如图 5-1 所示。

（2）在【幻灯片设计】任务窗格中，从【应用设计模板】列表框中所列出的模板中选择一种模板，即可创建一张具有艺术效果的幻灯片，如图 5-2 所示。

（3）在【幻灯片设计】任务窗格中，单击【配色方案】超链接，从【应用配色方案】列表框中可以选择一种方案来修改当前模板的颜色，如图 5-3 所示。

（4）在【应用配色方案】列表框下方，单击【编辑配色方案】超链接，可以打开【编辑配色方案】对话框，可以修改模板中的颜色，如图 5-4 所示。

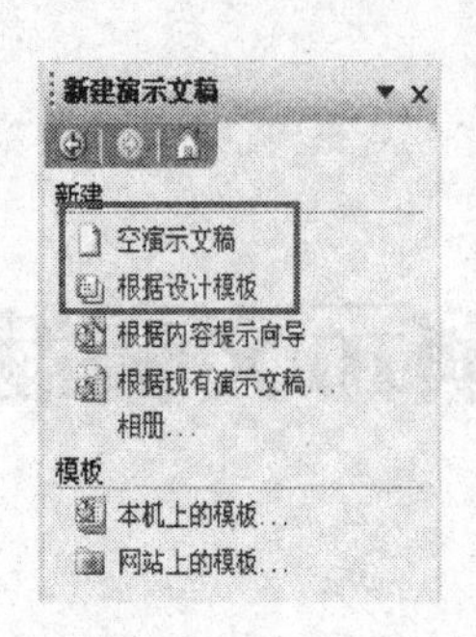

图 5-1　选择设计模板

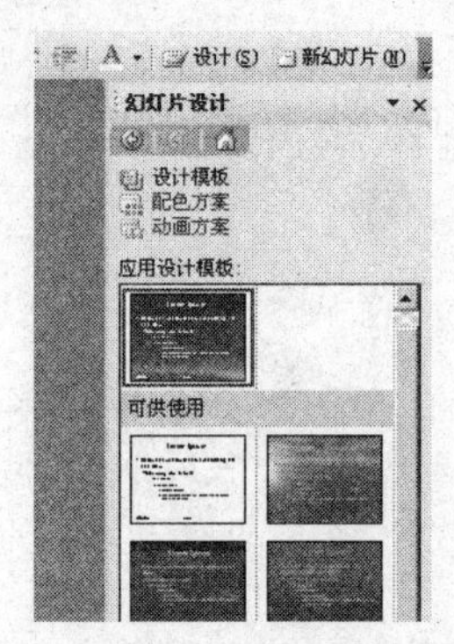

图 5-2　应用设计模板

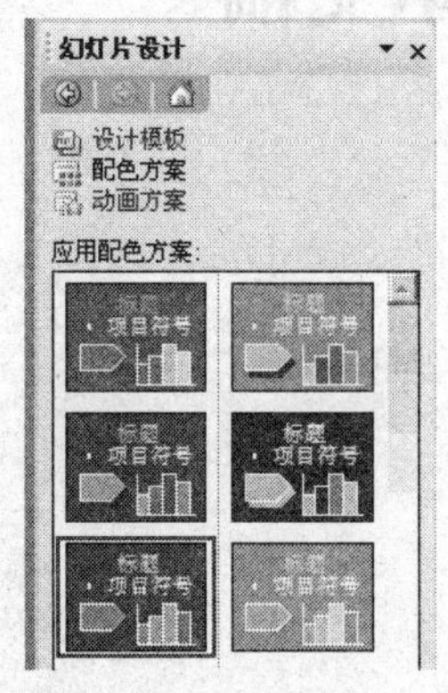

图 5-3　应用配色方案

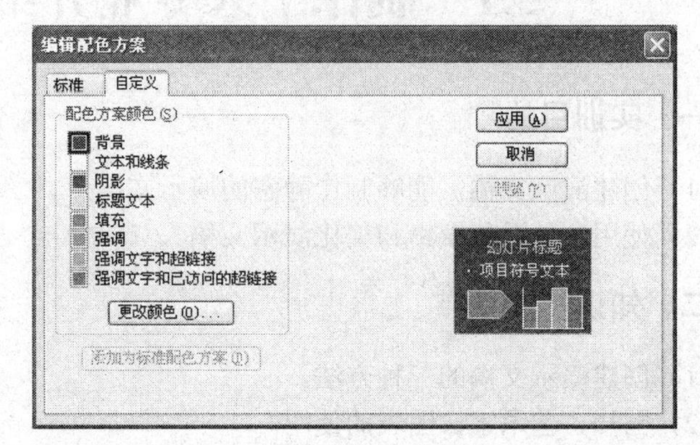

图 5-4　编辑配色方案

3. 使用本机上的模板创建演示文稿

（1）在【新建演示文稿】任务窗格中单击【本机上的模板】超链接。

（2）打开【新建演示文稿】对话框，选择【设计模板】选项卡，如图 5-5 所示。

（3）在列表框中选择一个模板图标后，选择【确定】按钮，弹出【幻灯片版式】任务窗格，在【应用幻灯片版式】列表框中选择所需要的幻灯片的版式。

4. 使用“根据内容提示向导”创建演示文稿

（1）在【新建演示文稿】任务窗格中单击【根据内容提示向导】超链接，打开【内容提示向导】对话框，如图 5-6 所示。

图 5-5　设计模板

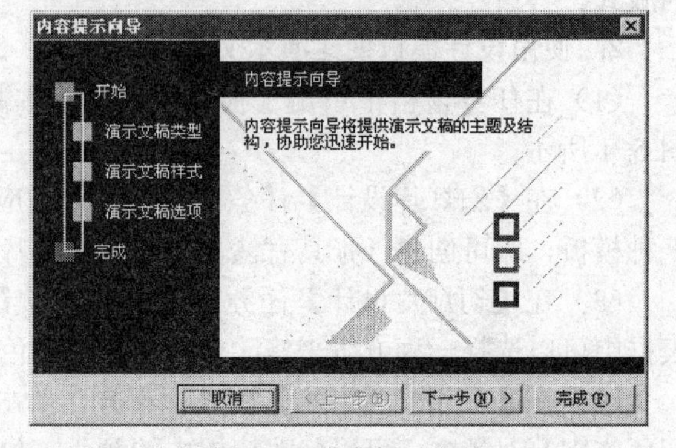

图 5-6　内容提示向导

（2）在对话框中依次选演示文稿类型、样式、选项进行设置，最后单击【完成】按钮即可完成使用内容提示向导所创建的演示文稿的操作，如图 5-6 所示。

5. 套用模板

（1）使用以上介绍的方法中的一种，创建一个演示文稿。

（2）选中【文字版式】列表框中的【标题幻灯片】版式，输入主标题和副标题，主标题为“个人专业介绍”，副标题为介绍人姓名。

（3）在【幻灯片设计】任务窗格中选择【Mountain Top.pot】模板，效果如图 5-7 所示。

6. 插入新幻灯片

（1）选择【插入】菜单中的【新幻灯片】命令，插入一张新幻灯片。

（2）在【幻灯片版式】任务窗格中选择【标题和文本】版式，在标题中输入“介绍内容”，在文本框中输入需要介绍的内容提纲，如图 5-8 所示。

图 5-7 【Mountain Top.pot】模板

图 5-8 【标题和文本】版式

7. 插入组织结构图

（1）选择【插入】菜单中的【新幻灯片】命令，插入第 3 张幻灯片。

（2）在【幻灯片版式】任务窗格中选择【标题，文本与内容】版式。

（3）在标题中输入“专业培养目标”，在文本框中输入有关专业培养目标的文字性内容，在内容框中单击【插入组织结构图或其他图示】按钮，打开【图示库】对话框，如图 5-9 所示。

（4）选择 【循环图】图示类型后，插入一个初始的循环图。选中循环图，在【图示】工具栏中单击【插入形状】按钮，增加当前循环项，使循环项有四个，如图 5-10 所示。

（5）右击要添加文字的自选图形，从弹出的快捷菜单中选择【添加文字】命令。此时插入点定位于自选图形的内部，然后输入相应文字。

图 5-9 图示库

专业培养目标内容：培养掌握计算机网络基本理论和基本技能，具有计算机网络硬件组网与调试，网络系统安装与维护，以及网络编程能力的高级技术应用性专门人才。

（6）双击循环图，打开【设置自选图形格式】对话框，修改循环图背景色和线条颜色，如图 5-11 所示。

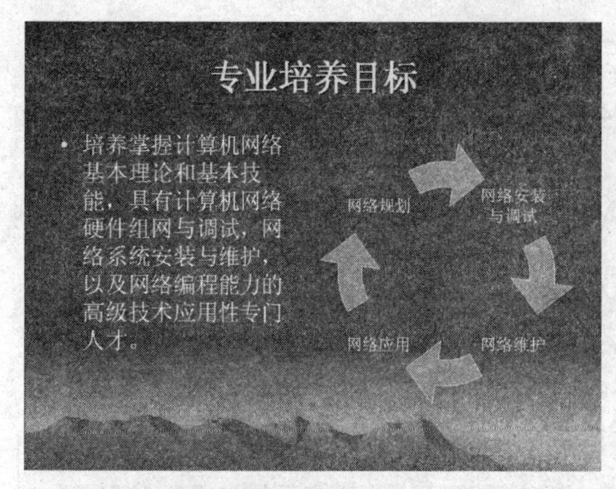

图 5-10　循环图

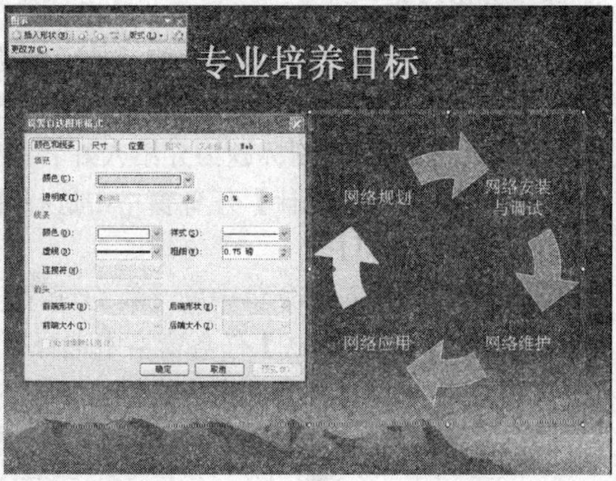

图 5-11　设置自选图形格式

8. **插入表格**

（1）选择【插入】菜单中的【新幻灯片】命令，插入第 4 张幻灯片。

（2）在【幻灯片版式】任务窗格中选择【只有标题】版式。

（3）在标题中输入“专业核心课程与主要实践环节”，然后选择【插入】菜单中的【表格】命令制作一个 6 行 3 列的表格。

（4）选中表格后，选择【格式】菜单中的【设置表格格式】命令，设置表格的边框颜色和填充色，如图 5-12 所示。

9. **编辑排版**

（1）选择【插入】菜单中的【新幻灯片】命令，插入第 5 张幻灯片。

（2）在【幻灯片版式】任务窗格中选择【标题和文本】版式。

（3）在标题中输入文字“就业方向”，在文本框中输入相应内容。文本的编辑操作包括文本的修改、移动、复制、删除等操作，其操作方法同 Word 一样，均为先选定对象，再通过【编辑】菜单或快捷菜单或常用工具栏或快捷键执行相应操作，编辑好的内容如图 5-13 所示。

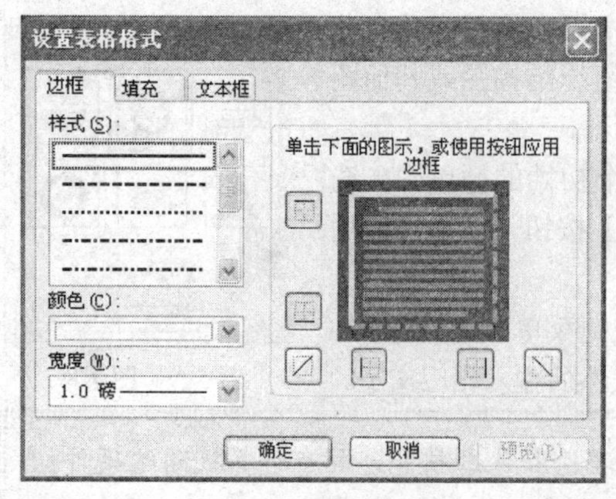

图 5-12　设置表格格式

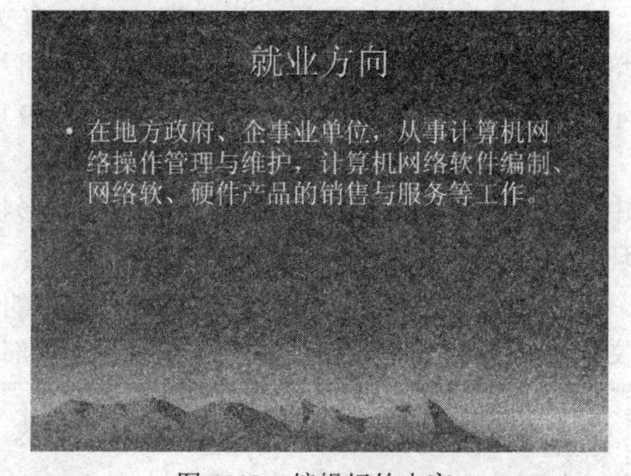

图 5-13　编辑好的内容

就业方向内容：在地方政府、企事业单位，从事计算机网络操作管理与维护，计算机网络软件编制、网络软、硬件产品的销售与服务等工作。

10. 插入图片

（1）选择【插入】菜单中的【新幻灯片】命令，插入第6张幻灯片。

（2）在【幻灯片版式】任务窗格中选择【标题和两项内容】版式。

（3）在标题中输入文字“可获得的证书”。

（4）在第一项内容中单击【插入表格】按钮，在弹出的【插入表格】对话框中输入行数和列数，插入一个2列7行的表格，输入相应内容。在第二项内容中单击【插入图片】按钮，插入两张图片，如图5-14所示。 最终制作出的效果如图5-15所示。

图5-14 插入表格和图片

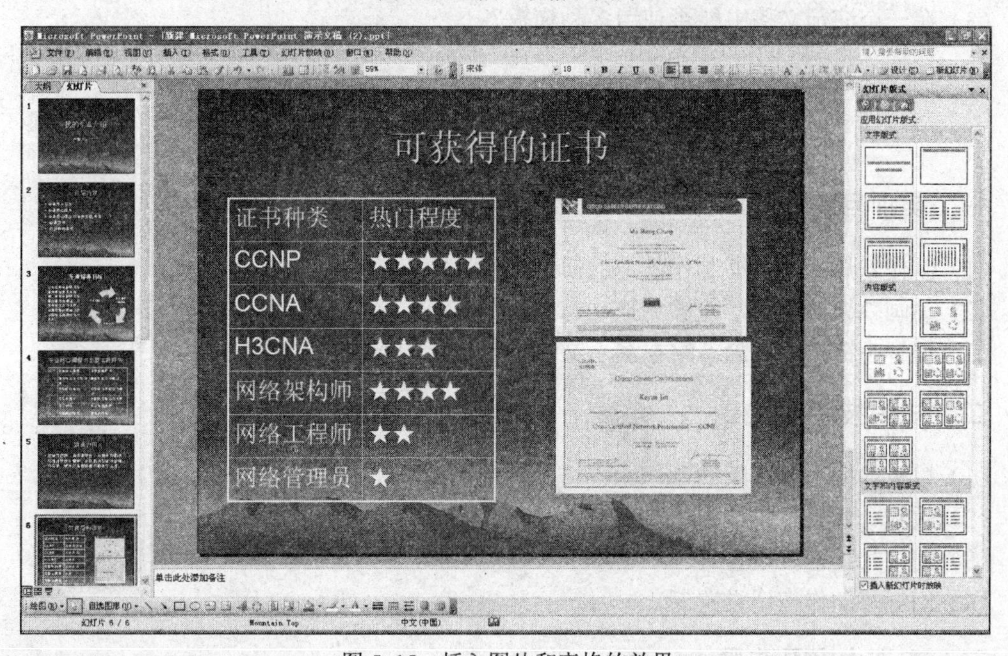

图5-15 插入图片和表格的效果

11. 插入艺术字

（1）选择【插入】菜单中的【新幻灯片】命令，插入第7张幻灯片。

（2）在【幻灯片版式】任务窗格中选择【空白】版式。

（3）选择【插入】→【图片】→【艺术字】命令，插入一个艺术字，艺术字样式选择第3行第4个，艺术字内容为“谢谢观看!”，如图5-16所示。

图 5-16　插入艺术字

四、思考与提高

（1）如何制作竖版的幻灯片？
（2）如何使用幻灯片版式中的空白幻灯片？
（3）在一个演示文稿中能否使用多种模板？

5.2　制作毕业论文答辩演示文稿

一、实训目的

（1）制作幻灯片，能够制作静态的演示文稿。
（2）动画效果的制作，能够制作动态的演示文稿。
（3）理解超链接的概念，掌握演示文稿中超链接的应用。

二、知识技能要点

（1）模板的应用、母版的制作。
（2）版式、背景、设计模板。
（3）幻灯片超链接设置。
（4）幻灯片动作按钮设置。

三、实训内容及步骤

1. 版式的应用

（1）选择【开始】菜单中的【程序】命令，选择【Microsoft Office】子菜单下的【Microsoft Office PowerPiont 2003】命令，新建一个 PowerPiont 演示文稿。

（2）选择【格式】菜单中的【幻灯片版式】命令，打开【幻灯片版式】任务窗格，选中【文字版式】选项区域中的【标题幻灯片】版式，创建毕业答辩的第 1 张幻灯片。

2. 设置母版样式

（1）设置标题母版样式步骤如下。

1）选择【视图】菜单中的【母版】→【幻灯片母版】命令，进入幻灯片母版编辑窗口，如图 5-17 所示。

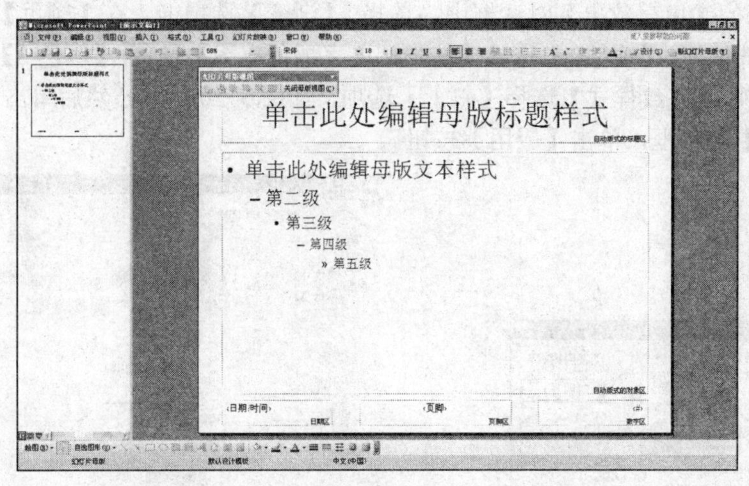

图 5-17　幻灯片母版视图

2）单击【幻灯片母版视图】工具栏上的【插入新标题母版】按钮，新建一张标题母版，如图 5-18 所示。

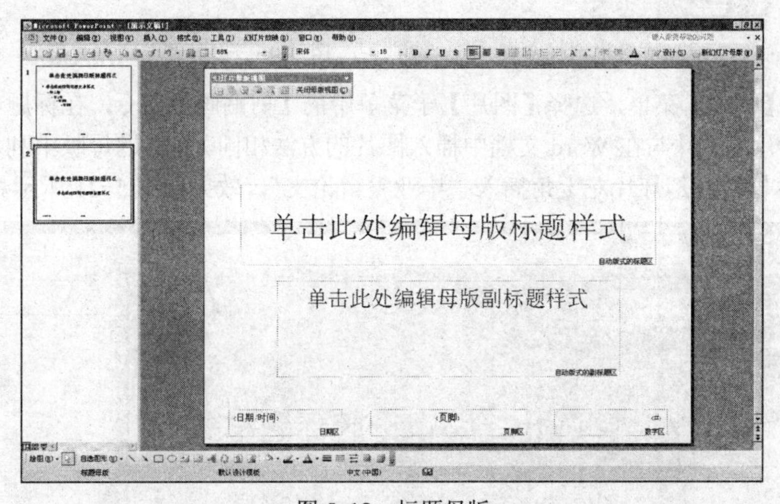

图 5-18　标题母版

3）单击标题母版中的【自动版式的标题区】，在【格式】菜单中选择【字体】命令出现【字体】工具栏，单击【中文字体】下三角按钮，设置标题区字体格式为【黑体】；单击【字号】下三角按钮，设置字号为 48 号；单击字体【颜色】下三角按钮，设置字体颜色为自定义颜色（红色：0，绿色：0，蓝色：100）。

4）单击标题母版中的【自动版式的副标题区】，同样在【格式】菜单中选择【字体】命令出现【字体】工具栏，单击【中文字体】下三角按钮，设置副标题区字体格式为楷体；单击【字号】下三角按钮，设置字号为 36 号；单击字体【颜色】下三角按钮，设置字体颜色为自定义颜色（红色：0，绿色：0，蓝色：255）。

5）设置标题母版的背景，选择【格式】菜单中的【背景】命令，在弹出的对话框中，单击【背景填充】选项区域的下三角按钮，选择【填充效果】选项，如图 5-19 所示。

6）在打开的【填充效果】对话框中，选择 【渐变】选项卡，在【颜色】选项区域中选中【双色】单选按钮，【颜色 1】选择【按强调文字配色方案】选项，【颜色 2】选择【按填充配色方案】选项，【底纹样式】选择【斜上】选项，如图 5-20 所示。然后单击【确定】按钮，返回至【背景】对话框，单击【应用】按钮。

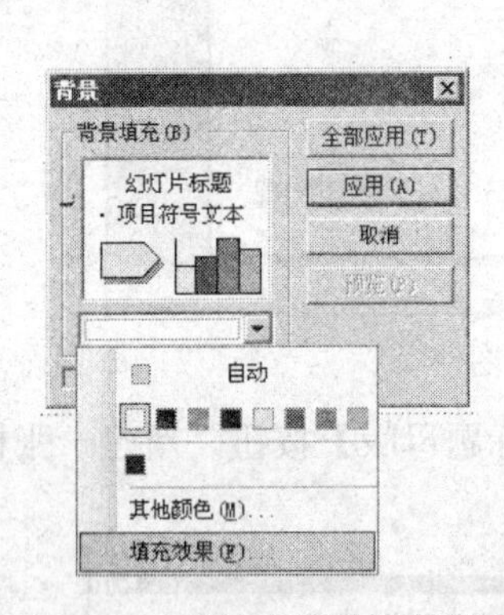

图 5-19　以填充效果填充背景

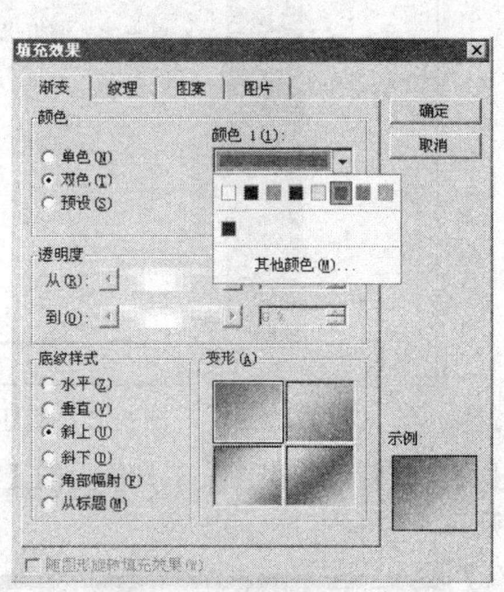

图 5-20　设置渐变填充效果

7）打开【插入】菜单，选择【图片】子菜单中的【剪贴画】命令，在标题母版中插入剪贴画。插入图片的方法与在 Word 文档中插入图片的方法相同。在标题母版中利用自选图形中的直线和文本框，在幻灯片左上角插入“毕业答辩论文”，效果如图 5-21 所示。

图 5-21　插入剪贴画和文字

8）在标题母版中选择【插入】→【幻灯片编号】命令，打开【页眉和页脚】对话框，不选择【日期和时间】选项，选中【幻灯片编号】和【页脚】选项，在【页脚】文本框中输入“计算机网络技术专业”。不能选择【标题幻灯片中不显示】选项，否则标题幻灯片中不显示页脚及页码。然后单击【全部应用】按钮，如图 5-22 所示，在【页脚区】中设置页脚字体样式为楷体，20 号，加粗，黑色。

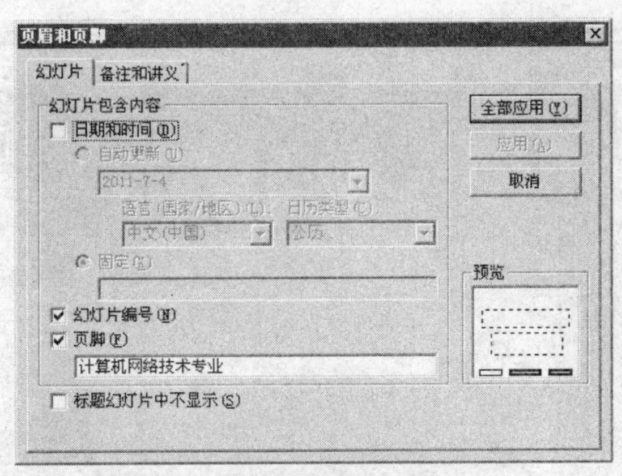

图 5-22　设置标题母版的编号和页脚

（2）设置幻灯片母版样式步骤如下：

1）单击幻灯片母版中【自动版式的标题区】，按照设置标题母版的方法设置标题区字体样式为黑体，44 号，蓝色（自定义颜色 0，0，100）。

2）在幻灯片母版的【自动版式的对象区】中单击各个对象，设置相应的样式，如字体、字号、字形、字体颜色等，此处要求修改字体颜色为蓝色（自定义颜色 0，0，100），其他样式不变。

3）按照在标题母版中设置背景的方法，设置幻灯片母版的背景。

4）先删除幻灯片母版【页脚区】中的【页脚】字符，然后在幻灯片母版的【页脚区】中输入论文题目，并设置字体样式为楷体、20 号、加粗、黑色，背景与页脚的效果如图 5-23 所示。

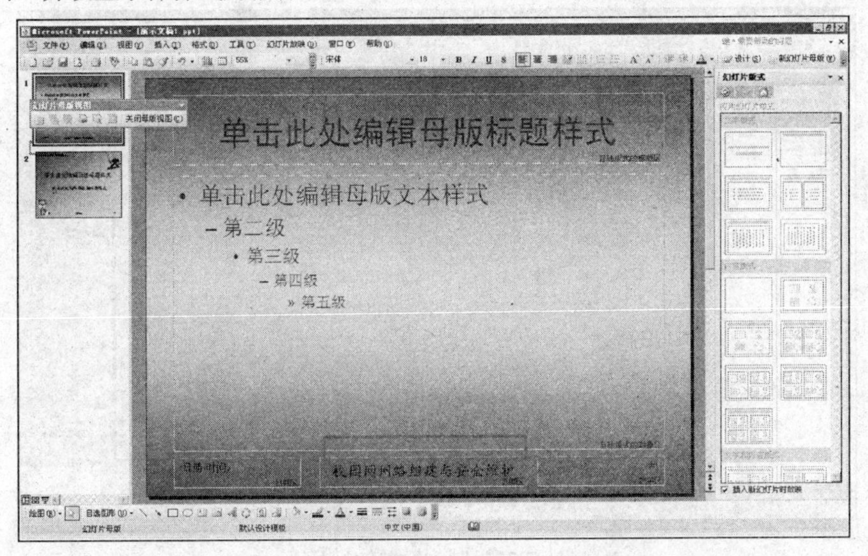

图 5-23　设置幻灯片母版背景和页脚

5）利用【插入】菜单中的【图片】命令在幻灯片母版中插入剪贴画和图片，操作方法与Word中相同。

6）在幻灯片母版标题区和对象区中间插入两条直线，其中左边的直线设置样式为8磅、蓝色（自定义颜色0，0，100）、短划线，右边的直线设置样式为2磅、蓝色（自定义颜色0，0，100）、实线，效果如图5-24所示。

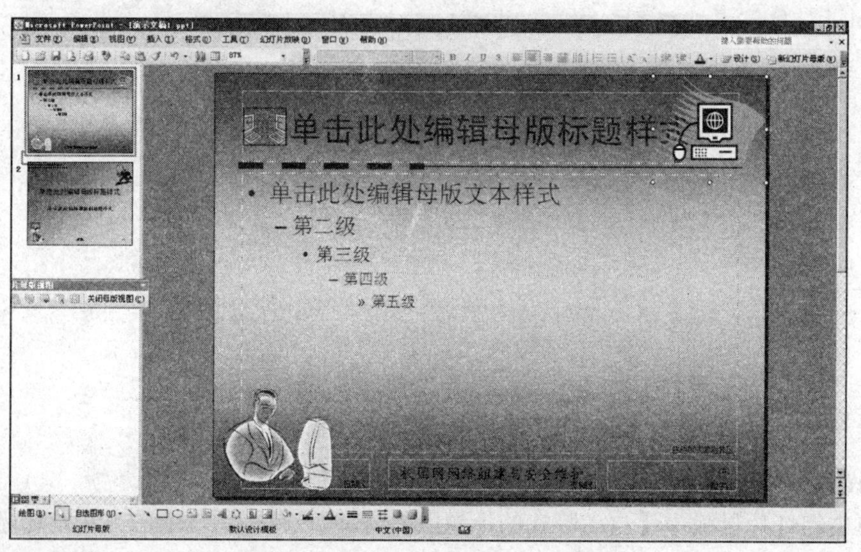

图5-24　在幻灯片母版中插入对象

7）在完成标题母版和幻灯片母版的样式设置后，保存母版并返回幻灯片普通视图。

3. **编辑幻灯片**

（1）制作标题幻灯片，选择第一张幻灯片，在【幻灯片版式】任务窗格中选择【标题幻灯片】版式，在主标题中输入论文标题，在副标题中输入专业、学号、姓名等信息，如图5-25所示。

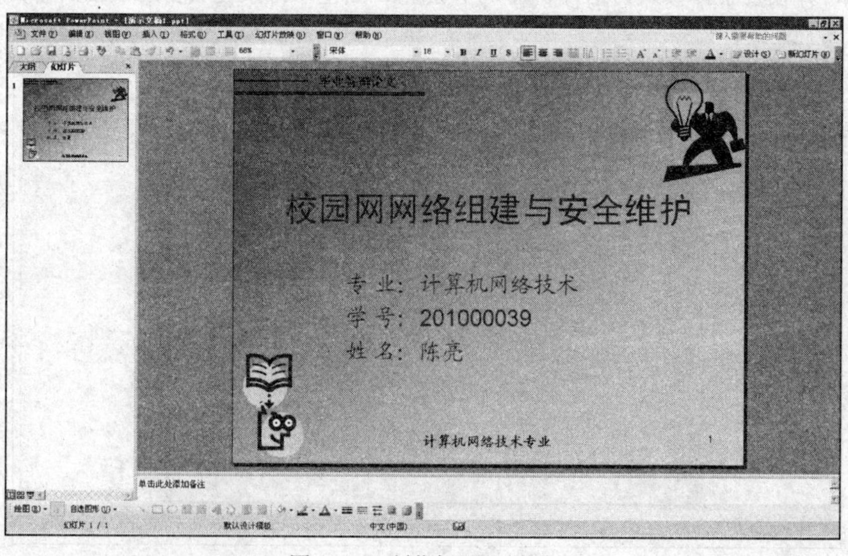

图5-25　制作标题幻灯片

（2）制作其他幻灯片，选择【插入】菜单中的【新幻灯片】命令，插入一张新幻灯片。在【幻灯片版式】任务窗格中选择【标题和文本】版式，在标题中输入“主要内容”，在对象区中输入论文的提纲，如图 5-26 所示。

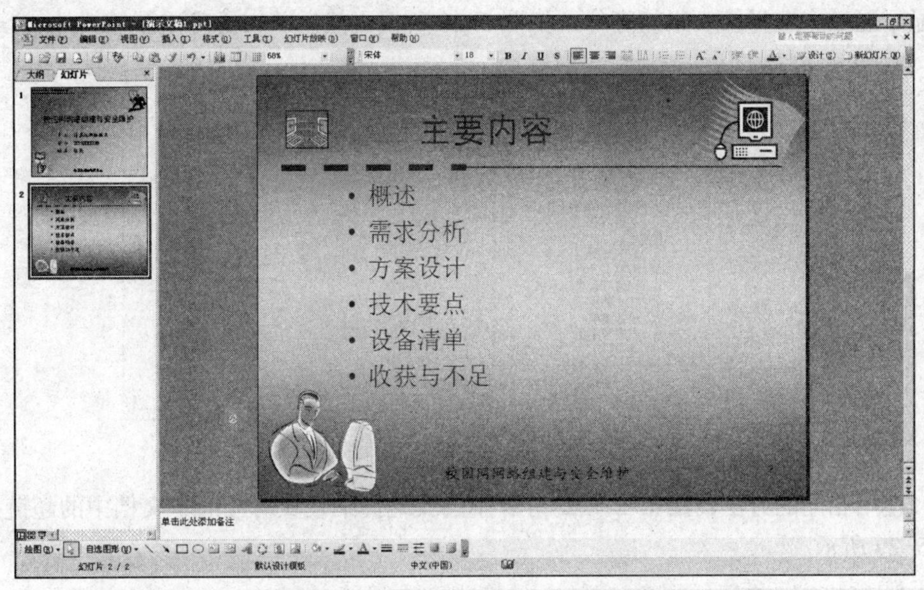

图 5-26　制作标题和文本幻灯片

（3）与本章 5.1 节中的方法相同，根据毕业论文的具体内容制作其他幻灯片，制作完成的幻灯片如图 5-27 所示。

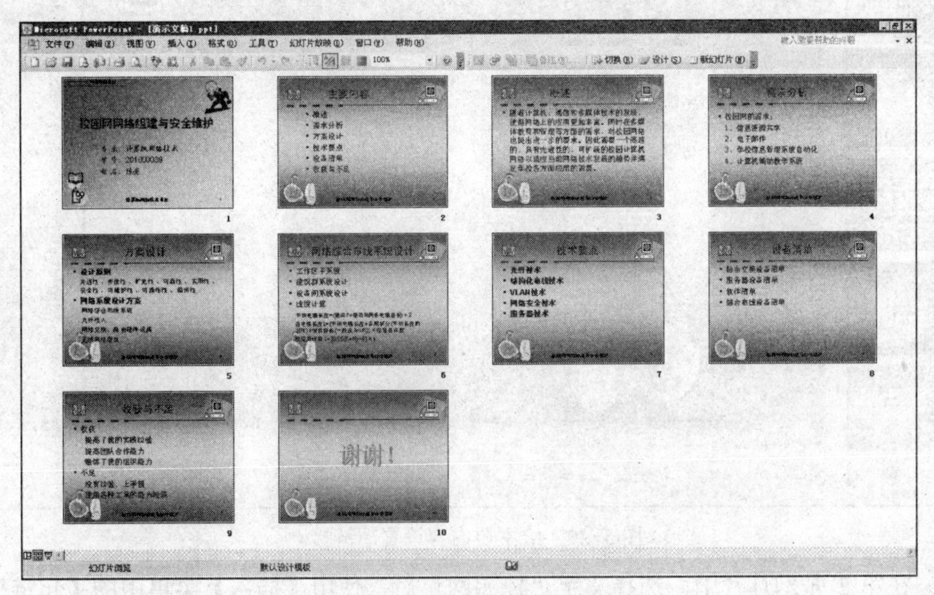

图 5-27　毕业论文答辩演示文稿

如果在制作幻灯片过程中对母版中的内容不满意，可以使用【视图】菜单中的【母版】子菜单下的【幻灯片母版】命令，重新设置母版。

4. 超链接

（1）选择第 2 张幻灯片对象区中的文字“概述”，使用【插入】菜单中的【超链接】命令打开【插入超链接】对话框，在【链接到】选项区域中选择【本文档中的位置】选项，在文档位置显示区域中选择第 3 张幻灯片，如图 5-28 所示，然后单击【确定】按钮。

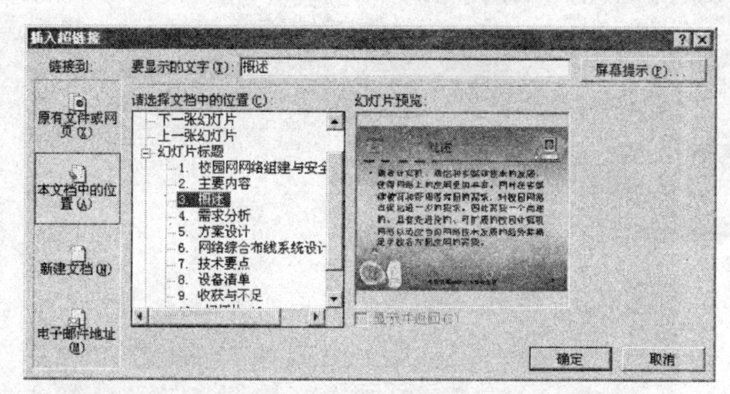

图 5-28　插入本文档中的超链接

（2）使用相同的方法，给第 2 张幻灯片中的其他提纲设置对应的本文档中的超链接，效果如图 5-29 所示。

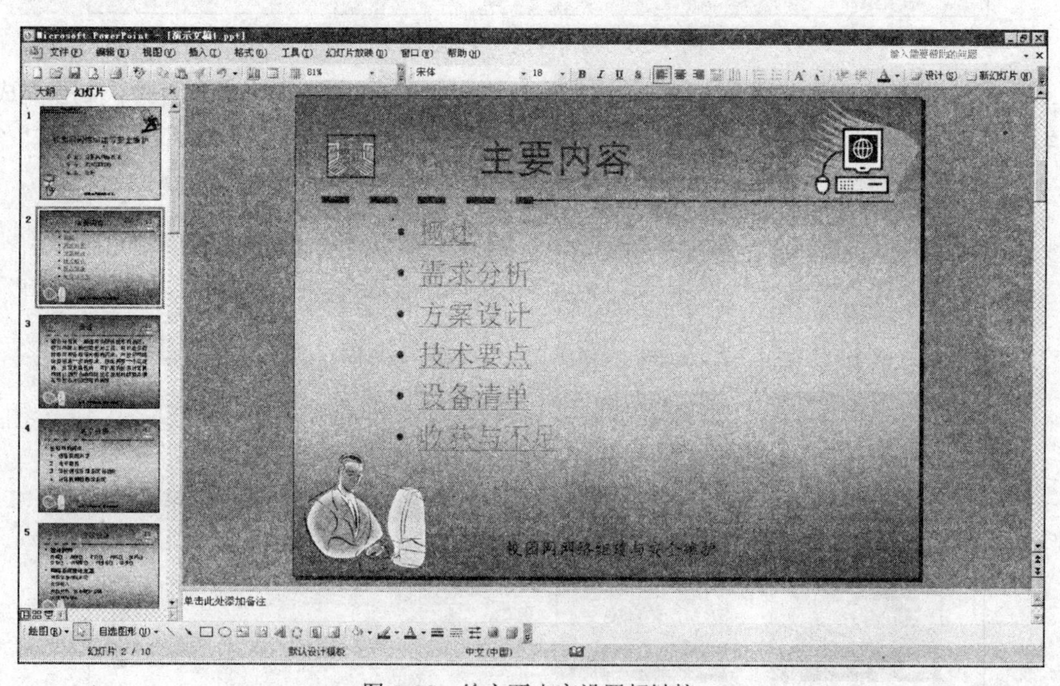

图 5-29　给主要内容设置超链接

（3）在第 3 张幻灯片中，选择文字“校园网”后，使用【插入】菜单中的【超链接】命令打开【插入超链接】对话框，在【链接到】选项区域中选择【原有文件或网页】选项，在地址栏中输入一个网页地址“http://baike.baidu.com/view/27505.htm”，如图 5-30 所示，然后单击【确定】按钮。

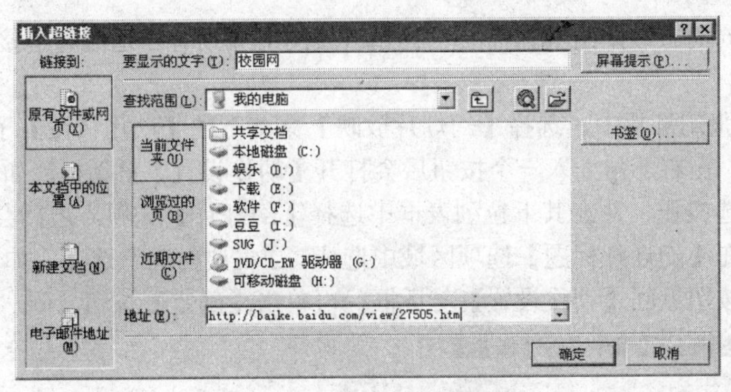

图 5-30　设置网页超链接

（4）在第 5 张幻灯片中，选择文字“网络综合布线系统”后，使用【插入】菜单中的【超链接】命令打开【插入超链接】对话框，在【链接到】选项区域中选择【原有文件或网页】选项，在【查找范围】下拉列表框中选择【桌面】选项，选择名为“网络综合布线系统”的图片文件，如图 5-31 所示，然后单击【确定】按钮。

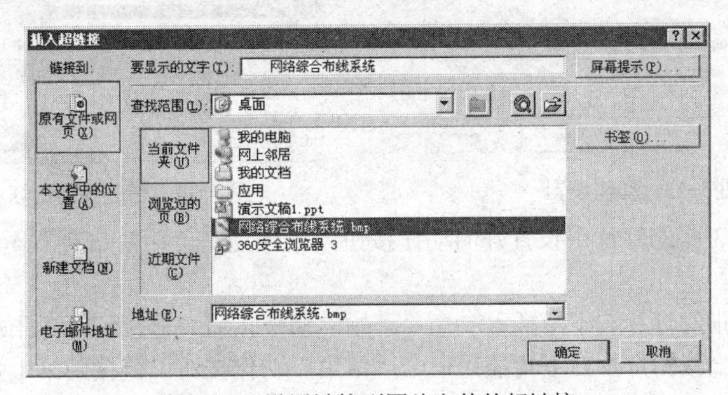

图 5-31　设置链接到图片文件的超链接

（5）在第 8 张幻灯片中，插入一张“个人电脑”剪贴画，选择剪贴画后，使用【插入】菜单中的【超链接】命令打开【插入超链接】对话框，在【链接到】选项区域中选择【原有文件或网页】选项，在【查找范围】下拉列表框中选择【桌面】选项，选择名为“设备清单”的 Word 文件，如图 5-32 所示，然后单击【确定】按钮。

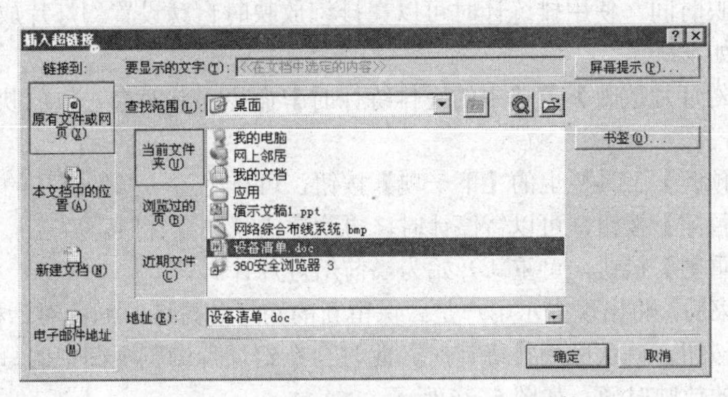

图 5-32　设置链接到 Word 文件的超链接

（6）使用相同的方法，给其他需要设置超链接的对象设置合适的超链接。

5. 动作设置

（1）在第3张幻灯片中，选择【幻灯片放映】菜单下的【动作按钮】子菜单中的【前进或下一项】按钮，在右下角插入一个按钮后会打开【动作设置】对话框，如图5-33所示。选择【链接到】单选按钮，并在其下拉列表框中选择【幻灯片】选项。之后会打开【链接到幻灯片】对话框，在【幻灯片标题】选项区域中选择“2.主要内容”选项，如图5-34所示。然后单击【确定】按钮返回【动作设置】对话框，再单击【确定】按钮。

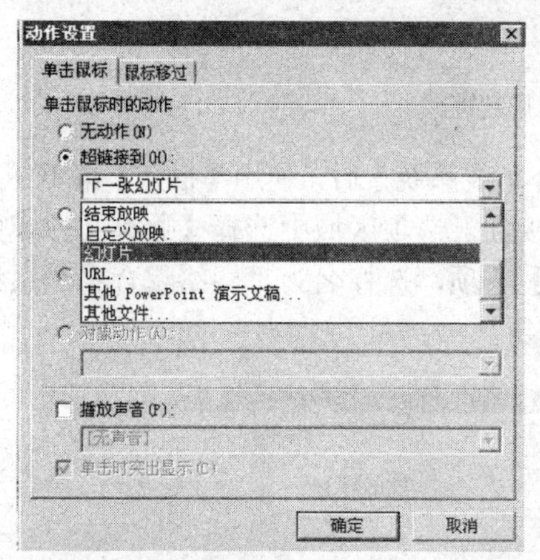

图5-33　动作设置

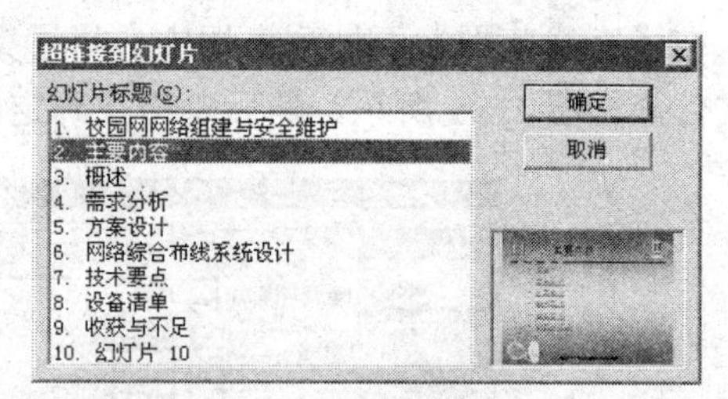

图5-34　超链接到幻灯片

（2）选择第3张幻灯片中设置好的动作按钮，进行复制，并粘贴到第4张到第9张的幻灯片右下角位置。

（3）在第1张幻灯片右下角插入一个“开始”动作按钮，链接到第2张幻灯片。

（4）在最后一张幻灯片右下角插入一个“结束”动作按钮，链接到第1张幻灯片。

如果要修改动作按钮的动作设置，选择动作按钮，右击，在弹出的快捷菜单中选择【编辑超链接】命令，进行链接位置的修改。还可以使用动作按钮来实现超链接的其他功能，如链接到一个网页、一个文件等。

6. 排练计时

通过对幻灯片进行排练，可精确分配每张幻灯片放映的时间。用户既可使用排练计时，也可人工设置放映时间。使用排练计时可以在排练放映时自动设置幻灯片放映的时间间隔。其具体操作步骤如下：

（1）选择【幻灯片放映】菜单中的【排练计时】命令，此时会进入放映排练状态，并打开【预演】工具栏。

（2）单击【预演】工具栏上的【下一项】按钮，可排练下一张幻灯片的时间。

（3）单击【暂停】按钮，可以暂停计时，再次单击就继续计时。

（4）单击【重复】按钮，可重新开始为当前幻灯片计时。

（5）排练结束后，将出现提示用户是否保留新的幻灯片排练时间的对话框，如图5-35所示。单击【是】按钮，确认应用排练计时。此时会在幻灯片浏览视图中的每张幻灯片的左下角显示该幻灯片的放映时间，如图5-36所示。

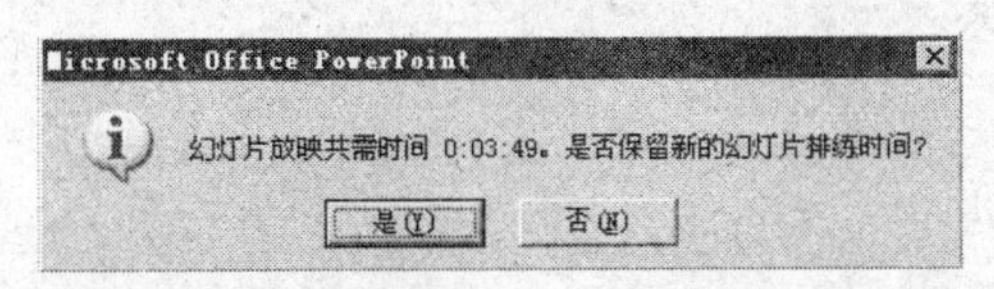

图 5-35　排练计时结束时的提示信息

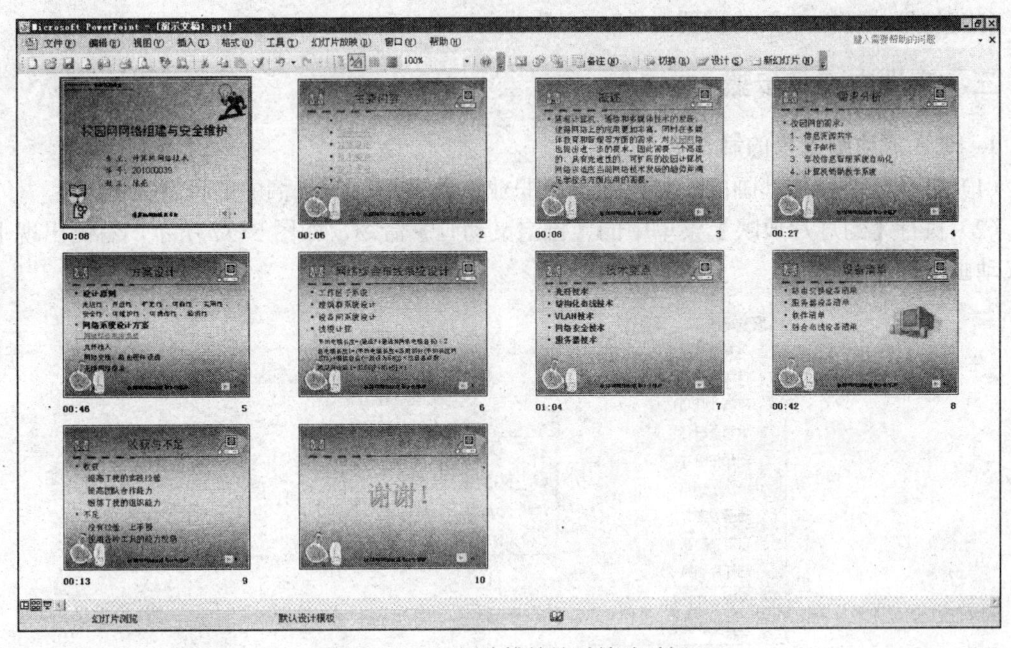

图 5-36　幻灯片排练计时放映时间

7. 放映幻灯片

打开已经制作好的演示文稿，启动幻灯片放映有三种方法：

（1）单击水平滚动条左方的【幻灯片放映】按钮 。

（2）选择【幻灯片放映】菜单中的【观看放映】命令。

（3）使用快捷键 F5。

如果要取消正在放映的幻灯片，则要按【Esc】键。

四、思考与提高

仿照此项目，制作一份用于心理健康知识讲座的演示文稿，题目为“透视心灵，关注成长”。

5.3　制作职业生涯规划演示文稿

一、实训目的

（1）掌握演示文稿的动画设置和播放效果。

（2）掌握幻灯片切换效果的设置方法。

（3）掌握演示文稿的放映设置和发布操作。

二、知识技能要点

（1）动画效果的制作。
（2）幻灯片的放映与设置。
（3）幻灯片切换效果的设置。

三、实训内容及步骤

1. 进入式动画效果的制作

（1）打开想要添加动画的幻灯片（以“职业生涯规划”演示稿中的目录为例）。

（2）执行【幻灯片放映】菜单中的【自定义动画】命令，如图 5-37 所示，右侧出现【自定义动画】任务窗格。

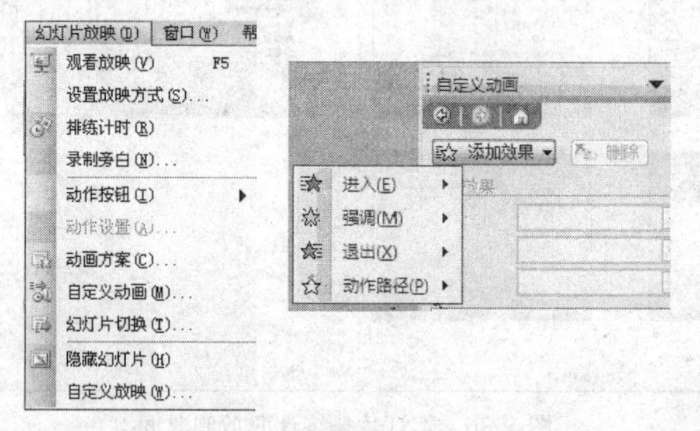

图 5-37 【幻灯片放映】菜单

（3）选中要添加自定义动画的对象，如幻灯片中的文本对象“职业生涯概念”等内容。

（4）在【自定义动画】任务窗格中单击【添加效果】按钮，在弹出的选项菜单中选择【进入】选择项，将出现具有 7 个基本选项和一个【其他效果】选项的级联菜单，如图 5-38 所示。

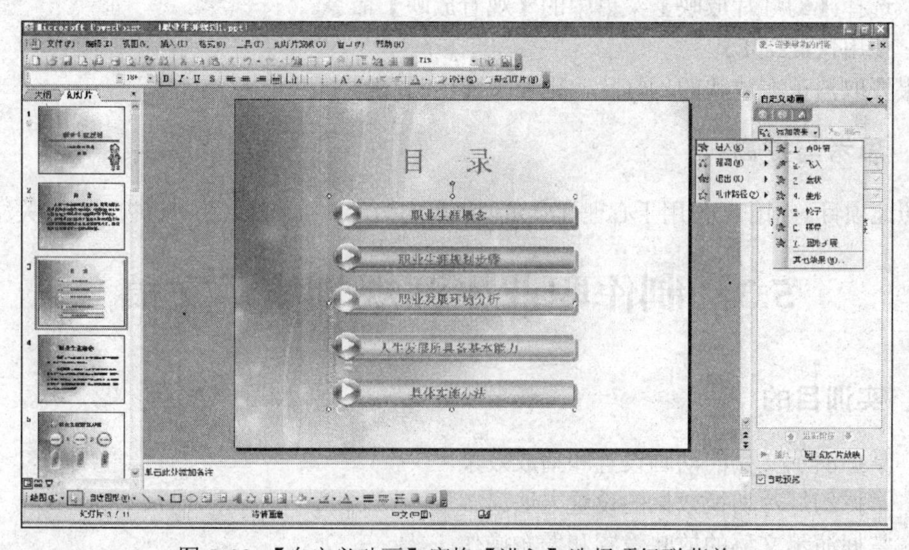

图 5-38 【自定义动画】窗格【进入】选择项级联菜单

（5）选择【其他效果】命令，将弹出【添加进入效果】对话框，如图 5-39 所示。

（6）在该对话框的【基本型】列表中单击选定【飞入】选项，然后单击【确定】按钮，即可为所选对象应用所选的动画效果。此时在所选对象附近会出现一个蓝底纹的编号【1】，同时【自定义动画】任务窗格中所包含的信息也会相应发生变化，会出现进入方式选择项等。

（7）对文本对象【飞入】的进入方式进行【开始】、【方向】、【速度】的设置，设置完成后，单击【自定义动画】任务窗格中的【播放】按钮，即可在当前幻灯片视图下播放当前幻灯片，播放中可以看到文本对象从幻灯片指定位置按预设速度飞入的效果，如图 5-40 所示。

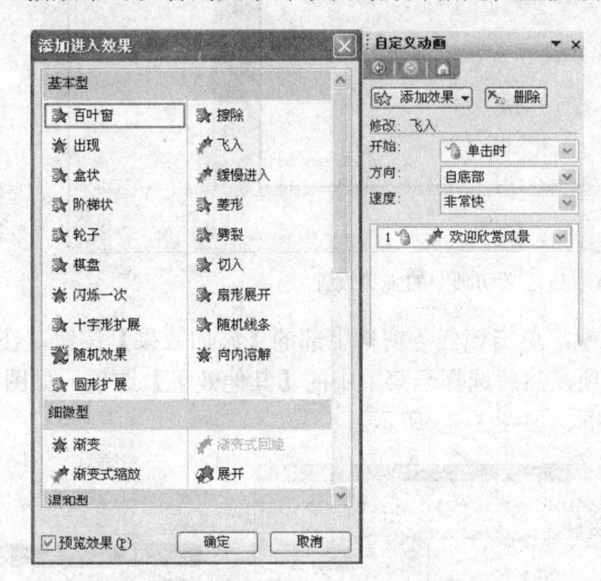

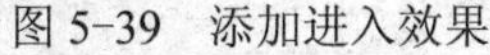
图 5-39　添加进入效果

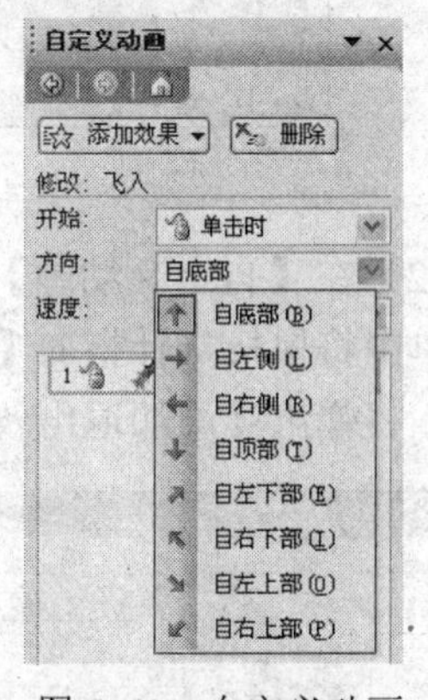

图 5-40　自定义动画

2. 强调式动画效果的制作

（1）打开想要添加动画的幻灯片（以“职业生涯规划”演示稿中的职业生涯规划步骤为例）。

（2）执行【幻灯片放映】菜单中的【自定义动画】命令，在【自定义动画】任务窗格中单击【添加效果】按钮。

（3）在该对话框的【强调】列表中单击选定【陀螺旋】选项，然后单击【确定】按钮，即可为所选对象应用所选的动画效果，此时在所选对象附近会出现一个蓝底纹的编号【1】，同时【自定义动画】任务窗格中所包含的信息也会相应发生变化，如图 5-41 所示。

（4）设置完成后，单击【自定义动画】任务窗格中的【播放】按钮，即可得到在幻灯片视图下播放当前幻灯片的效果。

（5）对文本对象【飞入】的进入方式进行【开始】、【方向】、【速度】的设置，完成后单击【自定义动画】任务窗格中的【播放】按钮，即可在当前幻灯片视图下播放当前幻灯片，播放中可以看到文本对象从幻灯片指定位置按预设速度飞入的效果。

3. 退出式动画效果的制作

（1）在前面演示文稿中，选中“探索期”、“创业期”、“建立期”文本对象，准备对该对象做“退出”的动画效果。

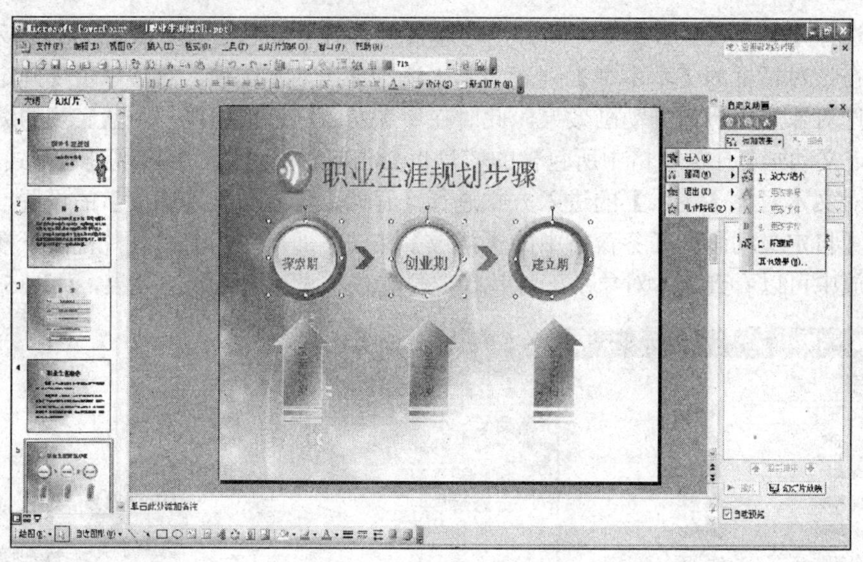

图 5-41 自定义动画中的强调设置

（2）在【自定义动画】任务窗格中，单击该任务窗格上部的【添加效果】按钮，在弹出的菜单中将鼠标指针指向【退出】选项，然后选择子菜单中的【其他效果】选项，如图 5-42 所示，将弹出【添加退出效果】对话框，如图 5-43 所示。

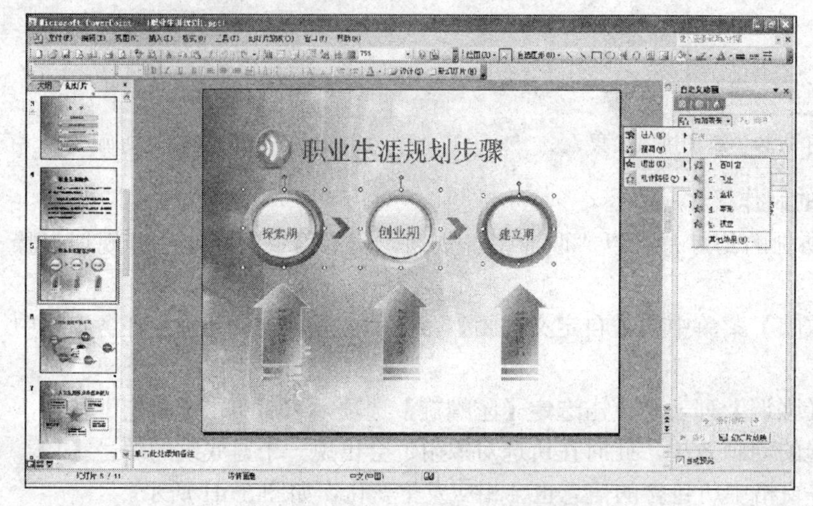

图 5-42 自定义动画中的退出设置

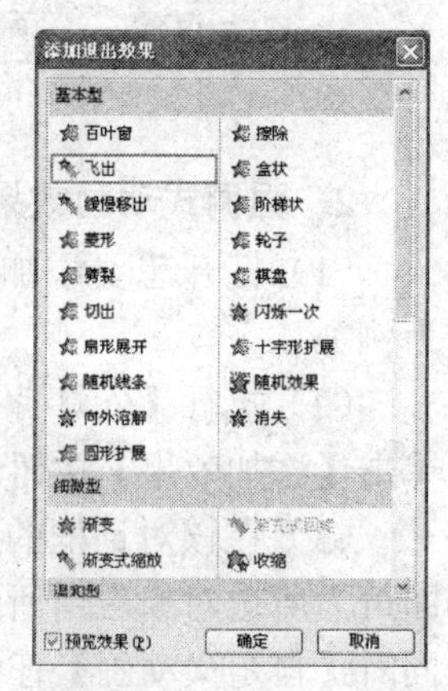

图 5-43 添加退出效果

（3）在该对话框【基本型】列表中选择【阶梯状】选项，然后单击【确定】按钮，即可为所选对象应用所选的动画效果，同时【自定义动画】任务窗格中所包含的信息也会相应发生变化。

（4）设置完成后，单击【自定义动画】任务窗格中的【播放】按钮，即可得到在幻灯片视图下播放当前幻灯片的效果。

4. 通过动作路径制作动画效果

（1）打开想要通过设定路径来制作动画效果的幻灯片（以“职业生涯规划”演示稿中的职业发展环境分析为例）。

（2）执行【幻灯片放映】菜单中的【自定义动画】命令，右侧出现【自定义动画】任务窗格。在【自定义动画】任务窗格中，单击该任务窗格上部的【添加效果】按钮，并在弹出的菜单中将鼠标指针指向【动作路径】选项，然后选择其子菜单下的【绘制自定义路径】选项，选择【自由曲线】选项，如图 5-44 所示。

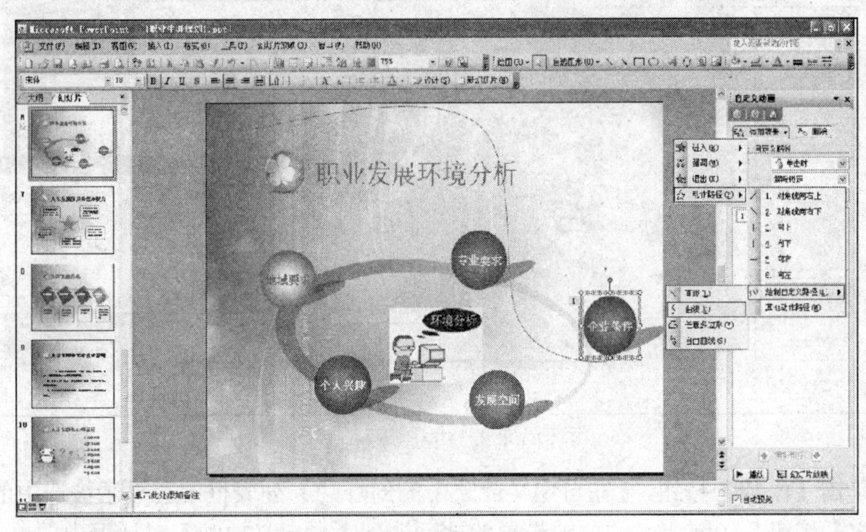

图 5-44　绘制自定义路径

（3）设置完成后，单击【自定义动画】任务窗格中的【播放】按钮，即可得到在幻灯片视图下播放当前幻灯片的效果。

5. 自定义播放幻灯片

当需要对现有演示文稿中的部分演示文稿进行放映时，可以将所需的演示文稿进行分组，以便给特定的观众放映演示文稿的特定部分，具体方法如下：

（1）选择【幻灯片放映】菜单下的【自定义放映】命令，弹出【自定义放映】对话框，如图 5-45 所示。

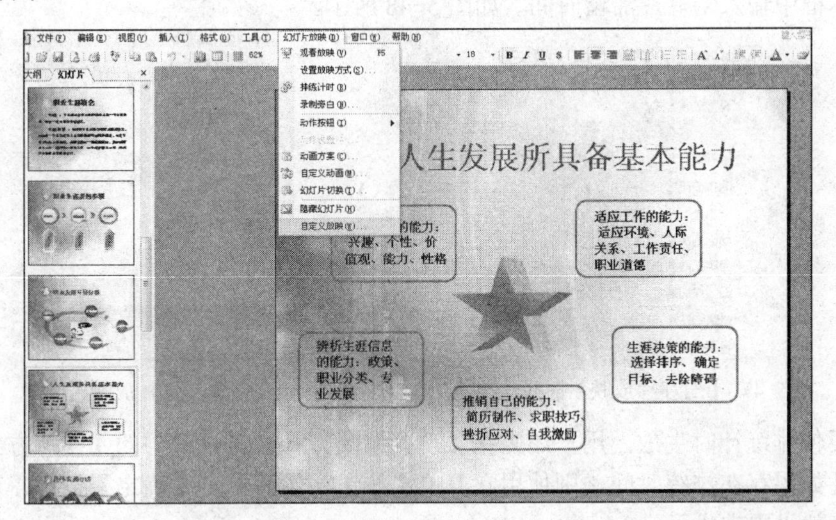

图 5-45　【幻灯片放映】菜单

（2）单击【新建】按钮，弹出【定义自定义放映】对话框，【在演示文稿中的幻灯片】列表框中列出了当前演示文稿中的幻灯片，从中选择要自定义放映的幻灯片，如图 5-46 所示。

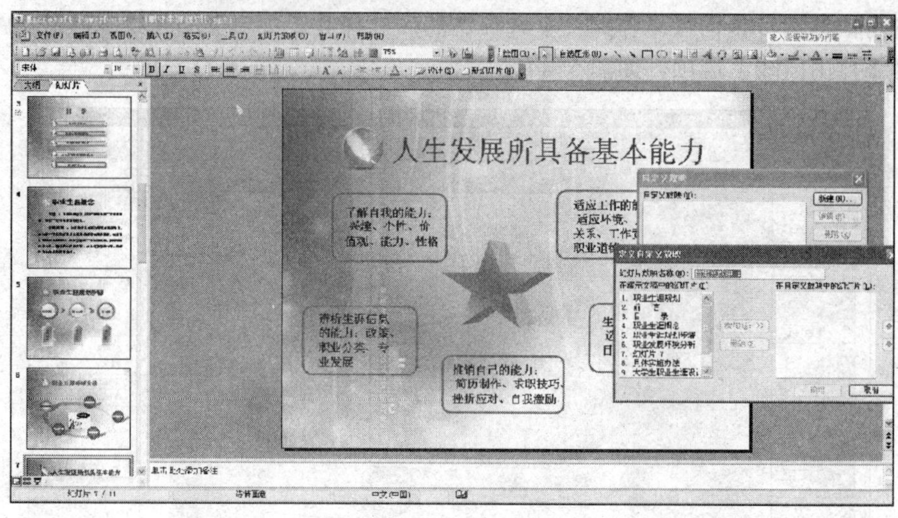

图 5-46　自定义放映

（3）单击【添加】按钮，【在自定义放映中的幻灯片】列表框中会显示被选中的幻灯片，单击【确定】按钮，之前定义的放映设置就被添加到【自定义放映】对话框中。单击【放映】按钮即可预览放映的幻灯片。

6. **排练计时**

在幻灯片放映时如果不希望人工切换每张幻灯片而想让幻灯片自动播放，可以通过【排练计时】功能来设置，具体操作步骤如下：

（1）选择【幻灯片放映】菜单下的【排练计时】命令，如图 5-47 所示。

（2）此时屏幕的左上角显示出一个【预演】工具栏，上面会记录并显示当前幻灯片的放映时间。用户在使用【预演】工具栏时也可以先估计演讲的时间，然后直接在【幻灯片放映时间】文本框中输入幻灯片滞留时间，如图 5-48 所示。

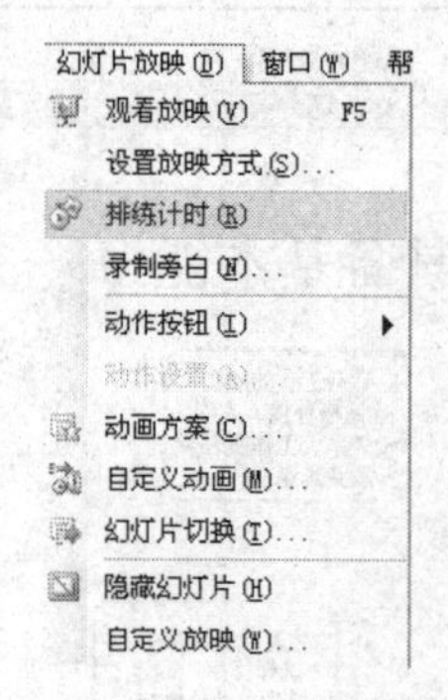

图 5-47　【幻灯片放映】菜单

图 5-48　设置幻灯片放映时间

（3）要使排练计时生效，用户还需在【设置放映方式】对话框中的【换片方式】选项区域中选中【如果存在排练时间，则使用它】单选按钮，然后单击【确定】按钮，这时，幻灯片放映速度就设置完成了。

7. **幻灯片的切换**

用户可以对所选幻灯片或者全部幻灯片在播放过程中的切换方式进行设置。设置幻灯片切换方式的具体操作步骤如下：

（1）打开相应的演示文稿，找到待调整的某张幻灯片（以“职业生涯规划”演示稿中的具体实施办法为例），选择【幻灯片放映】→【幻灯片切换】命令，如图 5-49 所示。

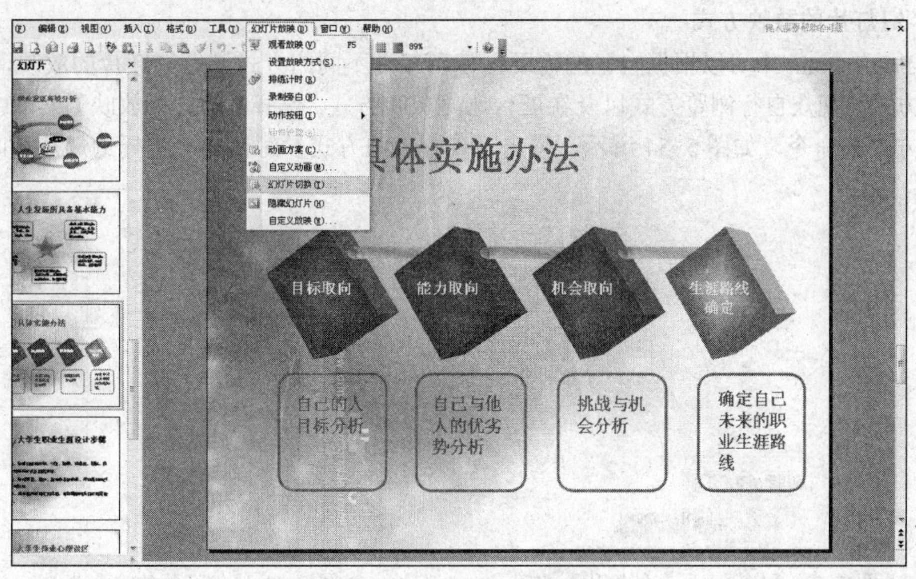

图 5-49 【幻灯片放映】菜单

（2）在窗口右边出现【幻灯片切换】任务窗格，如图 5-50 所示。

在列表框中选择一种幻灯片切换方式（如【水平百叶窗】），若最下方的【自动预览】选项被选中，则当前工作区域的幻灯片马上就能以所选择的切换方式预览效果。

（3）切换方式列表框下方还有【慢速】、【中速】和【快速】三种切换速度可供选择，如图 5-51 所示。

（4）在【声音】下拉列表框中可以选择切换时的背景声音效果，如图 5-52 所示。

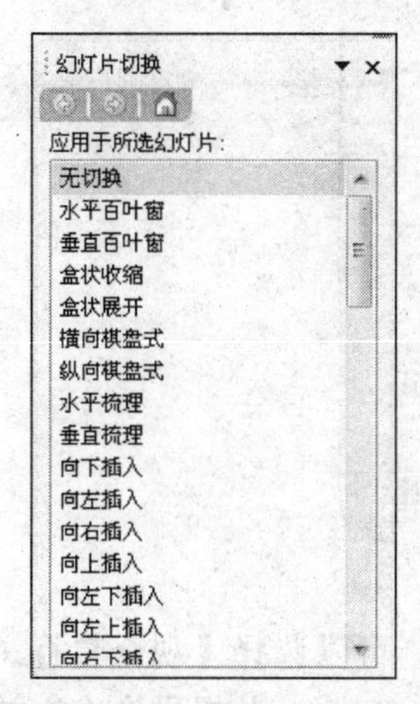

图 5-50 幻灯片切换方式列表框

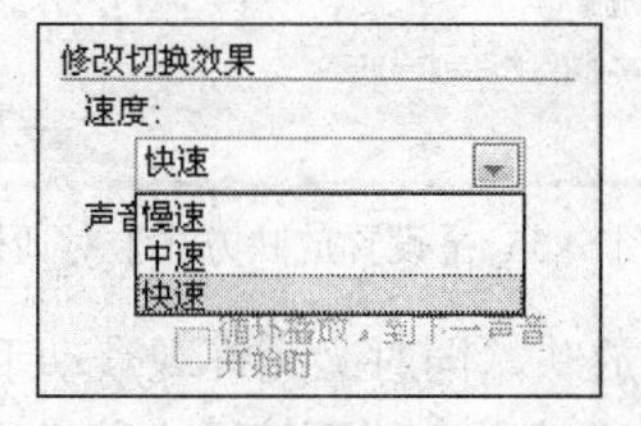

图 5-51 【速度】下拉列表框

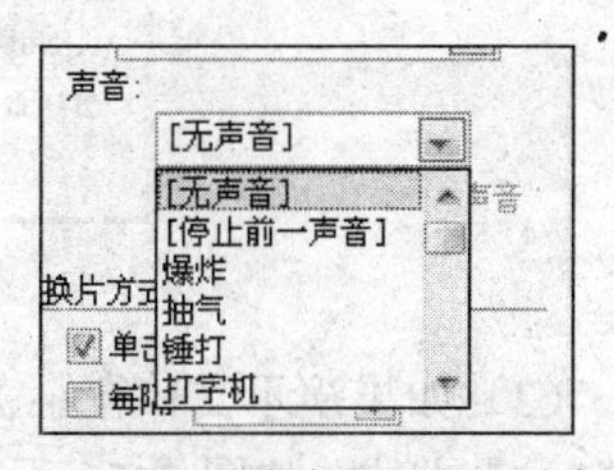

图 5-52 【声音】下拉列表框

（5）【换片方式】选项区域用来决定手工还是自动切换。如果选中【单击鼠标时】选项，则在播放幻灯片时，每单击一次鼠标，就切换一张幻灯片；如果选择【每隔】选项，则需要在增量框中输入一个数字，表示经过这段时间（以秒为单位）后自动切换。

（6）如果需要将所选择的切换方式应用于所有的幻灯片，可以单击【应用于所有幻灯片】按钮，如图 5-53 所示。

8. 幻灯片的放映方式

在 PowerPoint 中可以根据自己的需要，使用三种不同的方式进行幻灯片的放映，即演讲者放映方式、观众自行浏览方式以及在展台浏览放映方式。选择【幻灯片放映】菜单中的【设置放映方式】命令，如图 5-54 所示，弹出【设置放映方式】对话框，选择幻灯片放映方式。

图 5-53 【应用于所有幻灯片】按钮　　图 5-54 【幻灯片放映】菜单

（1）【演讲者放映（全屏幕）】是常规的放映方式。在放映过程中，可以使用人工控制幻灯片的放映进度和动画出现的效果。如果希望自动放映演示文稿，可以使用【幻灯片放映】菜单上的【排练计时】命令设置幻灯片放映的时间，使其自动播放，如图 5-55 所示。

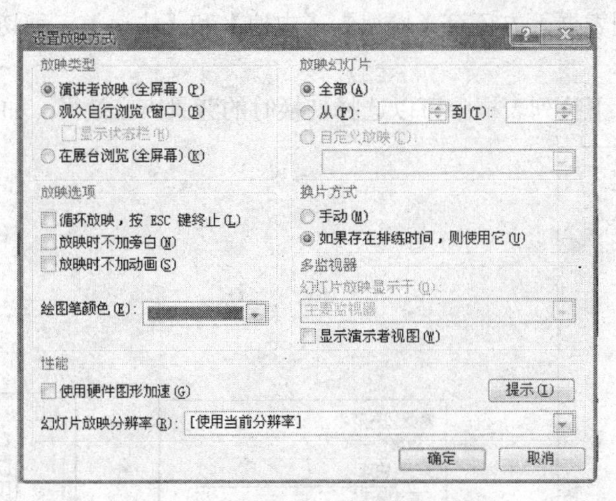

图 5-55 【设置放映方式】对话框

（2）如果演示文稿在小范围放映，同时又允许观众动手操作，可以选择【观众自行浏览（窗口）】方式，如图 5-56 所示。在这种方式下演示文稿出现在小窗口内，并提供命令在放映时移动、编辑、复制和打印幻灯片，移动滚动条从一张幻灯片移到另一张幻灯片。

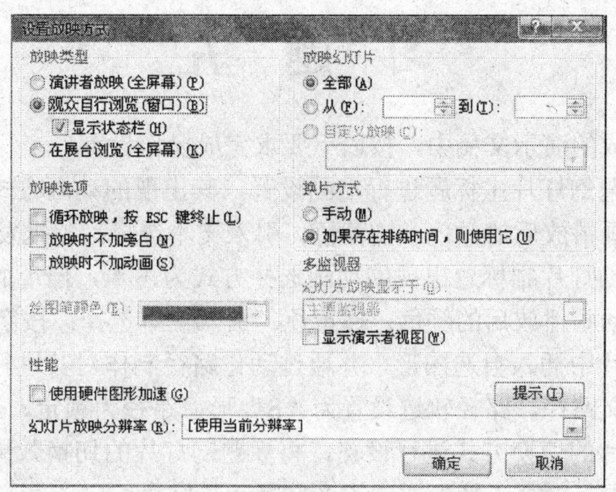

图 5-56 【设置放映方式】对话框

（3）如果演示文稿在展台、摊位等无人看管的地方放映，可以选择【在展台浏览（全屏幕)】方式。将演示文稿设置为在放映时不能使用大多数菜单和命令，并且在每次放映完毕后，如 5 分钟内观众没有进行干预，会重新自动播放。当选定该放映类型时，PowerPoint 会自动设定【循环放映，按 Esc 键终止】的复选框，如图 5-57 所示。

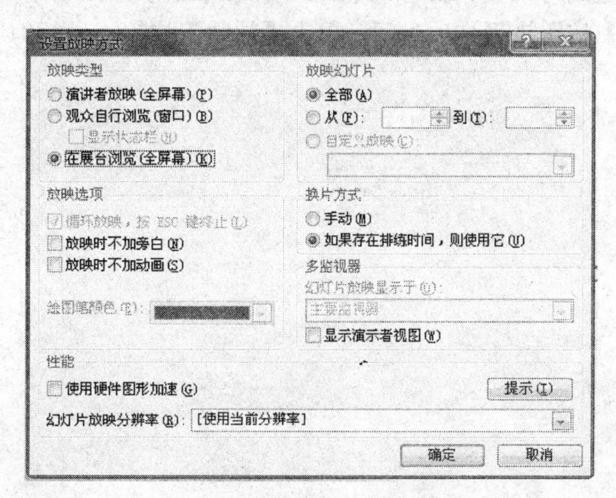

图 5-57 【设置放映方式】对话框

在【设置放映方式】对话框的【放映幻灯片】栏中输入幻灯片的编号，还可以选择只放映演示文稿中部分幻灯片。

四、思考与提高

（1）如何在 PowerPoint 中插入 Flash 影片？

（2）如何在 PowerPoint 中插入视频？

（3）在 PowerPoint 中插入声音有几种方法？有什么不同？

（4）如何在 PowerPoint 制作课件中插入解说词？

习　题　五

在一个已编辑完成的演示文稿中，按以下要求完成操作设置。

（1）对已有的标题幻灯片主标题进行动画设置，其出现的动画方式选择为回旋，出现时的声音为风铃声。动画播放后的颜色：橘黄色。引入文本选择：整批发送。

（2）对已有标题幻灯片副标题出现的动画选择方式为飞入，出现的方向为右侧，出现时的声音为打字机声。动画播放后的颜色：橘黄色。引入文本选择：按字。

（3）在已有幻灯片中插入自选图形，并通过动作路径制作对其进行动画效果设置，动作路径设置为绘制自定义路径，路径轨迹设置为“S”形，路径为锁定，速度为中速。

（4）对已有幻灯片的切换方式进行设置，将标题幻灯片的切换效果选择为横向棋盘式，换页方式选择为单击鼠标换页，换页时的声音选择为鼓掌声。

（5）对已有幻灯片的切换方式进行设置，类型为演讲者放映，幻灯片内容选择的是全部，换片方式选择的是人工。

（6）人工为每张幻灯片设置时间，在时间数据微调器中调整或输入放映所需的时间：00:05。

（7）对已有的标题幻灯片使用排练功能，在排练时自动记录时间，放映到最后一张幻灯片时，请单击【确定】按钮接受这项时间，单击【放映】按钮，进行幻灯片自动放映操作。

实训 6

Internet 网络应用

6.1 信 息 搜 索

一、实训目的

（1）让学生掌握从网上下载图片，下载网页，下载文件，保存文字的方法。

（2）使学生了解在 Internet 上搜索信息的意义，了解搜索信息的基本方法，掌握门户网站的使用方法和用关键词检索信息的方法，掌握信息加工处理的方法。

（3）掌握在 FTP 上获取信息的方法。

（4）设置 IE 浏览器的属性。

二、知识技能要点

（一）搜索引擎

搜索引擎是一种用于帮助 Internet 用户查询信息的搜索工具，是 Internet 网络上的信息检索系统，它以一定的策略在 Internet 中搜集、发现信息，对信息进行理解、提取、组织和处理，并为用户提供检索服务，从而起到信息导航的目的。

1. 百度搜索引擎

百度在中国各地和美国均设有服务器，搜索范围涵盖了中国的大陆、香港、台湾、澳门和新加坡等华语地区以及北美、欧洲的部分站点。百度搜索引擎拥有目前世界上最大的中文信息库。

2. 谷歌搜索引擎

谷歌的搜索引擎使用一项新技术，该技术不仅能够对用户输入的检索词进行分析，而且还能更好地理解与检索词相关的概念。

3. 雅虎搜索引擎

雅虎是全球认知度最高及最有价值的互联网品牌之一，也是最大的门户网站。有英、中、日、韩、法、德等 10 余种语言版本。在全球消费者品牌排名中居第 38 位，是全球最大的搜索引擎和门户网站。

（二）保存网页上的内容

1. 保存网页

保存的网页的类型一般有 4 种：

✧ 网页，全部（*.htm; *.html）：保存显示该网页时所需的全部文件，包括图像、框架、样式表。该选项将按原始格式保存所有文件。

✧ Web 档案，单个文件（*.mht）：把显示网页所需的全部信息，保存在一个 MIME 编码的文件中。该选项保存当前网页的可视信息，只有安装了 Outlook Express 5 或更高版本后才能使用该选项。可以脱机查看所有网页，而不用将网页添加到收藏夹列表再标记为脱机查看。

✧ 网页，仅 HTML（*.htm; *.html）：只保存当前 HTML 页。该选项保存网页信息，但它不保存图像、声音或其他文件。

✧ 文本文件（*.txt）：只保存当前网页的文本。该选项将以纯文本格式保存网页信息。

2. 保存图片

一般的方法是将鼠标指针移至图片上，右击，选择【图片另存为】命令。

3. 保存文字

先选择所需文件并右击，选择【复制】命令后打开文字编辑软件，执行【粘贴】命令。

4. 下载文件

可以单击鼠标左键，【文件下载】，【将该文件保存到磁盘】即可，也可以右击后选择【另存为】命令。

（三）在 FTP 上获取信息

FTP 是文件传输协议的英文简称，而中文简称为“文传协议”，用于 Internet 上控制文件的双向传输。用户可以通过它把自己的 PC 机与世界各地所有运行 FTP 协议的服务器相连，访问服务器上的大量程序和信息。

FTP 的主要作用，就是让用户连接上一个远程计算机（这些计算机上运行着 FTP 服务器程序），查看远程计算机有哪些文件，然后把文件从远程计算机上复制到本地计算机，或把本地计算机的文件传送到远程计算机去。

（四）设置 IE 浏览器的属性

1. 主页

一般来说，主页是一个网站中最重要的网页，也是访问最频繁的网页。它是一个网站的标志，体现了整个网站的制作风格和性质。主页上通常会有整个网站的导航目录，所以主页也是一个网站的起点站或者说主目录。网站的更新内容一般都会在主页上突出显示。打开浏览器后出现的第一张页面叫主页。

2. 收藏夹

收藏夹是在上网的时候方便你记录自己喜欢、常用的网站，把它放到一个文件夹里，想用的时候可以打开找到。

3. 历史记录

打开浏览器，按下【Ctrl+H】组合键，窗口的左侧就会弹出浏览过的历史记录的小窗口。选择相应的日期之后下拉菜单，会有浏览的网页记录。选中目标，右击，选择【删除】命令。

三、实训内容及步骤

（一）保存图文实训

1. 保存文字

在百度中搜索“歌唱祖国”歌曲的歌词并保存，操作步骤如下。

（1）搜索并登陆包含所需信息的页面，如图 6-1 所示。

图 6-1　输入搜索内容

（2）显示符合条件的结果，如图 6-2 所示。打开满足条件的结果，如图 6-3 所示。

图 6-2　搜索出的结果

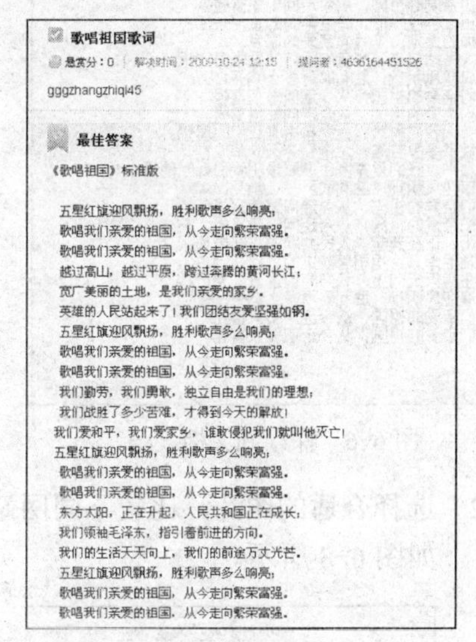

图 6-3　搜索出的内容

（3）选定文字，如图 6-4 所示。

（4）右击，执行【复制】命令，如图 6-5 所示，将选定的信息暂存到剪贴板。

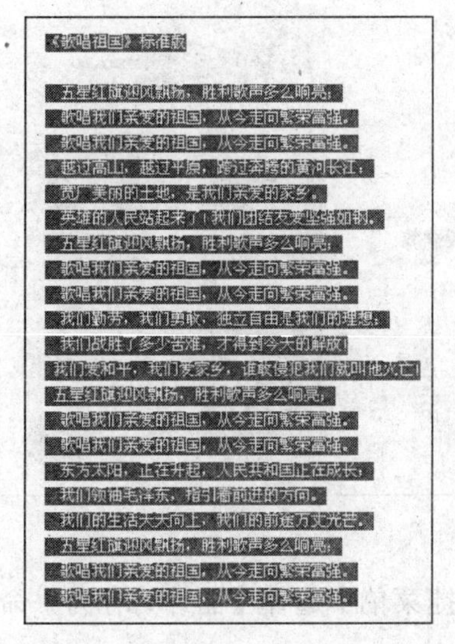

图 6-4　选择文字

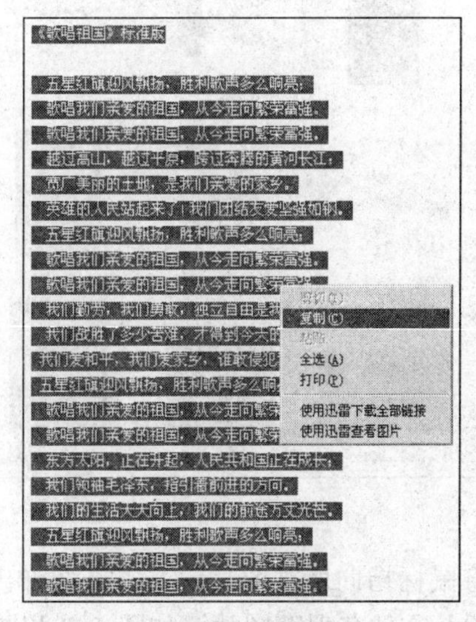

图 6-5　复制文字

（5）将复制到剪贴板的文字信息保存到文档中。新建文本文件，将剪贴板上的信息粘贴到文档中，保存并重命名该新建文档，如图 6-6 所示。

2. **保存图片**

在百度中搜索“动态小天使”图片并保存，操作步骤如下。

（1）搜索包含所需信息的页面，如图 6-7 所示。

歌唱祖国-歌词 - 记事本
文件(F) 编辑(E) 格式(O) 查看(V) 帮助(H)
《歌唱祖国》标准版

五星红旗迎风飘扬，胜利歌声多么响亮；
歌唱我们亲爱的祖国，从今走向繁荣富强。
歌唱我们亲爱的祖国，从今走向繁荣富强。
越过高山，越过平原，跨过奔腾的黄河长江；
宽广美丽的土地，是我们亲爱的家乡。
英雄的人民站起来了！我们团结友爱坚强如钢。
五星红旗迎风飘扬，胜利歌声多么响亮；
歌唱我们亲爱的祖国，从今走向繁荣富强。
歌唱我们亲爱的祖国，从今走向繁荣富强。
我们勤劳，我们勇敢，独立自由是我们的理想；
我们战胜了多少苦难，才得到今天的解放！
我们爱和平，我们爱家乡，谁敢侵犯我们就叫他灭亡！
五星红旗迎风飘扬，胜利歌声多么响亮；
歌唱我们亲爱的祖国，从今走向繁荣富强。
歌唱我们亲爱的祖国，从今走向繁荣富强。
东方太阳，正在升起，人民共和国正在成长；
我们领袖毛泽东，指引着前进的方向。
我们的生活天天向上，我们的前途万丈光芒。
五星红旗迎风飘扬，胜利歌声多么响亮；
歌唱我们亲爱的祖国，从今走向繁荣富强。
歌唱我们亲爱的祖国，从今走向繁荣富强。

图 6-6 保存到文档

图 6-7 搜索信息

（2）选择合适的图片，比较不同网站提供的图片，选择图片格式文件较小、清晰度较高的图片，如图 6-8 所示。

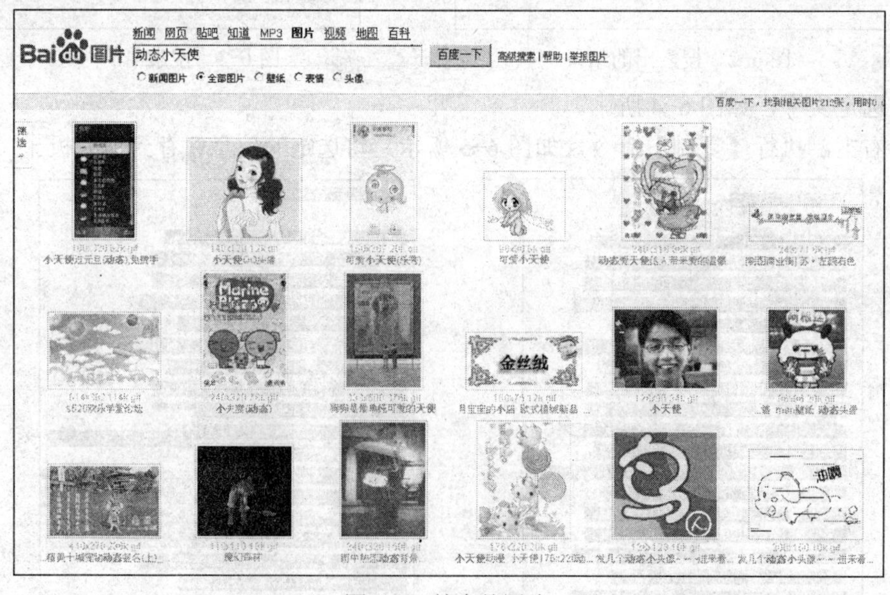

图 6-8 搜索的图片

（3）将鼠标指向所需图片，右击，在弹出的快捷菜单中选择【图片另存为】命令，指定保存的位置及文件名保存图片，如图 6-9 和图 6-10 所示。

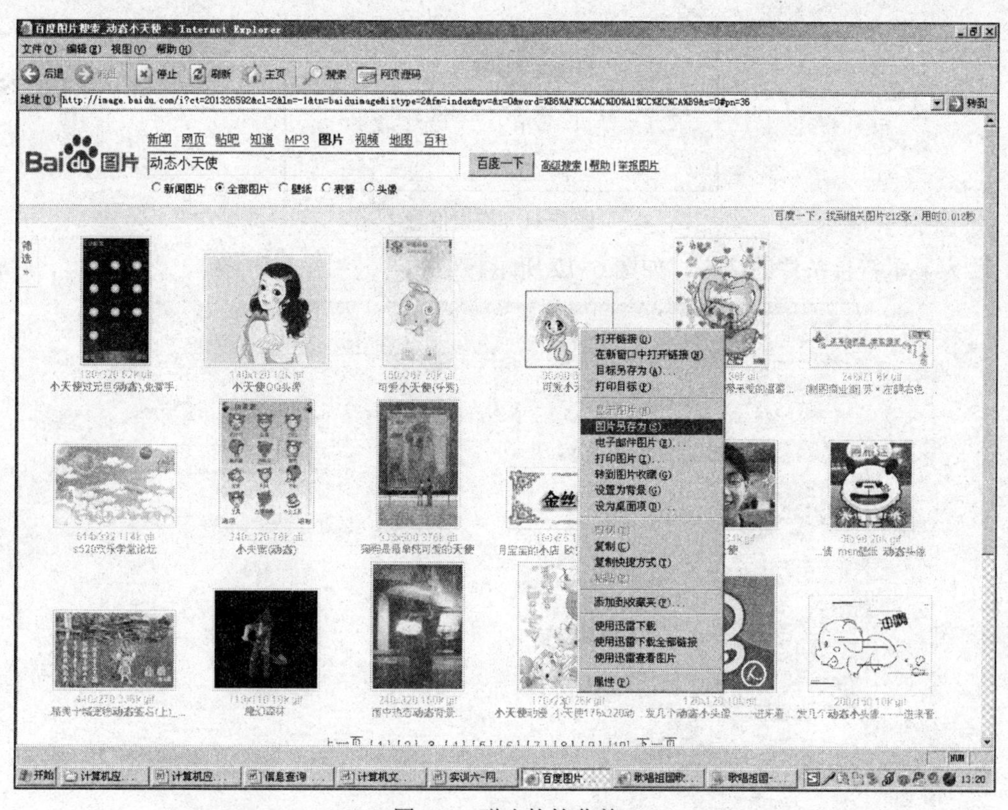

图 6-9　弹出快捷菜单

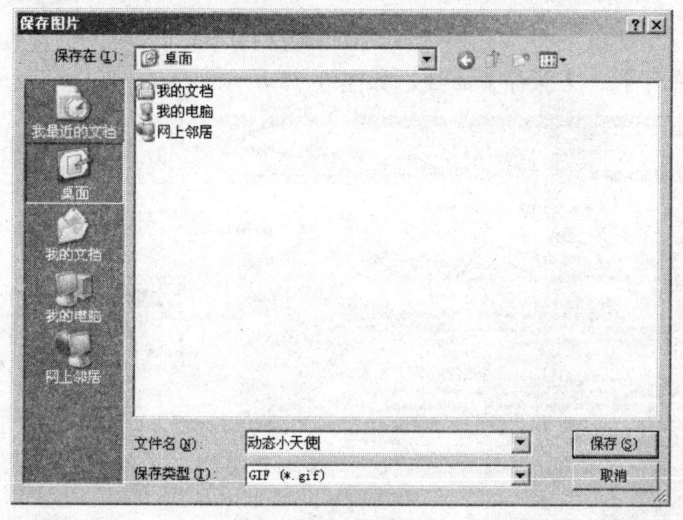

图 6-10　保存文件

3. **保存网页**

在百度中搜索“构建社会主义和谐社会”网页，然后打开该网页，并将其以文本文件(*.txt)类型保存到桌面上，操作步骤如下：

（1）打开百度网站，输入“构建社会主义和谐社会”，进行搜索，如图 6-11 所示。

图 6-11　搜索信息

（2）显示符合条件的结果，如图 6-12 所示。

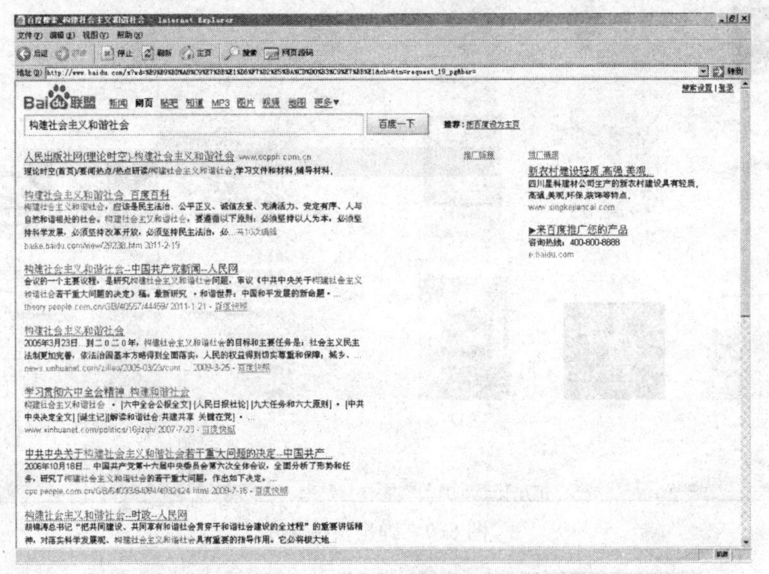

图 6-12　符合条件的结果

（3）执行【文件】→【保存】命令，如图 6-13 所示。

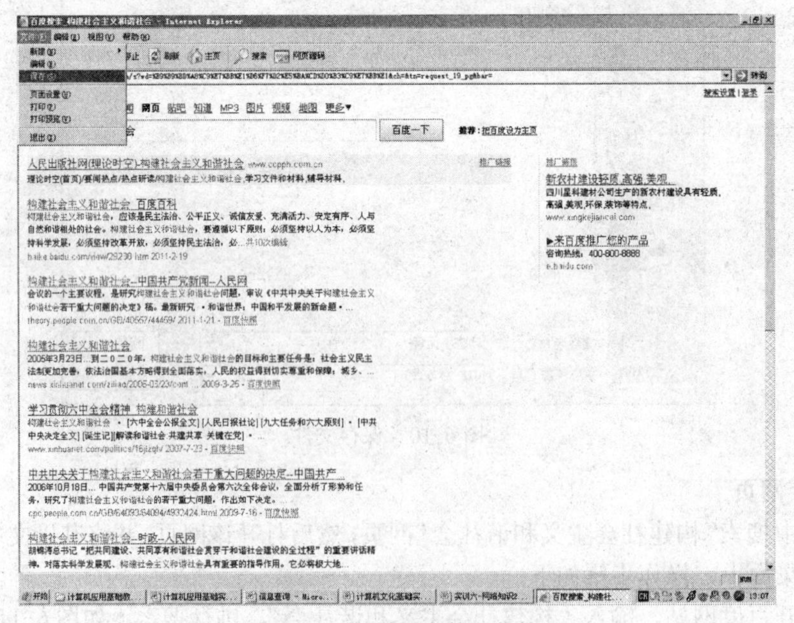

图 6-13　打开【文件】菜单

（4）在打开的【保存网页】对话框中，确定保存的位置和文件名称，单击【保存】按钮，如图 6-14 所示。

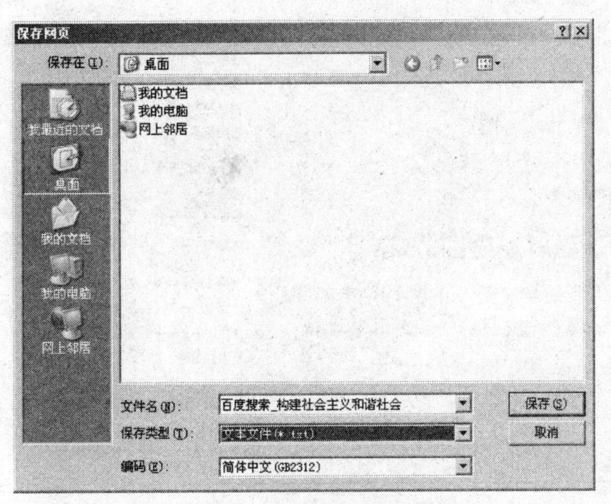

图 6-14　保存网页

注意： 键盘上有一个截屏键 Print Screen，只要按下此键，屏幕上显示的全部内容就会被拍成一张图片存放到剪贴板中。如果按下【Alt + Print Screen】组合键，则只把当前窗口显示内容复制到剪贴板。

4. 保存文件

登陆新疆农业职业技术学院在线办公平台后，打开“关于 2011 年 6 月份英语应用能力 A、B 级考试报名的通知”，下载通知下面附带的报名文件，如图 6-15 所示。操作步骤如下。

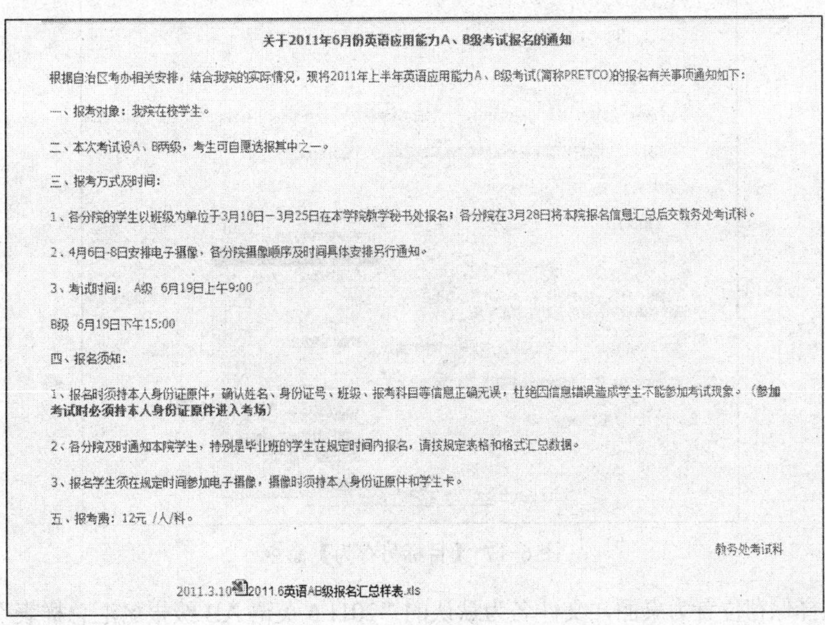

关于2011年6月份英语应用能力A、B级考试报名的通知

根据自治区考办相关安排，结合我院的实际情况，现将2011年上半年英语应用能力A、B级考试(简称PRETCO)的报名有关事项通知如下：

一、报考对象：我院在校学生。

二、本次考试设A、B两级，考生可自愿选报其中之一。

三、报考方式及时间：

1、各分院的学生以班级为单位于3月10日－3月25日在本学院教学秘书处报名；各分院在3月28日将本院报名信息汇总后交教务处考试科。

2、4月6日-8日安排电子摄像，各分院摄像顺序及时间具体安排另行通知。

3、考试时间：　A级　6月19日上午9:00

B级　6月19日下午15:00

四、报名须知：

1、报名时须持本人身份证原件，确认姓名、身份证号、班级、报考科目等信息正确无误，杜绝因信息错误造成学生不能参加考试现象。（参加**考试时必须持本人身份证原件进入考场**）

2、各分院及时通知本院学生，特别是毕业班的学生在规定时间内报名，请按规定表格和格式汇总数据。

3、报名学生须在规定时间参加电子摄像，摄像时须持本人身份证原件和学生卡。

五、报考费：12元 /人/科。

教务处考试科

2011.3.10　2011.6英语AB级报名汇总样表.xls

图 6-15　已打开的网页

（1）对准文件右击，弹出快捷菜单，如图 6-16 所示。

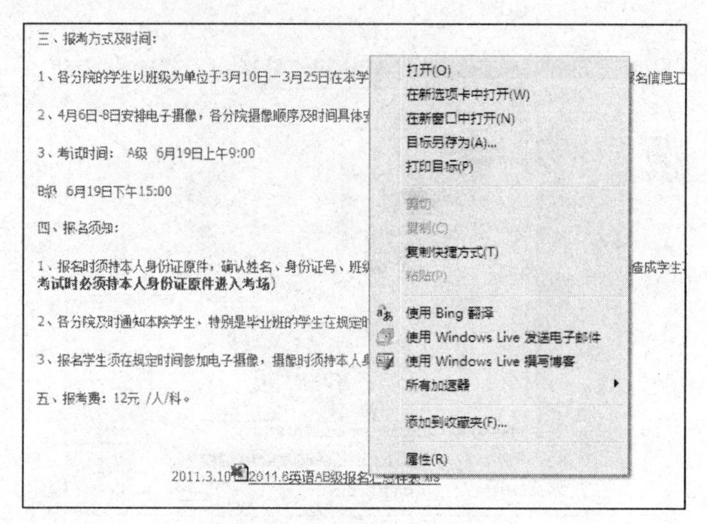

图 6-16　已弹出的快捷菜单

（2）在快捷菜单中选择【目标另存为】命令，如图 6-17 所示。

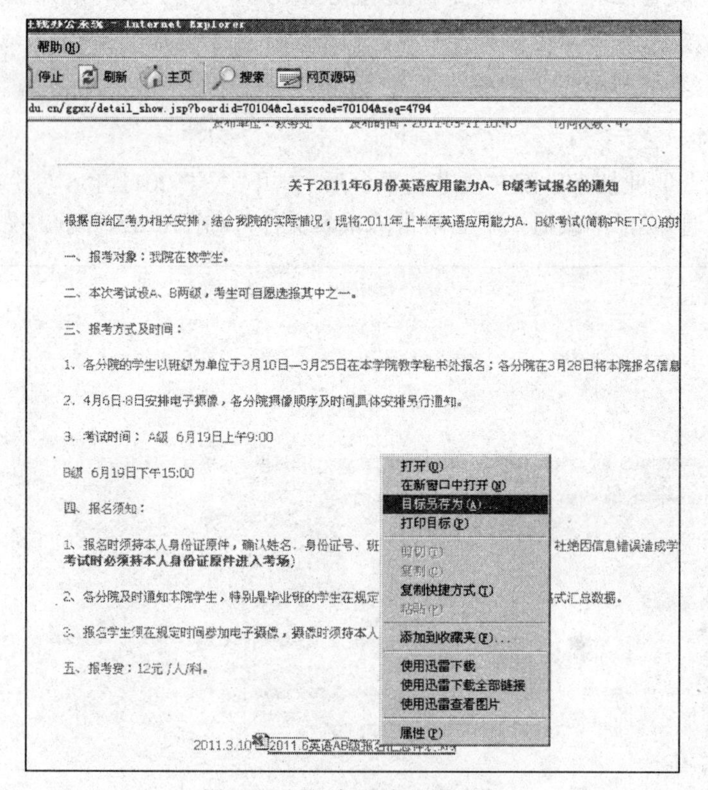

图 6-17　【目标另存为】命令

（3）选择保存位置为桌面，文件名为默认的“2011.6 英语 AB 级报名汇总样表”，如图 6-18 所示。

图 6-18 【另存为】对话框

（二）FTP 下载文件实训

从新疆农业职业技术学院 ftp://10.1.1.18 文件服务器中下载文件，操作步骤如下。

（1）登陆 ftp://10.1.1.18 文件服务器，如图 6-19 所示。

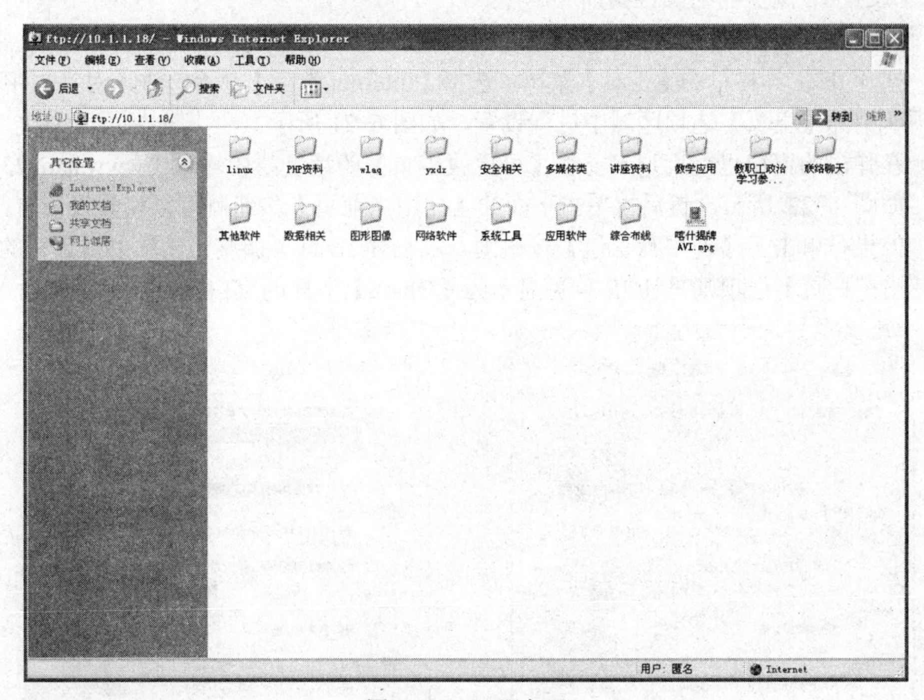

图 6-19 ftp 服务器

（2）找到所需要的文件夹。

（3）右击，在弹出的快捷菜单中选择【复制到文件夹】命令，选择要保存的文件夹的位置就可以了，如图 6-20 所示。

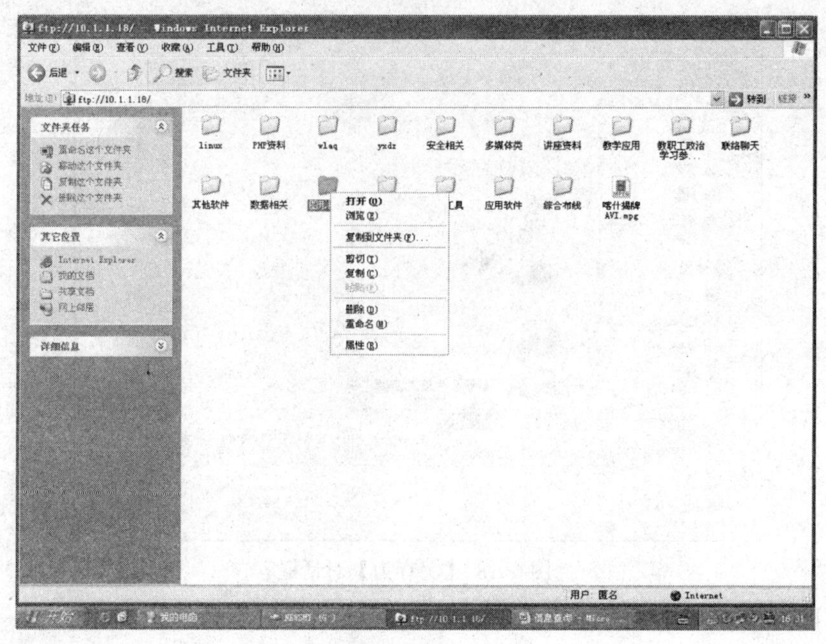

图 6-20 保存文件夹

(三) 设置 IE 浏览器的属性实训

1. 设置主页

(1) 打开 IE 工具栏里的【工具】菜单，选择【Internet 选项】命令，进入对话框中的【常规】选项卡中的【主页】选项区域中进行设置，如图 6-21 所示。

(2) 在弹出的窗口里，用户只要在【可更改主页】的地址栏中输入“www.hao123.com”的网址，如图 6-22 所示，然后再单击下面的【使用当前页】按钮就可以将其设为自己的 IE 首页了；如果是单击了【使用默认值】按钮则一般会使 IE 首页调整为微软中国公司的主页；至于【使用空白页】选项则是让 IE 首页显示为【Blank】字样的空白页，便于用户输入网址。

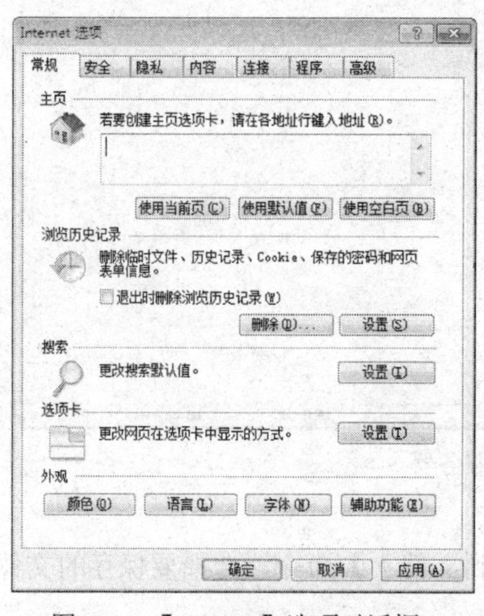

图 6-21 【Internet】选项对话框

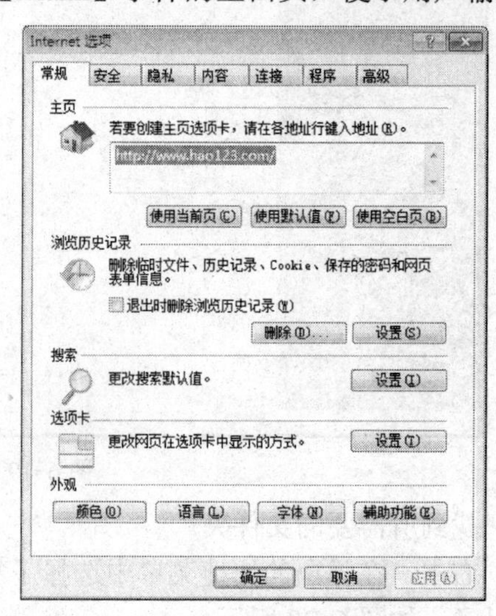

图 6-22 设置主页

2. **设置收藏夹**

(1) 在地址栏中输入网址，按回车键进入主页。

(2) 打开 IE 浏览器中的【收藏夹】菜单，选择【添加到收藏夹】命令，如图 6-23 所示。

(3) 弹出【添加收藏】对话框，设置收藏网页的名称，如图 6-24 所示。

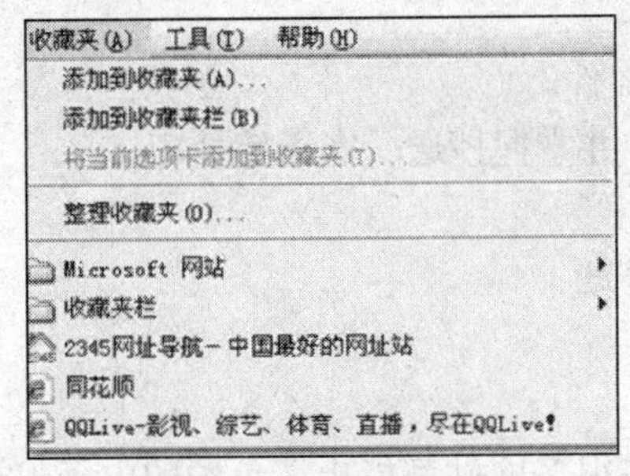

图 6-23 【收藏夹】菜单

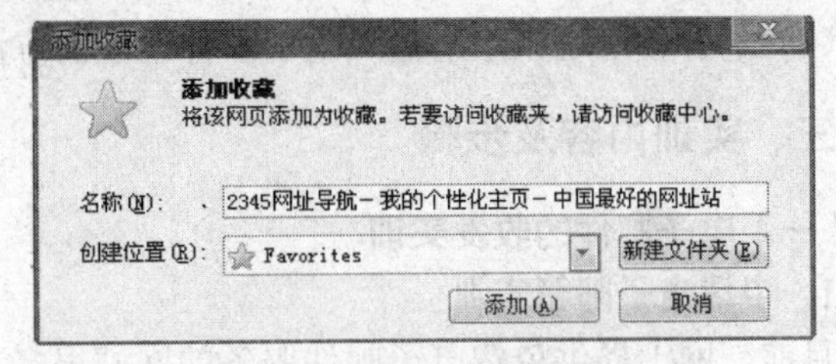

图 6-24 【添加收藏】对话框

(4) 选择【创建位置】下拉列表框中的一个选项或单击【新建文件夹】按钮，设置书签所在的分类目录，单击【添加】按钮。

3. **历史记录**

(1) 打开 IE 的【工具】菜单，并选择【Internet 选项】命令，就会出现一个【Internet 选项】对话框。

(2) 单击【清除历史记录】，再单击【确定】按钮，这时再查看 IE 的地址栏，就会发现地址栏中以“http：//”打头的网址都被删除了，如图 6-25 所示。

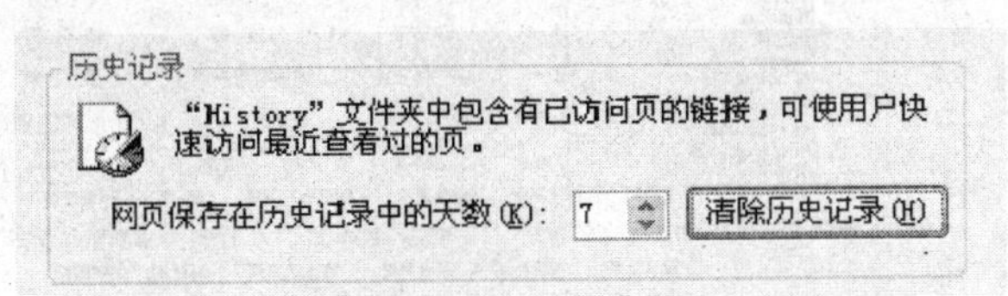

图 6-25 设置历史记录

四、思考与提高

(1) 如何在网上查找视频和动画文件？

(2) 如何在网上查找 PPT 文件？

6.2 邮 件 收 发

一、实训目的

(1) 认识电子邮件。

(2) 熟悉注册免费电子邮箱的操作。

(3) 掌握收发电子邮件的基本操作。

(4) 掌握管理联系人的基本操作。

（5）熟悉邮件的管理操作。

二、知识技能要点

（1）了解电子邮件的概念、工作原理以及电子邮箱的格式。
（2）学会自己申请免费电子邮箱。
（3）学会在 Web 方式下收发电子邮件和回复电子邮件。
（4）学会使用通讯录来输入电子邮件地址的方法，并掌握抄送、密送等技巧。

三、实训内容及步骤

（一）电子邮件的收发实训

1. 申请电子邮箱实训

目前，网上提供免费电子邮件服务的网站很多，在很多网站都能申请免费的电子邮箱，如图 6-26 和图 6-27 所示。现以 163 邮箱为例讲授电子邮件的收发等相关操作步骤。

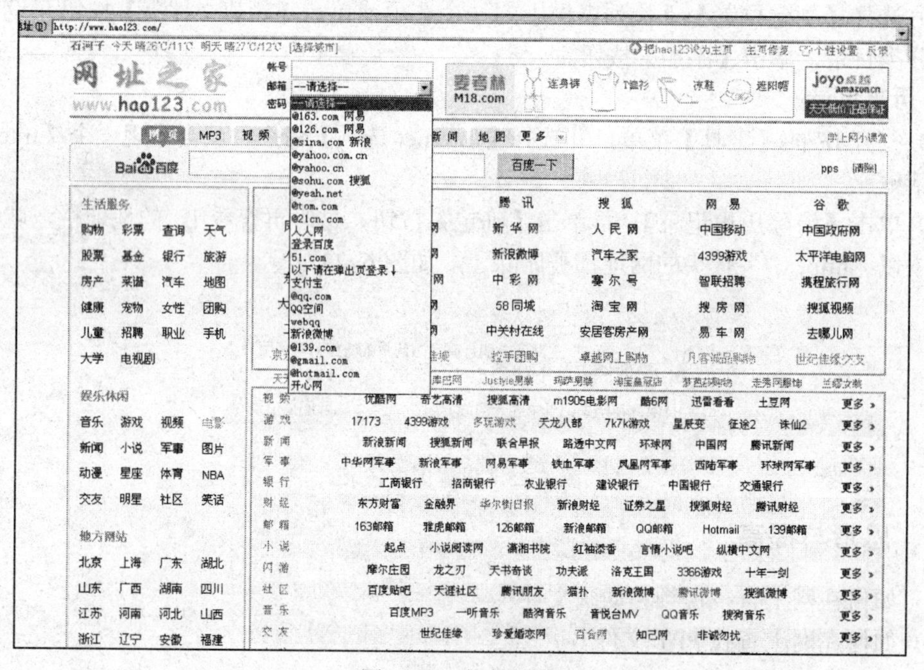

图 6-26　免费邮箱

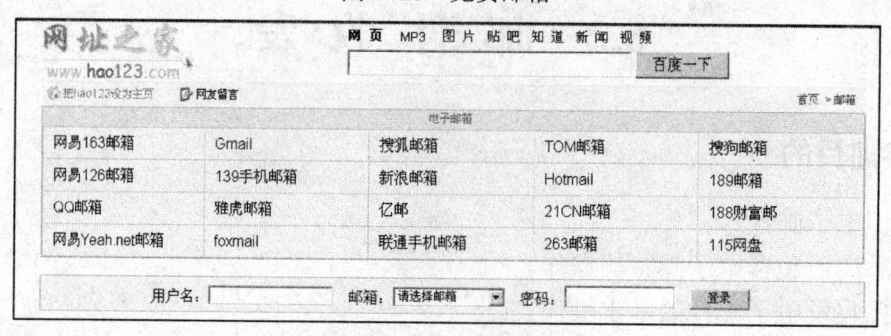

图 6-27　免费邮箱网站

（1）双击桌面的浏览器快捷方式图标，在地址栏中输入网址 http://mail.163.com，进入网易免费邮箱首页，如图 6-28 所示。

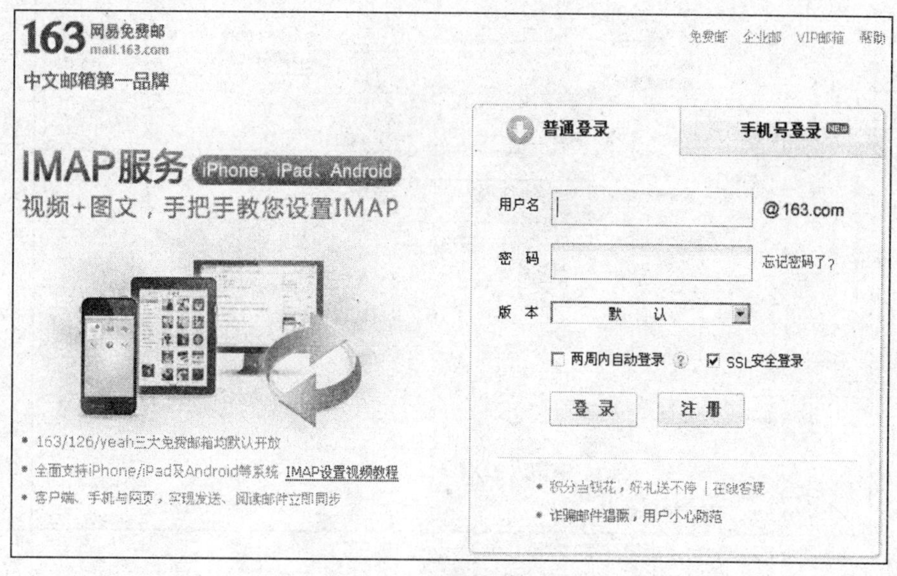

图 6-28 网易免费邮箱首页

（2）在【用户名】文本框中输入自己的账号，单击右侧的【检测】按钮，检验邮箱名是否被占用，如图 6-29 所示。

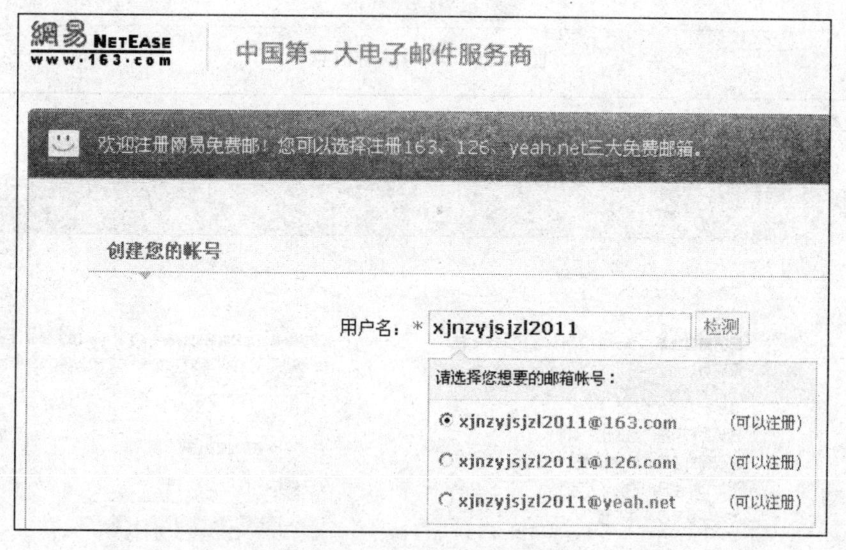

图 6-29 输入用户名并验证

（3）在注册第二步页面填写【密码】、【密码保护问题】等文本框，输入完毕后，单击页面下方的【创建账号】按钮，如图 6-30 所示。

（4）邮箱申请成功后页面上会显示【手机号】和【验证码】这两项内容，如图 6-31 所示，请牢记！

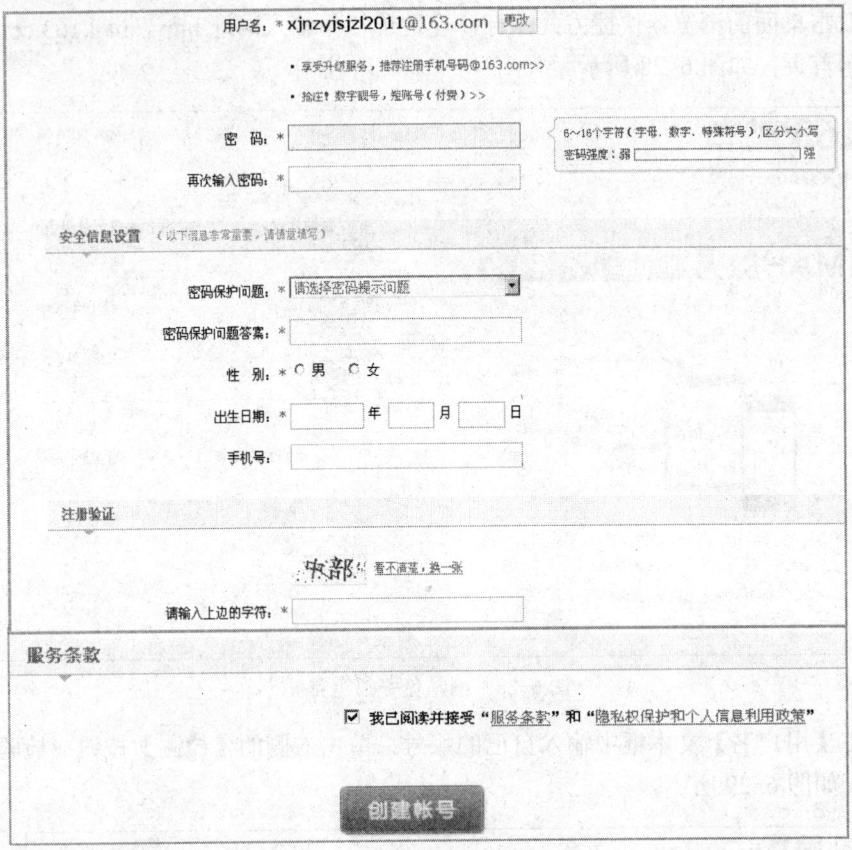

用户名：* xjnzyjsjzl2011@163.com 更改

• 享受升级服务，推荐注册手机号码@163.com>>

• 抢注！数字靓号，短账号（付费）>>

密　码：*　　6~16个字符（字母、数字、特殊符号），区分大小写　密码强度：弱　强

再次输入密码：*

安全信息设置（以下信息非常重要，请慎重填写）

密码保护问题：* 请选择密码提示问题

密码保护问题答案：*

性　别：* ○男　○女

出生日期：*　年　月　日

手机号：

注册验证

中部　看不清楚，换一张

请输入上边的字符：*

服务条款

☑ 我已阅读并接受"服务条款"和"隐私权保护和个人信息利用政策"

创建帐号

图 6-30　填写注册信息

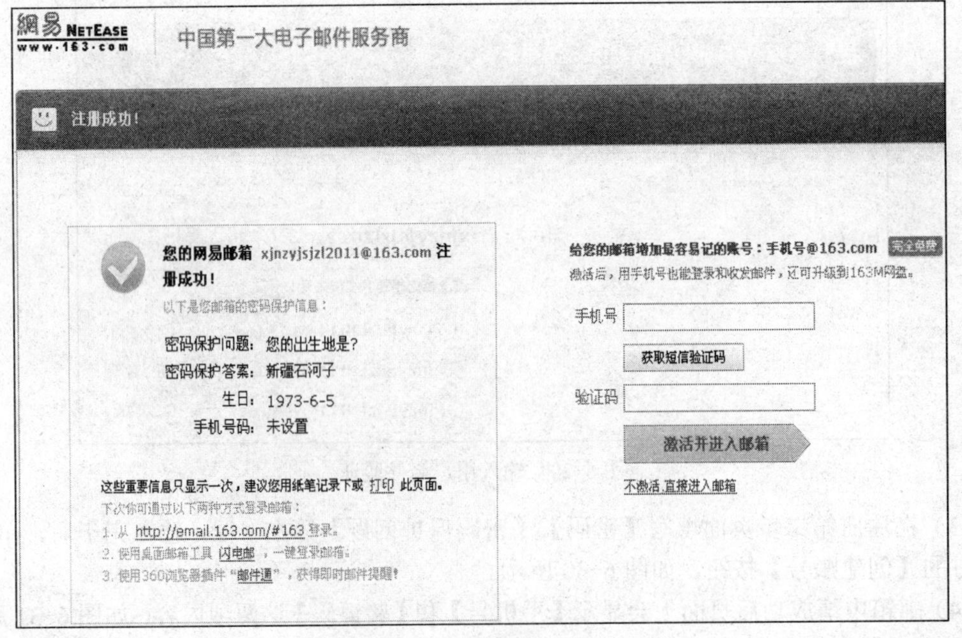

图 6-31　注册成功

2. **撰写并发送邮件**

成功申请到163免费电子邮箱帐号之后，便可以进入163邮箱撰写并发送邮件，操作步骤如下。

（1）输入【用户名】和【密码】，登录邮箱，如图6-32所示。邮箱内部组成如图6-33所示。

图6-32 登录邮箱

图6-33 邮箱内部

（2）单击上方的【写信】按钮，撰写邮件，如图6-34所示。

（3）在【收件人】文本框中输入收信人的地址，在【主题】文本框中输入这封信件的主题内容，在【内容】文本框中输入邮件内容，如图6-35所示。

（4）可以单击【添加附件】超链接，添加一个文件作为邮件的附件，可以随信发送出去，如图6-36所示。

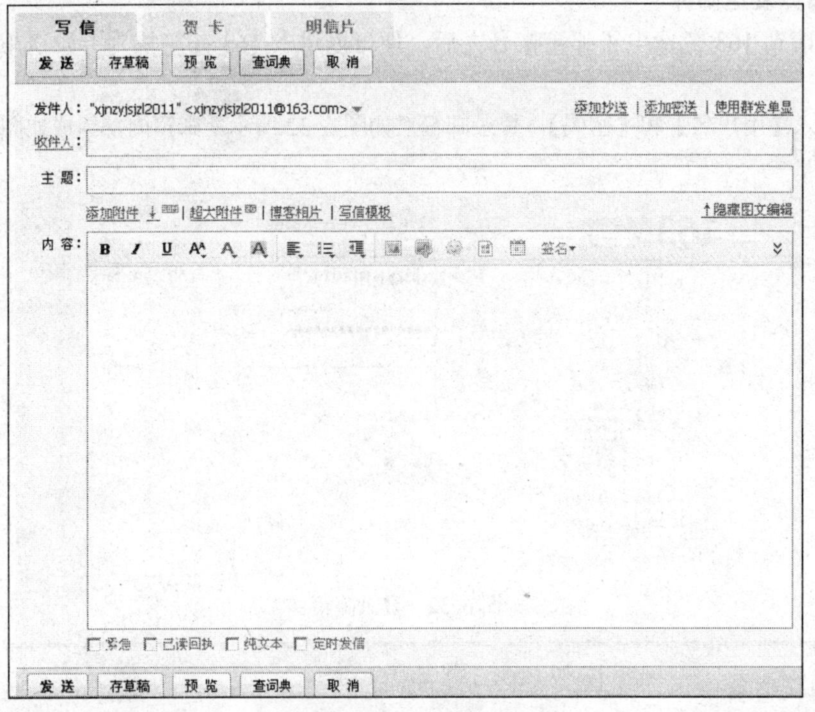

图 6-34　写信窗口

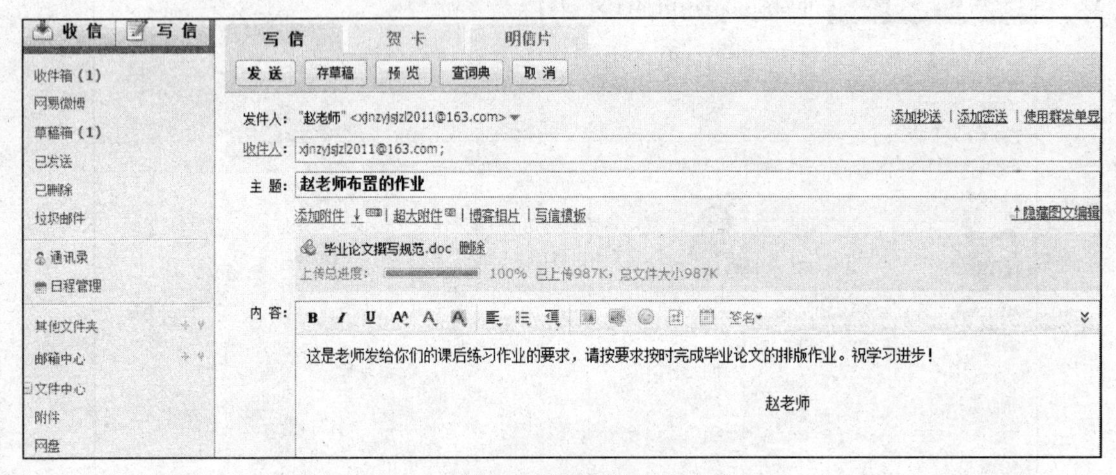

图 6-35　撰写邮件

图 6-36　添加附件

注意：① 这步操作并不是发送邮件的必要步骤，如果发送的邮件不需要添加附件，则跳过此操作。② 将邮件同时发送给多个人时，可直接在【收件人】文本框中输入多个收件人地址，地址之间采用逗号或者分号隔开。

（5）单击【发送】按钮，把邮件发送给收信人。发送之后立即提示【邮件发送成功】，如图 6-37 所示。

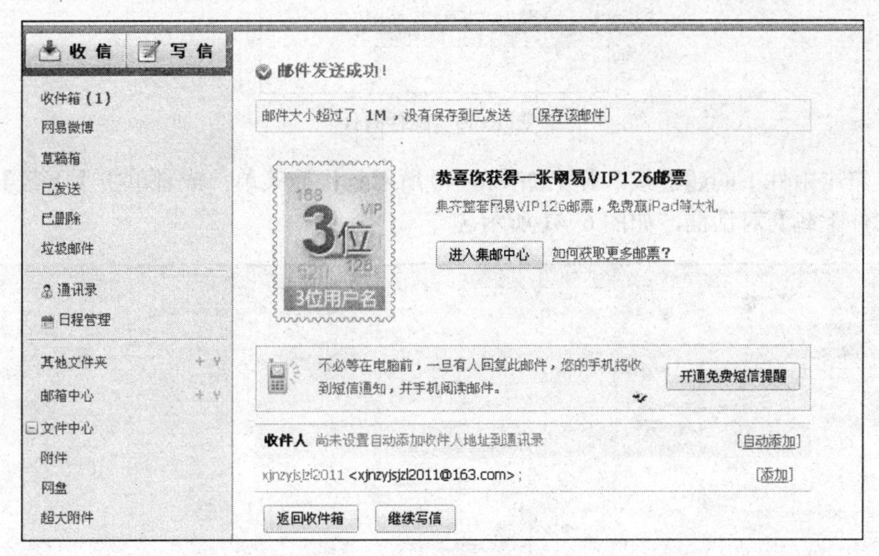

图 6-37　邮件发送成功

3. 接收并阅读邮件

接收和阅读邮件的操作步骤如下。

（1）登录邮箱，单击左侧列表中的【收件箱】按钮。

（2）单击右方邮件列表中新邮件的主题，在工作区阅读邮件正文内容，如图 6-38 所示。

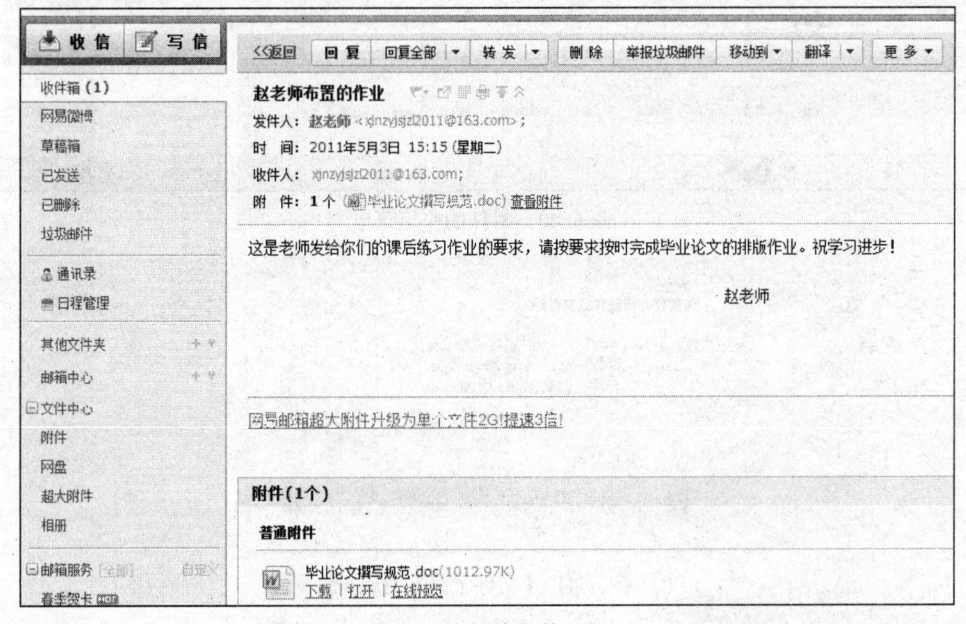

图 6-38　阅读邮件正文

（3）在【附件】一栏中可以看到一个普通附件，如图 6-39 所示。

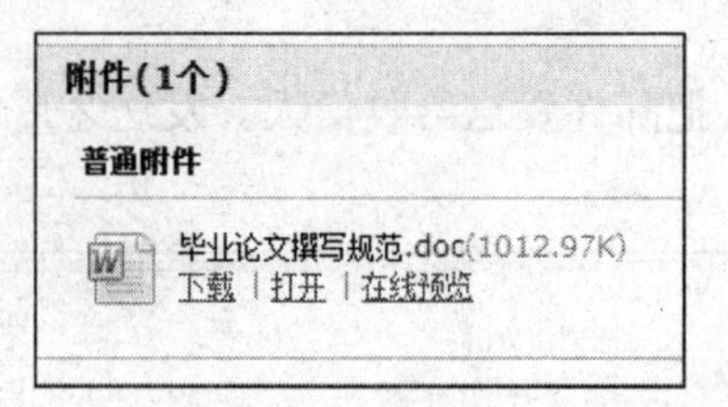

图 6-39　邮件附件

（4）右击附件下的超链接，弹出如图 6-40 所示的快捷菜单；或者单击【下载】超链接，打开【文件下载】对话框，如图 6-41 所示。

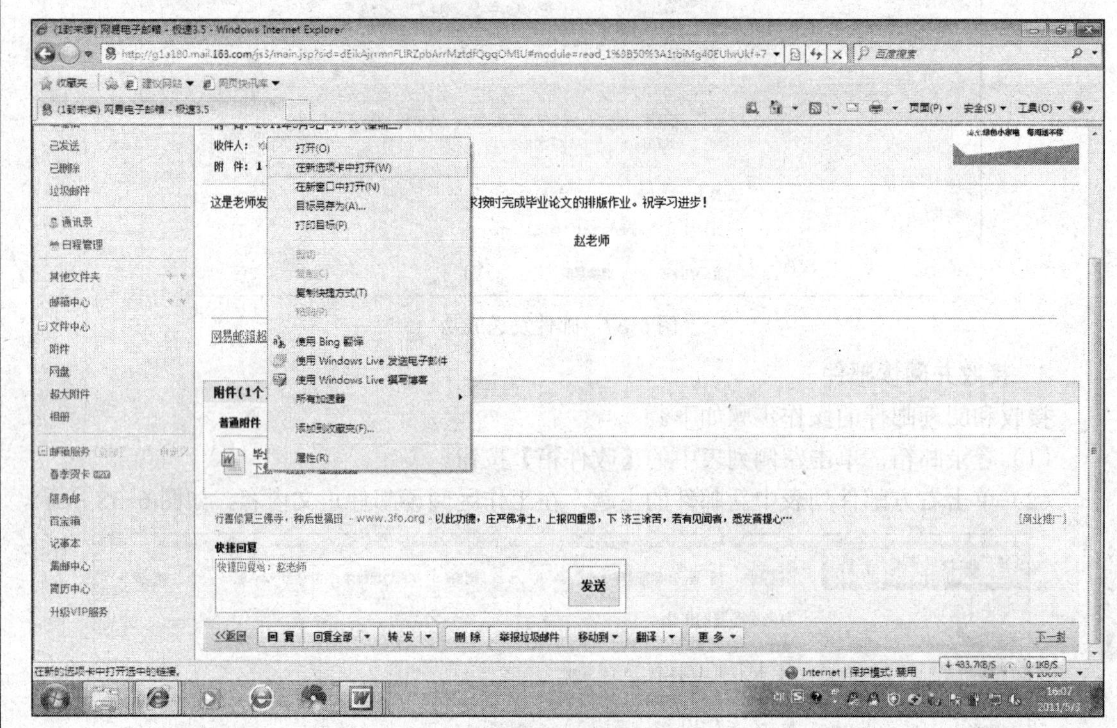

图 6-40　附件的快捷菜单

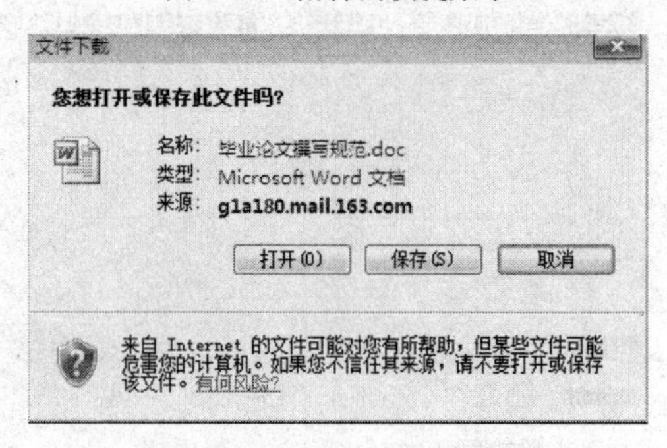

图 6-41　【文件下载】对话框

（5）单击【保存】按钮，在【另存为】对话框中选择保存附件的位置，如桌面。单击【保存】按钮，如图 6-42 所示。

图 6-42 【另存为】对话框

注意：若文件不需要下载保存，可单击【打开】按钮直接阅读。

4. 回复电子邮件

（1）登录邮箱，打开收件箱，打开想要回复的邮件，单击【回复】按钮，打开回复邮件窗口，如图 6-43 所示。

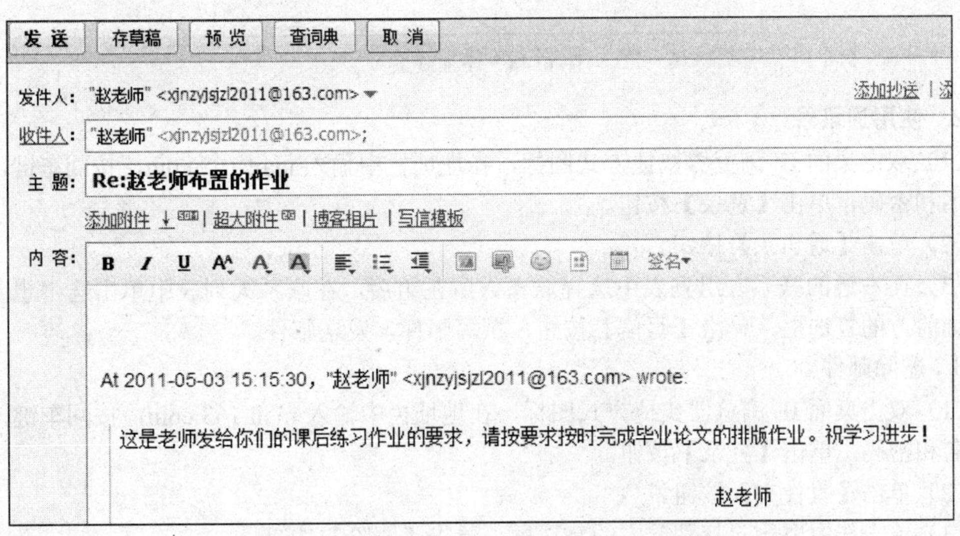

图 6-43 回复邮件

（2）系统自动添加收件人地址和主题，只需在邮件正文区域撰写回复的正文内容，然后单击【发送】按钮即可。

（二）邮箱设置实训

1. 添加通讯录

（1）双击桌面 IE 浏览器快捷方式图标，在地址栏中输入 mail.163.com，按回车键，输入邮箱名和密码后单击【登录】按钮。

（2）单击【通讯录】按钮。

（3）单击【快速添加联系人】按钮，输入联系人姓名、邮箱地址和选择所在组，单击【保存】按钮，如图 6-44 所示，添加联系人。

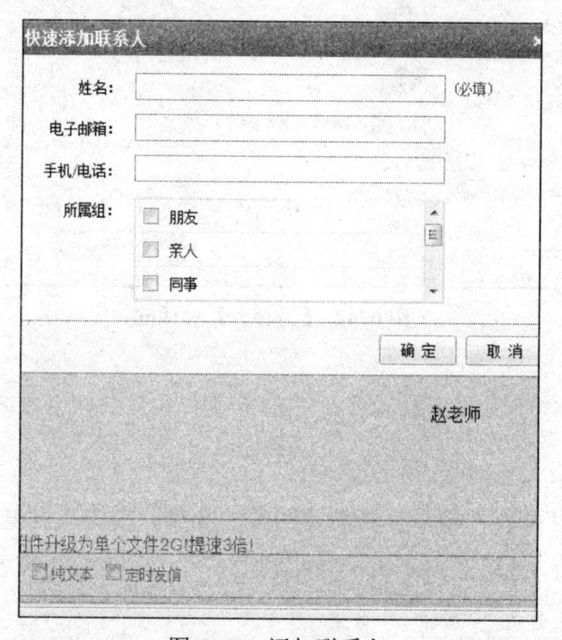

图 6-44　添加联系人

2. 使用通讯录

（1）双击桌面 IE 浏览器快捷方式图标，在地址栏中输入 mail.163.com，按回车键，输入邮箱名和密码，单击【登录】按钮。

（2）单击【通讯录】按钮。

（3）在右边的联系人组列表中选择联系人所在组后，在联系人列表中单击选中想要联系的地址前方的复选框，单击【写信】按钮，撰写邮件，发送邮件。

3. 删除邮件

（1）双击桌面 IE 浏览器快捷方式图标，在地址栏中输入 mail.163.com，按回车键，输入邮箱名和密码，单击【登录】按钮。

（2）单击【收件夹】按钮。

（3）单击选中要删除邮件前方的复选框，单击【删除】按钮。

（4）单击【已删除】右方的【清空】超链接，在弹出的提示框中单击【确定】按钮。

4. 在邮件中添加个性签名

（1）在桌面双击 IE 浏览器快捷方式图标，在地址栏中输入 mail.163.com，按回车键，输入邮箱名和密码，单击【登录】按钮。

（2）在邮箱操作页面上方单击【邮箱设置】按钮。

（3）在【个性签名】选项区域单击选中【随信显示签名】前方的复选框，在文本框中输入签名内容，单击页面最下方的【保存】按钮，设置个性签名操作完成。

四、思考与提高

（1）在新浪网上申请一个免费邮箱。

（2）使用申请的邮箱发送一封邮件（内容自定）到 xjnzyjsjzl2011@163.com。

习　题　六

（1）打开百度网（http://www.baidu.com），搜索“中国高校”的主页。打开新疆农业职业技术学院的主页，将网页添加到收藏夹，设置为主页，并将其以网页，全部（*.htm; *.html）的类型保存到 D 盘。

（2）搜索一张圣诞节的图片，并将图片保存到桌面。

（3）搜索“当代大学生现状”网页，然后打开该网页，并将其以.txt 文本文件类型保存到 D 盘中。

（4）先把同组其他几位同学的邮箱加入到通讯录，然后给他们发送一张漂亮的贺卡。如何写信呢？怎样把邮件的正文编辑得漂亮一些？如何查看附件、保存附件呢？

（5）登录自己的邮箱，给老师发一封邮件。

✧ 收件人：xjnzyjsjzl2011@163.com；

✧ 主题：〈自拟〉；

✧ 正文内容：〈任意〉；

✧ 插入附件：在 Disk（D:）盘中选一幅图片，或者自己到网上去下载一幅图片。

实训 7
多媒体与常用工具应用

一、实训目的

（1）掌握使用 WinRAR 压缩文件、解压缩文件和管理压缩文件的方法。

（2）掌握 Windows XP 自身所带的多媒体组件【录音机】和【媒体播放器】的使用方法。

（3）掌握图像浏览工具软件 ACDSee 快速浏览图像的方法，以及幻灯片显示、转换格式等多种常用的图像处理功能。

二、知识技能要点

1. 软件压缩

WinRAR 是目前广泛应用的一款压缩和解压缩软件。它提供了 RAR 和 ZIP 文件的完整支持，能解压 7Z、ACE、ARJ、BZ2、CAB、GZ、ISO、JAR、LZH、TAR、UUE、Z 格式文件。WinRAR 的功能包括强力压缩、分卷、加密、自解压模块等。

WinRAR 具有估计压缩功能，可以在压缩文件之前得到用 ZIP 和 RAR 两种压缩工具各三种压缩方式下的大概压缩率。

WinRAR 压缩率相当高，而资源占用相对较少，它所拥有的固定压缩、多媒体压缩和多卷自释放压缩是大多压缩工具所不具备的。

WinRAR 主要操作包括：

（1）文件和文件夹的压缩及解压操作。

（2）各种方式的压缩操作：设置解压密码操作、分卷压缩操作等。

（3）向已有的压缩包中进行添加和删除文件的操作。

（4）将压缩包转换为自解压文档或创建新的自解压文件。

（5）对压缩包进行检测等操作。

2. 媒体播放

Windows XP 系统中拥有强大的多媒体功能，利用 Windows XP 自身所带的多媒体组件就可以播放 MIDI、WAV、MP3、AVI、MPG、CD、VCD 和 DVD 等多种格式的媒体文件。

在 Windows XP 系统中应用多媒体功能，首先要设置多媒体属性，包括音量、音频和硬件设备的设置。

在 Windows XP 系统中，可以用系统提供的【录音机】组件来播入或录制波形文件（.wav）。在使用【录音机】播放声音时，要求计算机必须安装声卡和音箱（或耳机），如果需要录制声音，还需要麦克风（话筒）。对于这些硬件除了声卡还需要安装正确的驱动程序外，要注意音箱和麦克风的正确接线端口（有一对一的颜色识别）。

Windows Media Player 是一种通用的多媒体播放器，在 Windows XP 系统中捆绑了该播放器，不用单独安装，功能十分强大。它可用于播放和接收当前最流行的多种格式制作的音频、视频和混合型的多媒体文件。该播放器不但可使多种文件在一个播放器中播放，而且操作简单。用户可以轻松选定满足个人爱好的功能和控制部件，也可以快速更改播放窗口的大小，甚至将窗口扩展到整个屏幕。

3. **图形处理**

ACDSee 是非常流行的看图工具之一。它提供了良好的操作界面，简单人性化的操作方式，优质的快速图形解码方式，支持丰富的图形格式，具有强大的图形文件管理功能，等等。

ACDSee 提供了许多图像编辑的功能，它可以快速地打开、浏览大多数的影像格式，可以将图片放大缩小，调整视窗大小与图片大小配合，全屏幕的影像浏览，并且支持 GIF 动态影像。可以进行简单的图像编辑，可复制至剪贴簿，旋转或修剪图像；提供数种图像格式的转换功能，不但可以将图像转成 BMP、JPG 和 PCX 类型，而且只需按一下便可将图档设成桌面背景；图片可以播放幻灯片的方式浏览，还可以看 GIF 的动画。而且 ACDSee 提供了方便的电子相册功能，有十多种排序方式，树状显示资料夹，快速的缩略图检视，拖曳功能，播放 WAV 音效档案。档案总管还可以整批地变更档案名称，并且可以从数码相机输入图像。

三、实训内容及步骤

（一）多媒体的应用实训

1. 使用录音机录音

录制一段语音，并以“语音录制练习.wav”为文件名存盘。其操作步骤如下。

（1）打开【录音机】窗口，单击【录音】按钮，对着话筒演讲 10 秒钟，单击【停止】按钮结束录音。

（2）单击【播放】按钮，试听音响效果，如图 7-1 所示。

（3）选择【文件】菜单下的【另存为】命令，打开【另存为】对话框，选定文件保存位置如“我的文档”，输入文件名“语言录制练习.wav”，然后单击【保存】按钮，使录音信息被保存，如图 7-2 所示。

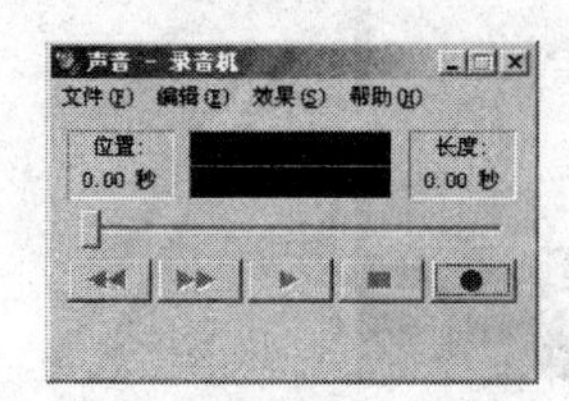

图 7-1 【录音机】对话框

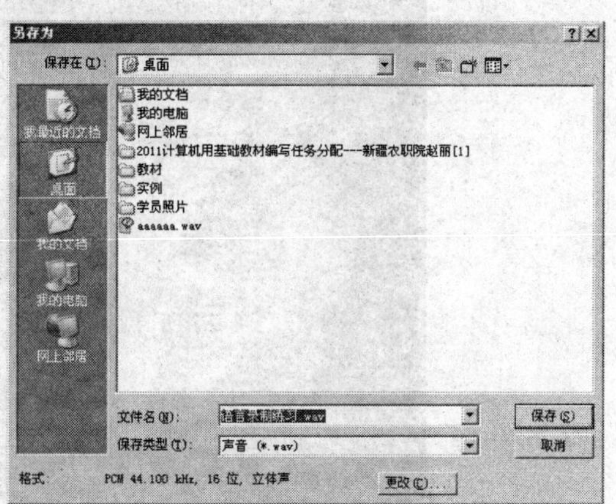

图 7-2 【另存为】对话框

2. 播放录音文件

播放“语音录制练习.wav”文件，并进行音响控制练习。其操作步骤如下。

（1）选择【文件】菜单下的【打开】命令，出现【打开】对话框。

（2）在【打开】对话框中，选择【我的文档】位置下的“语言录制练习.wav”文件，然后单击【打开】按钮，将该文件打开。

（3）单击【播放】按钮，试听音响效果。

（4）单击任务栏上的【音量】按钮，打开音量控制浮动块，如图 7-3 所示。

（5）单击【音量】控制调节钮，可以测试音量大小，拖动音量调节钮，改变音量的大小；在【静音】复选框中单击使其选中可以使音响暂时屏蔽。

（6）双击任务栏上的【音量】按钮，打开【主音量】对话框，可以分别进行主音量、波形等音量及平衡的调节与控制，如图 7-4 所示。

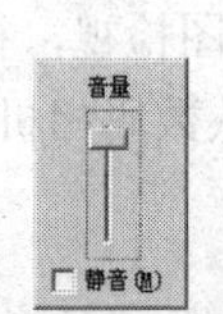

图 7-3　音量控制浮动块

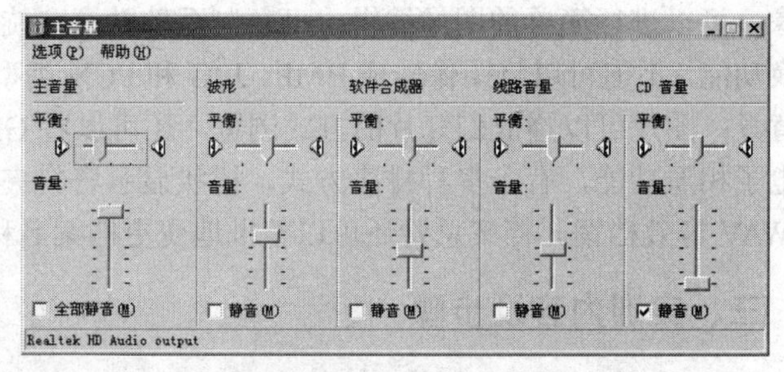

图 7-4　【主音量】对话框

3. Windows Media Player 的使用

（1）选择【开始】→【所有程序】→【附件】→【娱乐】→【Windows Media Player】命令，启动媒体播放器 Windows Media Player。

（2）选择【文件】菜单中的【打开】命令，弹出【打开】对话框。

（3）在【查找范围】下拉列表框中，选择相应的文件夹；在【文件类型】下拉列表框中选择相应的媒体文件类型；在【文件名】下拉列表框中，选择媒体文件，然后单击【打开】按钮，即可开始播放选择的媒体文件，如图 7-5 所示。

图 7-5　Windows Media Player 播放歌曲

（二）压缩工具软件实训

1. WinRAR 的下载和安装

（1）许多网站都可以下载这个软件，如 http://www.duote.com/soft/54.html。

（2）双击下载后的压缩包，就会出现如图 7-6 所示的安装界面。

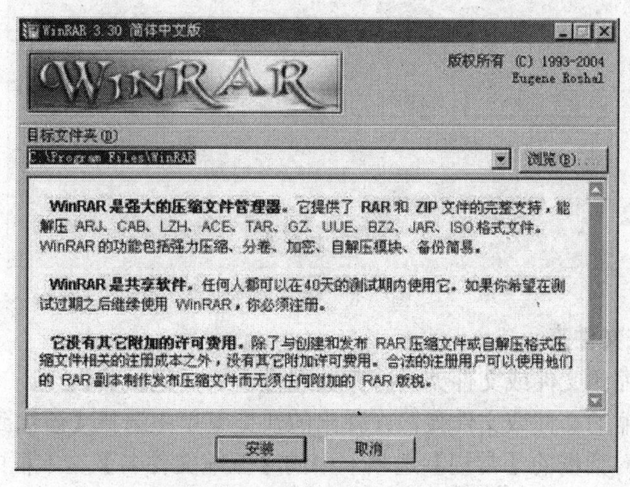

图 7-6　设定目标文件夹

（3）在图 7-6 所示窗口中单击【浏览】按钮，选择安装路径，然后单击【安装】按钮，就可以开始安装，出现如图 7-7 所示的界面。

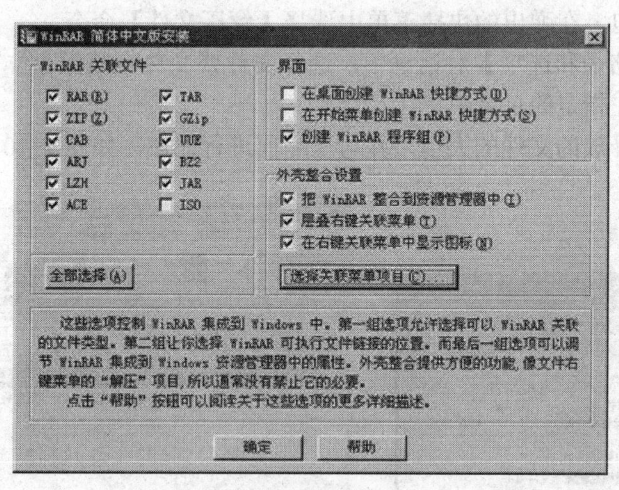

图 7-7　设置关联

（4）在图 7-7 所示的对话框中分别设置与 WinRAR 相关联的文件类型、快捷方式的位置等选项，设置完成后单击【确定】按钮，出现如图 7-8 所示的界面，单击【完成】按钮，安装成功。

（5）启动安装好的 WinRAR，观察其操作界面。

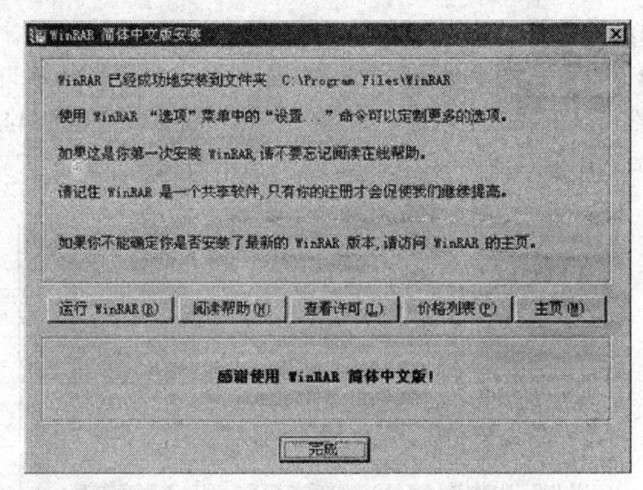

图 7-8　感谢和许可

2. 压缩文件或文件夹

（1）找到要压缩的文件或文件夹，打开其属性窗口，记录其大小。

（2）右击要压缩的文件或文件夹，在弹出的快捷菜单中选择【添加到压缩文件】命令。

（3）在打开的对话框的【常规】选项卡中的【压缩文件名】文本框中输入压缩的名字或选择默认的文件名，单击【浏览】按钮选择压缩文件保存的位置，选择压缩文件格式并在【压缩方式】下拉列表框中选择压缩方式后，单击【确定】按钮即可生成压缩文件，如图 7-9 所示。

（4）观察记录压缩形成的压缩包的大小，与压缩前进行比较。

3. 文件或文件夹的解压缩

（1）右击压缩包，在弹出的快捷菜单中选择【解压文件】命令。

（2）在【解压路径和选项】对话框中，选择文件或文件夹的保存位置，单击【确定】按钮，将解压文件放在指定的目录中。

（3）观察记录释放的文件的大小，并与压缩前进行比较，如图 7-10 所示。

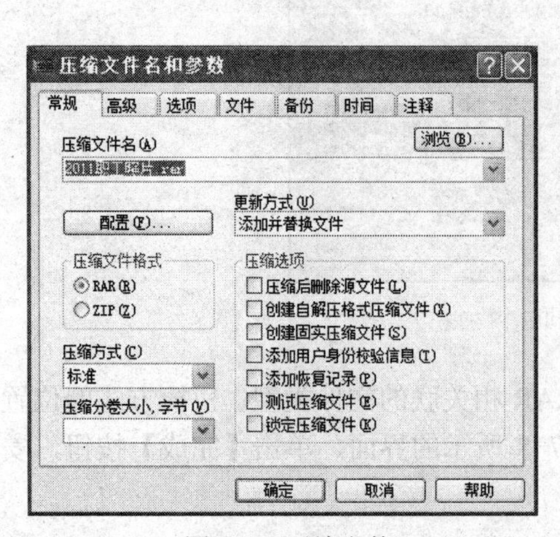

图 7-9　压缩文件

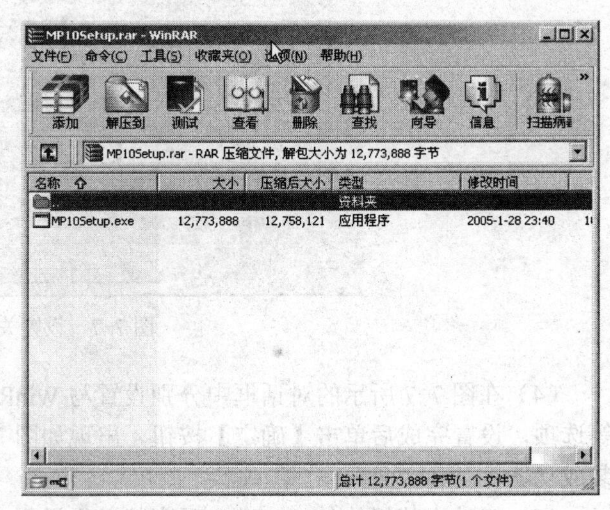

图 7-10　解压缩文件

4. 向压缩文件中添加\删除文件或文件夹

（1）双击压缩包，打开压缩文件。

（2）在 WinRAR 窗口中，单击【添加】按钮，在打开的对话框中找到要添加的文件或文件夹名，单击【确定】按钮；或直接将选择的文件或文件夹拖到 WinRAR 窗口中，即完成了向压缩文件添加文件或文件夹的操作。

（3）在 WinRAR 窗口中，选中要删除的文件或文件夹，单击【删除】按钮，或按【Del】键，在出现的【删除】对话框中单击【是】按钮，就可以将选定的文件或文件夹从压缩包内完全删除。

提示：在压缩包管理模式时，从压缩包内删除的文件和文件夹，没有任何恢复的可能。

5. 创建自解压文件

（1）双击压缩包。

（2）在 WinRAR 窗口中打开【工具】菜单，选择【压缩文件转换为自解压格式（X）】命令，在弹出的对话框中选择自解压模块后，单击【确定】按钮。

（3）观察并记录其转换后的大小。

6. 压缩文件并加密

（1）右击要压缩的文件或文件夹，在弹出的快捷菜单中选择【添加到压缩文件】命令。

（2）在打开的对话框中，选择【高级】选项卡，单击【设置密码】按钮，在打开的对话框中输入密码。

（3）单击【确定】按钮即可生成加密压缩文件。

7. 分卷压缩文件

（1）右击要压缩的文件或文件夹，在弹出的快捷菜单中选择【添加到压缩文件】命令。

（2）在打开的对话框中，选择【常规】选项卡，在【压缩分卷大小，字节】下拉列表框中选择文件的大小，单击【确定】按钮即可。

8. 加密压缩文件和分卷压缩文件解压

操作步骤与上述第 3 条操作步骤相同，在出现的【密码】对话框中输入正确的密码，单击【确定】按钮即可。

（三）图像浏览工具软件 ACDSee 实训

1. ACDSee 的启动

选择【开始】菜单中的【程序】命令，打开 ACDSee 应用程序，就可进入 ACDSee 界面。

2. 浏览查看图片

（1）从网上下载你所在城市的照片，并将其放置在【D:\图片】目录中。

（2）在 ACDSee 主窗口左侧【文件夹】窗格中，找到 D 盘【图片】文件夹，右侧的窗格中将以预览方式显示该文件夹下的所有图片，如图 7-11 所示。

（3）在预览方式下，双击该文件夹中的某一文件名，即可切换到图片方式下浏览图片。

（4）借助该视图窗口上方的工具按钮，对图片进行放大、缩小、复制、删除等操作。

（5）单击该视图窗口上方的【幻灯片】按钮，以幻灯片方式连续浏览选定文件夹内的图片。

图 7-11　浏览图片

（6）单击【浏览】按钮，返回浏览视图窗口。

3. **修改图片**

（1）选中【图片】文件夹中的任意一个文件，以浏览方式显示该图片。单击该视图窗口上方的【编辑器】按钮，进入图像编辑器窗口，如图 7-12 所示。

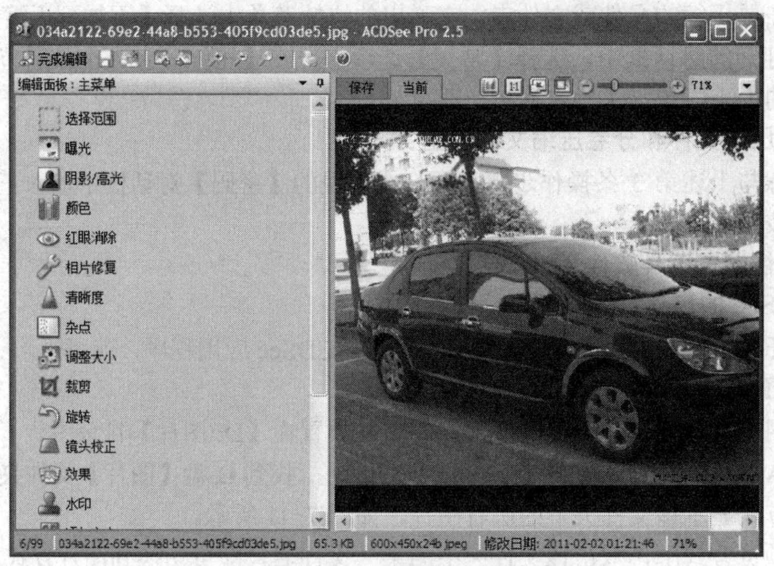

图 7-12　图像编辑器

（2）使用编辑工具栏中的工具对图片进行编辑，编辑完成后，返回预览窗口。

4. 图片格式转换

（1）在【图片】文件夹列表单击某一文件。

（2）选择【工具】菜单中的【格式转换】命令，打开【批量转换文件格式】对话框，然后在【格式】列表框中选择输出文件的格式，单击【下一步】按钮，如图 7-13 所示。

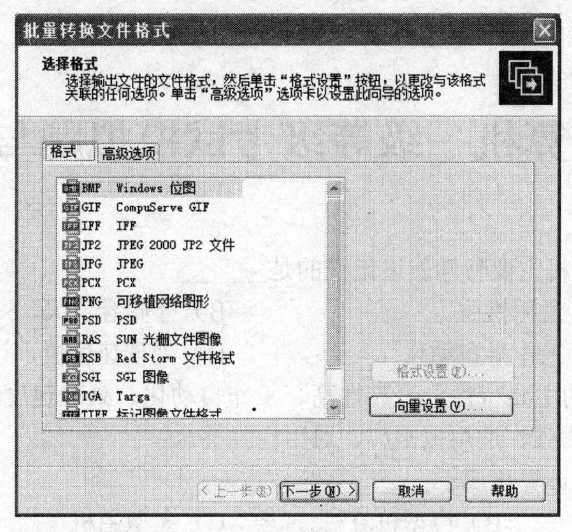

图 7-13　转换文件格式对话框

四、思考与提高

（1）如果计算机使用中发现音箱不发出声音，该如何解决？

（2）用 WinRAR 创建的自解压文件有什么好处？

（3）什么时候需要采用分卷压缩？

（4）通过哪些方式可以减小图片的容量大小？

（5）试比较不同图像格式之间的区别。

习　题　七

（1）在网上下载一个小压缩包文件，使用 WinRAR 进行解压缩，要求将解压的文件保存到“我的文档”中新建的一个文件夹“练习”中。

（2）用 WinRAR 创建一个加密的压缩文件，然后再练习解压。注意不要忘记加密的密码。

（3）在网上下载一首 MP3 歌曲或一段视频片段，练习使用媒体播放器 Windows Media Player 播放。

（4）将你计算机上的图片使用 ACDSee 按照拍摄日期进行归类整理。

全国计算机一级等级考试模拟题与解析

全国计算机一级等级考试模拟题与解析一

一、单选题

1. 下列关于计算机主要特性叙述错误的是_______。

A）适用范围广，通用性强　　B）存储容量大

C）可靠性一般，工作半自动化　　D）处理速度快，计算精度高

【解析】 计算机的主要特性：可靠性高、工作自动化、处理速度快、存储容量大、计算精度高、逻辑运算能力强、适用范围广、通用性强等。

2. 个人（私人）计算机属于_______。

A）小型计算机　　B）巨型机算机　　C）大型主机　　D）微型计算机

3. 在计算机应用领域中，利用计算机预测天气情况属于_______领域。

A）科学计算　　B）过程监控　　C）数据处理　　D）人工智能

4. 中央处理器（CPU）主要是由_______组成的。

A）控制器和存储器　　B）运算器和控制器

C）运算器和寄存器　　D）存储器和寄存器

5. 计算机的主要工作特点是_______。

A）高速度　　B）高精度

C）强记忆力　　D）存储程序并自动控制（自动化）

【解析】 计算机的主要工作特点是将需要进行的各种操作以程序方式存储，并在它的指挥、控制下自动执行其规定的各种操作。

6. 在下列各种进制的四个数中，最小的数是_______。

A）（75）D　　B）（A7）H　　C）（37）O　　D）（11011001）B

7. 对于ASCII编码在机器中的表示，下列说法正确的是_______。

A）使用8位二进制代码，最左边一位是1

B）使用8位二进制代码，最左边一位为0

C）使用8位二进制代码，最右边一位是1

D）使用8位二进制代码，最右边一位为0

【解析】 计算机中一个字节（8位）存放一个ASCII编码（7位），一般最左边一位为0。

8. 汉字国标码将 6 763 个汉字划分为一级汉字和二级汉字，汉字国标码实质上属于_______。

A）机内码　　B）输出码　　C）交换码　　D）区位码

【解析】计算机与其他系统或设备之间交换汉字信息的标准编码称为汉字国标码，亦称交换码。

9. 如果字符 B 的 ASCII 码的二进制数是 1000010，那么字符 F 对应的 ASCII 码的十六进制数为________。

A）37　　B）46　　C）65　　D）75

【解析】字符 H 的 ASCII 码值比字符 B 的 ASCII 码值大 4，字符 F 的 ASCII 码值=1000010 B+100 B=1000110 B，即十六进制数为 46。

10. 用高级语言编写的程序一般称为源程序，这种程序不能在计算机中直接运行，必须用相应的语言处理程序把它翻译成________程序（即机器语言）才能运行。

A）编译　　B）目标　　C）解释　　D）汇编

【解析】一般用高级语言编写的程序称为源程序，这种程序不能在计算机中直接运行，必须用相应的语言处理把它翻译成目标程序（即机器语言）才能运行。

11. 下列 4 种存储器中，具有易失性的存储器是________。

A）RAM　　B）ROM　　C）CD-ROM　　D）DVD-ROM

【解析】只读存储器（ROM）特点是：只能读出存储器中原有的内容，而不能修改，即只能读，不能写；掉电后内容不会丢失，加电后会自动恢复，即具有非易失性特点。随机存储器（RAM）特点是：读写速度快，最大的不足是断电后内容立即消失，即具有易失性。CD-ROM、DVD-ROM 都属于光盘存储器，其特点都是只能读不能写，即具有非易失性。

12. 高速缓冲存储器（Cache）存在于________。

A）内存外部　　B）内存内部　　C）硬盘内部　　D）CPU 内部

【解析】介于 CPU 和内存之间的高速小容量存储器称之为高速缓冲存储器，简称 Cache，它是集成在 CPU 上的。

13. 下列不属于外存储器的是________。

A）软盘存储器　　B）硬盘存储器　　C）光盘存储器　　D）ROM

14. 在计算机中 I/O 设备通常是指________。

A）输入输出设备　　B）输入设备　　C）输出设备　　D）控制设备

15. 下列________打印机印刷的质量好，分辨率最高。

A）针式打印机　　B）喷墨打印机　　C）点阵打印机　　D）激光打印机

16. 下列________类型文件不易感染病毒。

A）*.txt　　B）*.dot　　C）*.sys　　D）*.com

17. 下列不能预防计算机病毒的做法是________。

A）对重要的数据和程序经常进行备份

B）使用来历不明的杀毒软件

C）对来自网络上的文件用杀毒软件进行检查，未经检查的可执行文件不要存入硬盘，更不能使用

D）随时注意计算机的各种异常现象，一旦发现，立即启用杀毒软件仔细检查

18. 计算机网络按地理范围可分为________。

A）局域网、城域网和广域网　　B）局域网、广域网和因特网

C）城域网、广域网和因特网　　　　　　　　D）局域网、城域网和因特网

19．所有计算机必须遵守一个________共同协议才能与 Internet 实现相连接。

A）ICMP　　　　B）UDP　　　　C）TCP / IP　　　　D）FTP

20．下列选项中不属于 Internet 基本功能的是________。

A）实时检测控制　　　　　　　　　　　　B）电子邮件

C）文件传输　　　　　　　　　　　　　　D）远程登录

二、Windows 操作题

1．将文件夹下 QIN 文件夹中的文件 J.WPS 删除。

2．在文件夹下 QIA 文件夹中新建立一个名为 LI 的文件夹。

3．将文件夹下 SU\MEN 文件夹中的文件 WE.txt 设置为只读和隐藏属性。

4．将文件夹下 LIAN 文件夹中的文件 SU.DIN 移动到文件夹下的 PA 文件夹中，并将文件名改为 HUAN.DBF。

5．将文件夹下 GA\ZHAN 文件夹中的文件 HAS.PAS 复制到文件夹下 SU 文件夹中。

三、Word 操作题

1．在指定文件夹下打开文档 WT25.doc，内容如下：

【文档开始】

搜狐荣登 NetValue 五月测评榜首

总部设在欧洲的全球网络调查公司 NetValue（联智资讯股份有限公司）公布了最新的 2001 年 5 月针对中国大陆互联网家庭用户的调查报告。报告结果表明：国内最大的中文门户网站搜狐公司（NASDAQ：SOHU）在基于各项指标的综合排名中独占鳌头，又一次证实了搜狐公司在中国互联网市场上的整体实力和领先地位。

NetValue 的综合排名是建立在到达率（Reach）、上网天数（GDP）、上网次数（GSesP）、不重复网页数（GPP）、页面展开数（GdisP）和停留时间（GDurP）6 项指标的基础之上。

在 NetValue 5 月针对中国大陆互联网家庭用户的调查中，搜狐在整体排名拔得头筹，其中网民在搜狐网站的上网天数、上网次数和不重复网页数都名列第一。

除此之外，截至今年 4 月份，搜狐已经连续 5 次在亚太地区互联网权威评测机构 iamasia 的 Netfocus 排名中蝉联榜首，印证了搜狐作为中国互联网第一中文门户网站的地位。

【文档结束】

按照要求完成下列操作。

（1）将标题段（搜狐荣登 NetValue 五月测评榜首）设置为小三号、宋体、红色，加下划线（单线），居中并添加黄色底纹，段后间距设置为 16 磅。

（2）将正文各段文字中英文全部设置为 Bookman Old Style，中文设置为仿宋_GB2312，所有文字及字符设置为小四号，常规字形；各段落左、右各缩进 1 厘米，首行缩进 0.8 厘米，行距为 2 倍行距。

（3）将正文第 3 段和第 4 段合并为一段，将合并后的段落分为等宽的两栏，栏宽为 6.5 厘米，并以原文件名保存文档。

2．在指定文件夹下打开 WT25.doc，内容如下：

【文档开始】

商品型号　　商品名称　　商品单价（元）
AX-3　　影碟机　　1 245
KT-6　　收录机　　654
SR-7　　电冰箱　　2 123
TC-4　　洗衣机　　2 312
YA-8　　彩电　　4 563
【文档结束】

按照要求完成下列操作。

（1）将文档中提供的文字转换为一个 6 行 3 列的表格，表中文字对齐方式为垂直居中，水平对齐方式为右对齐。

（2）将第 1 行的所有文字设置为绿色底纹，表格中内容按“商品单价”递减次序进行排序，并以原文件名保存文档。

四、Excel 操作题

请在“考试项目”菜单上选择“电子表格软件使用”菜单项，完成下面的内容：

（所有的电子表格文件都必须建立在指定的文件夹中）

1．打开工作簿文件 EX25.xls（内容如下），将工作表 Sheet1 的 A1：C1 单元格合并为一个单元格，内容居中；计算“人数”列的“总计”项及“所占百分比”列（“所占百分比”字段为“百分比”型，小数位数为 0，所占百分比=人数/总计），将工作表命名为“退休人员年龄分布情况表”。

	A	B	C
1	退休人员年龄分布情况表		
2	年龄	人数	所占百分比
3	60以下	89	
4	60至70	55	
5	70以上	41	
6	总计		

2．取“年龄”列和“所占百分比”列的单元格内容（不包括“总计”行），建立“分离型饼图”，标题为“退休人员年龄分布情况图”，插入到表的 A7：F17 单元格区域内。

五、PowerPoint 操作题

打开指定文件夹下的演示文稿 yswg25（如下图所示），按下列要求完成对此文稿的修饰并保存。

信息

• 信息是指现实世界事物的存在方式或运动状态的反映，具体地说，信息是一种已经被加工为特定形式的数据，这种数据形式对接收者来说是有意义的，而且对当前和将来的决策具有明显的或实际的价值。在信息社会中，信息是一种资源，其重要性可以与物质和能量相提并论，是企业赖以生存和发展所必须的。

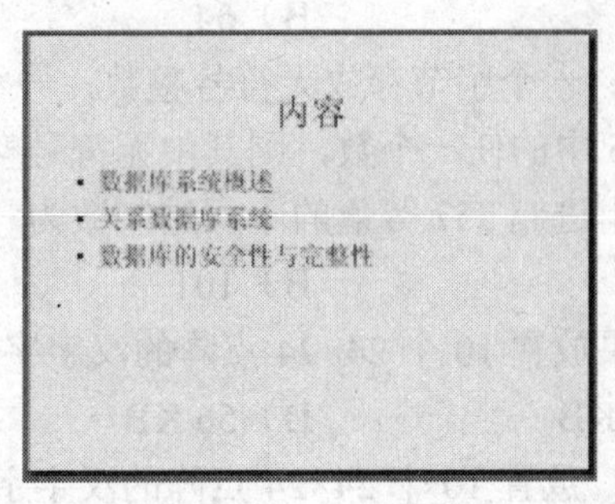

1．在演示文稿前插入一张版式为“标题幻灯片”的幻灯片，主标题输入“数据库原理与技术”，字体、字号设置为宋体、54 磅，副标题处输入“计算机系”，字体、字号分别设置为

楷体_GB2312、36 磅。使用 Notebook.pot 演示文稿设计模板修饰全文。

2．幻灯片的切换效果全部设置为“向下擦除”，每张幻灯片顶部的标题设置动画为“回旋”。

六、网络操作题

向同事小林发一个电子邮件，将指定的附件.zip 文件作为附件一起发出。附件在 c:\My Documents 文件下。

具体内容如下：

【收件人】ncre@163.com

【主题】百分网

【邮件内容】2008 年 9 月计算机等级考试成绩查询事宜公告，详情见附件。

【注意】“格式”菜单中“编码”用“简体中文（GB 2312）”，邮件发送格式为“多信息文本”。

此外，将文件抄送给 gliqi@mail.neea.edu.cn。

全国计算机一级等级考试模拟题与解析二

一、单选题

1．冯·诺依曼研制的存储计算机名称是________。

A）EDVAC　　B）ENIAC　　C）EDSAC　　D）MARK-II

【解析】 冯·诺依曼研制成功的存储计算机名称 EDVAC。

2．现代计算机采用的电子元件主要是________。

A）电子管　　B）晶体管

C）中、小规模集成电路　　D）大规模、超大规模集成电路

3．计算机辅助设计的简称是________。

A）CAI　　B）CAT　　C）CAM　　D）CAD

4．下列选项中不属于计算机硬件系统的五大组成部件是________。

A）I/O 设备　　B）软件　　C）运算器　　D）控制器

5．一个 8 位字长的计算机可以表示的无符号整数的最大值是________。

A）16　　B）64　　C）255　　D）256

【解析】 一个字节存放无符号整数，一个字节（8 位）从全 0 开始至全 1，它可以表示十进制 0～255 中的任一个数，则其中无符号整数的最大值是 255。

6．与十进制 257 等值的十六进制数为________。

A）FF　　B）101　　C）F7　　D）11

7．如果放置 10 个 24×24 点阵的汉字字模，那么需要的存储空间是________。

A）72 KB　　B）56 KB　　C）720 B　　D）5 760 B

【解析】 放置 10 个 24×24 点阵的汉字字模需要 10×24×24/8=720 字节存储空间。

8．操作系统的功能是________。

A）支撑其他软件运行　　B）不负责进程管理

C）控制和管理计算机硬件和软件资源　　D）不能控制和管理计算机系统的运行

【解析】 操作系统是控制和管理计算机硬件和软件资源，为用户提供方便的操作环境的程序集合。

9．_______语言是一种符号化的机器语言。

A）机器语言　　B）汇编语言　　C）操作语言　　D）系统语言

【解析】 汇编语言是用能反应指令功能的助记符描述的计算机语言，也称符号语言，实际上是一种符号化的机器语言。

10．将高级语言编写的程序翻译成机器语言程序，所采用的两种翻译方式是_______。

A）解释和编译　　B）解释和汇编　　C）连接和编译　　D）连接和汇编

【解析】 计算机不能直接识别并执行高级语言编写的源程序，必须借助另外一个翻译程序对它进行翻译，把它变成目标程序后，机器才能执行，在翻译过程中通常采用两种方式：解释和编译。

11．在微型计算机的一条指令当中，_______执行的是功能的部分，即计算机执行什么样的操作。

A）地址码　　B）操作码　　C）操作数　　D）运算码

【解析】 指令是计算机能够直接识别和执行的、用二进制数表示的操作命令。指令由操作码和操作数（或地址码）两部分组成，操作码指出计算机执行怎样的操作比如取数、加法、逻辑与、移位、求反等。

12．下列关于 USB 移动硬盘优点的说法有误的一项是_______。

A）存取速度快

B）容量大，体积小

C）盘片的使用寿命比软盘的长

D）在 Windows 2000 下，需要驱动程序，不可以直接热插拔

【解析】 移动硬盘的优点：容量大，体积小，重量轻，存取速度快，可实现热插拔和即插即用，盘片的使用寿命比软盘的长。

13．计算机的存储容量是由_______决定的。

A）字节　　B）字长　　C）字节和字长　　D）位数

【解析】 字节是衡量计算机存储器存储容量的基本单位。

14．下列的论述有误的是_______。

A）地址总线不能传输数据信息和控制信息

B）地址码是指指令中给出的源操作数的地址

C）地址总线既可以传送地址信息，也可以传送控制信息和数据信息

D）地址寄存器是用来存储地址的寄存器

【解析】 计算机的系统总线是由数据总线、地址总线、控制总线三部分组成的，数据总线是各个模块间传送数据的通道，地址总线是通过传递地址信息来指示数据总线上的数据的来源或去向，控制总线的作用是控制数据总线和地址总线。

15．在计算机键盘上的 Tab 键称为_______。

A）删除键　　B）转换键　　C）空格键　　D）制表键

16．微型计算机在开机自检时，遇到_______不存在或有错误时，计算机仍会正常开机启动。

A）键盘　　B）主板　　C）鼠标　　D）内存

【解析】微型计算机在开机自检时，遇到鼠标不存在或有错误时，计算机仍会正常开机启动。而键盘、主板、内存不存在或错误时，系统会报告错误信息。

17．使用防杀病毒软件有_______作用。

A）完全保护计算机不受病毒的侵害

B）能查杀任何计算机病毒

C）检查计算机是否已感染病毒，清除部分感染的病毒

D）检查计算机是否感染病毒，清除感染的任何病毒

【解析】防杀毒软件的作用：检查计算机是否感染已知病毒并清除它们，而对于那些未知的或者是更高级的病毒起不到查杀的作用。

18．拨号联（Internet）网，不需要_______设备。

A）电话线　　B）网卡　　C）计算机　　D）调制解调器

【解析】拨号上网需要的硬件设备是一台个人计算机、一个调制解调器和一根电话线。网卡是局域/广域网络最基本的设备，它通过局域网/广域网连接到 Internet，它有固定的 MAC 地址，每块网卡的 MAC 地址都不相同，MAC 用来识别计算机在网络中唯一的身份。

19．因特网上的每一种服务都有其遵循的某一种协议，而 Web 服务遵循的是_______的协议。

A）BBS 协议　　B）WAIS 协议　　C）HTTP 协议　　D）FTP 协议

【解析】Web 是建立在客户机/服务器模型之上的，以 HTTP 协议为基础。

20．下面有关电子邮件地址的书写格式无误的是_______。

A）dengjikaoshi@sina.com　　B）dengjikaoshi@sina，com

C）dengjikaoshisina.com　　D）dengjikaoshi@sinacom

二、Windows 操作题

1．将文件夹下 QI\LON 文件夹中的文件 WATE.fox 设置为只读和存档属性。

2．将文件夹下 PEN 文件夹中的文件 BLU.INF 移动到文件夹下 ZH 文件夹中，并将该文件改名为 RE.WPS。

3．在文件夹下 Y 文件夹中新建一个文件 PIA.BMP。

4．将文件夹下 HA\XI 文件夹中的文件 BOM.IDE 复制到文件夹下 YIN 文件夹中。

5．将文件夹下 TA\WE 文件夹中的文件夹 TAN 删除。

三、Word 操作题

1．在指定文件夹下打开文档 WD22A.doc，内容如下：

【文档开始】

款待发展面临路径选择

近来，款待投资热日渐升温，有一种说法认为，目前中国的款待热潮已经到来，如果发展符合规律，“中国有可能做到款待革命第一”。但是很多专家认为，款待接入存在瓶颈，内容提供少得可怜，仍然制约着款待的推进和发展，真正的赢利方式以及不同运营商之间的利益分配比例，都有待于进一步地探讨和实践。

中国出现款待接入热潮，很大一个原因是由于以太网不像中国电信骨干网或者有线电视网那样受到控制，其接入谁都可以做，而国家目前却没有相应的法律法规来管理。房地产业的蓬勃发展、智能化小区的兴起以及互联网用户的激增，都为款待市场提供了一个难得的历史机会。

尽管前景很好，目前中国的款待建设却出现了一个有趣的现象，即大家都看好这是个有利可图的市场，但是，利在哪里？应怎样获利？运营者都还没有明确的认识。由于款待收费与使用者的支付能力相差甚远，同时款待上没有更多可以选择的内容，款待使用率几乎为“零”，设备商、运营商和提供商都难以获益。

【文档结束】

按照要求完成下列操作。

（1）将文中所有的“款待”替换为“宽带”，标题段（款待发展面临路径选择）设置为三号、黑体、红色、加粗，居中并添加黄色底纹，段后间距设置为16磅。

（2）将正文第1段文字设置为五号、仿宋_GB2312，各段落左、右各缩进2厘米，首行缩进0.8厘米，行距为2倍行距，段前间距9磅。

（3）将正文第2段分为等宽的两栏，栏宽为7.2厘米，并以原文件名保存文档。

2．在指定文件夹下打开WD22B.doc，内容如下：

【文档开始】

姓名	操作系统	数据结构	英语
张国军	78	87	67
李向东	64	73	65
王志坚	79	89	72

【文档结束】

按照要求完成下列操作。

（1）将表中文字的对齐方式设为垂直居中，段落对齐方式为水平居中。

（2）在表格的最后增加一列，格式同上，列标题为“平均成绩”，计算并填入各考生的平均成绩，表格中内容按“英语”递减次序进行排序，并以原文件名保存文档。

四、Excel操作题

请在“考试项目”菜单上选择“电子表格软件使用”菜单项，完成下面的内容：

（所有的电子表格文件都必须建立在指定的文件夹中）

1．以下为若干个国家的教育开支与国民生产总值的数据，建立数据表Ex22（存放在A1：D4的区域内）并计算在国民生产总值中的教育开支“所占比例”（保留小数点后面两位），其计算公式是：所占比例=教育开支/国民生产总值×100%。数据表保存在工作表Sheet1中。

	A	B	C	D
1	国家名	国民生产总值	教育开支	所占比例
2	A	30000	900	
3	B	45000	1800	
4	C	6000	120	

2．选“国家名”和“所占比例”两列数据，创建“条形圆柱图”图表，图表标题为“教育开支比较图”，设置分类（X）轴为“国家名”，数值（Z）轴为“所占比例”，嵌入在工作表的A6：F16的区域中。将Sheet1更名为“教育开支比较表”。

五、PowerPoint 操作题

打开指定文件夹下的演示文稿 yswg22（如下图所示），按下列要求完成对此文稿的修饰并保存。

速度和容量

- 突破137GB存储极限
- Ultra ATA133：性能与PCI总线相匹配
- DualWave（双处理器）
- MaxSafe（数据保护）
- ShockBlock（搞震技术）

个性化技术

- SilentStore（静音技术）
- WriteVerify（写校验）
- 散热设计

产品服务

- 三年质保，全国联保
- 一年包换，三年保修
- 本地购买，异地保修

1．将最后一张幻灯片向前移为演示文稿的第一张幻灯片，并在副标题处输入“领先同行业的技术”文字，字体设置为宋体、加粗、斜体、44 磅。将最后一张幻灯片的版式更换为“垂直排列标题与文本”。

2．使用 Neon Frame.pot 演示文稿设计模板修饰全文，全部幻灯片的切换效果设置为“从左下抽出”，第二张幻灯片的文本部分动画设置为“底部飞入”。

六、网络操作题

接收并阅读由 jinfeiteng@vip.sina.com 发的 E-mail，并将随信发来的附件.zip 文件保存在考生文件夹下，然后将来信内容以文本文件 jft3.txt 保存到 C 盘下。

全国计算机一级等级考试模拟题与解析三

一、单选题

1．世界上第一台电子计算机诞生于_______年。

A）1969　　B）1946　　C）1935　　D）1956

2．在计算机发展史中，_______计算机是以大规模、超大规模集成电路为主要逻辑元件的。

A）第一代计算机　　B）第二代计算机　　C）第三代计算机　　D）第四代计算机

3．CAM 表示为_______。

A）计算机辅助检测　　B）计算机辅助教学

C）计算机辅助制造　　D）计算机辅助设计

4．计算机系统的组成包括_______。

A）主机和应用软件　　B）微处理器和系统软件
C）硬件系统和应用软件　　D）硬件系统和软件系统

5．在计算机中，一个字节是由_______位二进制码组成的。
A）8　　B）2　　C）4　　D）16

6．二进制数 110000 转换成十六进制数是_______。
A）70　　B）17　　C）D7　　D）30

7．下列字符中，其 ASCII 码值最小的是_______。
A）Y　　B）A　　C）x　　D）a

8．《计算机软件保护条例》中指的计算机软件是指_______。
A）源程序　　B）目标程序
C）编译程序　　D）计算机配置的各种程序及其相关文档

【解析】计算机软件是指计算机配置的各种程序及相关文档。

9．计算机能直接识别和执行的语言是_______。
A）操作语言　　B）汇编语言　　C）机器语言　　D）符号语言

10．计算机的中央处理器（CPU）每执行一条_______，就完成其所规定的操作和运算。
A）语句　　B）指令　　C）程序　　D）命令

【解析】指令是计算机能够直接识别和执行的、用二进制数表示的操作命令。一条指令就是给计算机下达的一条命令，计算机的中央处理器（CPU）从内存中取出并执行每一条指令，就完成指令所规定的操作和运算。

11．一条计算机指令通常包括_______两部分。
A）字节和符号　　B）操作码和操作数
C）运算数和运算结果　　D）运算符和运算数

【解析】指令是计算机能够直接识别和执行的，指令由操作码和操作数两部分组成。

12．把计算机内存中的内容（如数据）传送到计算机硬盘的过程，称为_______。
A）输出　　B）输入　　C）读盘　　D）写盘

【解析】写盘就是把计算机内存中的内容（如数据）传送到计算机硬盘的过程。读盘就是将外存储器上存储的内容传送到计算机内存中的过程。

13．高速缓冲存储器（Cache）是为了_______。
A）解决外存储器与内存储器之间速度不匹配的问题
B）解决主存储器与辅助存储器之间速度不匹配的问题
C）解决 CPU 与内存储器之间速度不匹配的问题
D）解决 CPU 与外存储器之间速度不匹配的问题

【解析】介于 CPU 和内存之间的高速小容量存储器称之为高速缓冲存储器，简称 Cache，它是集成在 CPU 上的，用来存放那些被 CPU 频繁使用的数据和程序。高级缓冲存储器（Cache）的容量不大，但是非常灵活、方便，极大地提高了微处理器的性能。

14．计算机中的 Cache 是指_______。
A）可编程只读存储器　　B）高速缓冲存储器
C）可擦除可编程只读存储器　　D）电可擦除可编程只读存储器

【解析】PROM 是可编程只读存储器，EPROM 是可擦除可编程只读存储器，EEPROM 是电可擦除可编程只读存储器，Cache 是高速缓冲存储器。

15. 在计算机输入设备键盘上的 Shift 键称为_______。

A）删除键　　B）换档键　　C）制表键　　D）锁定大写字母键

16. 完全属于内部设备的是_______。

A）运算器、软盘和扫描仪　　B）运算器、控制器和内存

C）内存、硬盘和鼠标　　D）CPU、软盘和显示器

【解析】内部设备包括主机和一些总线设备，外部设备包括显示器、键盘、鼠标、打印机、硬盘、软盘等。

17. 下列_______不属于杀毒软件。

A）卡巴斯基　　B）金山毒霸　　C）瑞星 2008　　D）Internet Explorer

18. 调制解调器的功能是_______。

A）数字信号转换成声音信号　　B）模拟信号转换成数字信号

C）数字信号转换成其他信号　　D）数字信号与模拟信号之间的相互转换

【解析】调制解调器（即 Modem），是计算机与电话线之间进行信号转换的装置，由调制器和解调器两部分组成。调制器是把计算机的数字信号（如文件等）调制成可在电话线上传输的模拟信号（如声音信号）的装置。在接收端，解调器再把模拟信号（声音信号）转换成计算机能接收的数字信号。通过调制解调器和电话线就可以实现计算机之间的数据通信。

19. HTML 的中文名称为_______。

A）WWW 编程语言　　B）超文本标记语言

C）网页编程语言　　D）Internet 编辑语言

【解析】HTML 是 Hyper Text Markup Language 的简称，是超文本标记语言，用于编写和格式化网页的代码。

20. 某一电子邮件地址为：dengjikaoshi@sina.com，其中 dengjikaoshi 代表_______。

A）用户名　　B）主机名　　C）域名　　D）文件名

【解析】电子邮件的基本格式：<用户名>@<主机域名>。

二、Windows 操作题

1. 将文件夹下 NAO 文件夹中的 TRAVE.dbf 文件删除。

2. 将文件夹下 HQW 文件夹中的 LOC.for 文件复制到同一文件夹中，文件名为 USE.fff。

3. 为文件夹下 WAL 文件夹中的 PBO.bas 文件建立名为 SAN 的快捷方式，并存放在文件夹下。

4. 将文件夹下 WETHEA 文件夹中的 PIRAC.txt 文件移动到文件夹中，并改名为 MICROS.bb。

5. 在文件夹下 JIBE 文件夹中创建名为 A2TNB 的文件夹，并将属性设置为只读。

三、Word 操作题

1. 在指定文件夹下打开文档 WT21A.doc，内容如下：

【文档开始】

NetPC

目标：据微软和 Intel 公司称，NetPC 降低了用户总的拥有成本（TCO），因为对于不需

关注 PC 机灵活性和扩展性的用户来说，NetPC 能对台式计算机实施更简单的集中式管理。

提交：前不久 Compaq 公司开始将它的 NetPC—Deskpro 4000N 推向市场。它配有 233 MHz 的 Pentium MMX 处理器、32 MB 的内存、一个 2.1 GB 的硬盘和 Windows NT 4.0 的系统，合计价格为 1 449 美元。

进展：自 1997 年 11 月份开始，NetPC 构想的实施已初见端倪。它可配有 166 MHz、200 MHz 或 233 MHz 的 Pentium 处理器，内置硬盘和扩展槽及端口，但是没有 CD-ROM 和软驱。

评述：关于 NetPC 性能的各种说法显然有些言过其实。NetPC 是微软与 Intel 公司为了与网络计算机（NC）抗衡而推出的一种产品。在企业环境中，Wintel 系统的维护和培训费用远远超过硬件费用，一直是个令人头痛的难题。针对这一情况，网络计算机采用了集中管理的手段，推出了一种全新结构。微软与 Intel 公司为使 Windows 和 Pentium 处理器在企业桌面系统中立于不败之地，将封闭的机壳和有限的硬件与 Windows 95 和 NT 的 Windows 零管理增强措施结合了起来，相应地推出了 NetPC。然而让人遗憾的是，他们的设计方案混淆了传统 PC 与网络计算机之间的差别，却综合了网络计算机平台的大部分缺陷与 PC 原有的诸多问题。

【文档结束】

按照要求完成下列操作。

（1）新建文档 WD21A.doc，插入文档 WT21A.doc，将文中“微软”替换为“Microsoft”。存储为文档 WD21A.doc。

（2）新建文档 WD21B.doc，复制文档 WD21A.doc，将标题段文字（NetPC）设置为三号、楷体_GB2312、加粗、居中并添加黄色底纹。存储为文档 WD21B.doc。

（3）新建文档 WD21C.doc，复制文档 WD21B.doc，正文各段落左右缩进 1.2 厘米，首行缩进 0.8 厘米段后间距 12 磅。将标题段的段后间距设置为 15.6 磅。存储为文档 WD21C.doc。

2．新建文档 WD21D.doc，插入一个 5 行 6 列表格，设置列宽为 2.5 厘米，行高为 20 磅，表格边框线设置为 1.5 磅实线，表内线设置为 0.5 磅实线，第 2 行下框线设置为 1.5 磅实线，表格线全部设置为蓝色。将第 1 行的 2、3、4、5 列合并，第 1 列的 1 行与 2 行，3、4、5 行分别合并，第 6 列的 1、2 行合并，并存储为文档 WD21D.doc。

<table>
<tr><td rowspan="2"></td><td colspan="4"></td><td rowspan="2"></td></tr>
<tr><td></td><td></td><td></td><td></td></tr>
<tr><td rowspan="3"></td><td></td><td></td><td></td><td></td><td></td></tr>
<tr><td></td><td></td><td></td><td></td><td></td></tr>
<tr><td></td><td></td><td></td><td></td><td></td></tr>
</table>

四、Excel 操作题

请在“考试项目”菜单上选择“电子表格软件使用”菜单项，完成下面的内容：

（所有的电子表格文件都必须建立在指定的文件夹中）

1．打开工作簿文件 EX21.xls（内容如下），将工作表 Sheet1 的 A1：F1 单元格合并为一个单元格，内容居中；计算“月平均值”列的内容，将工作表命名为“公司销售情况表”。

	A	B	C	D	E	F
1	某公司销售情况表（单位：万元）					
2	产品	一月	二月	三月	四月	月平均值
3	电视机	26.7	36.5	62.5	66.5	
4	电冰箱	25.6	52.5	59.4	52.3	
5	空调	51.6	67.7	65.9	55.4	

2．取“公司销售情况表”的“产品”列和“月平均值”列的单元格内容，建立“柱形棱锥图”，X 轴上的项为“产品”（系列产生在“列”），标题为“公司销售情况图”，插入到表的 A7：F18 单元格区域内。

五、PowerPoint 操作题

打开指定文件夹下的演示文稿 yswg21（如下图所示），按下列要求完成对此文稿的修饰并保存。

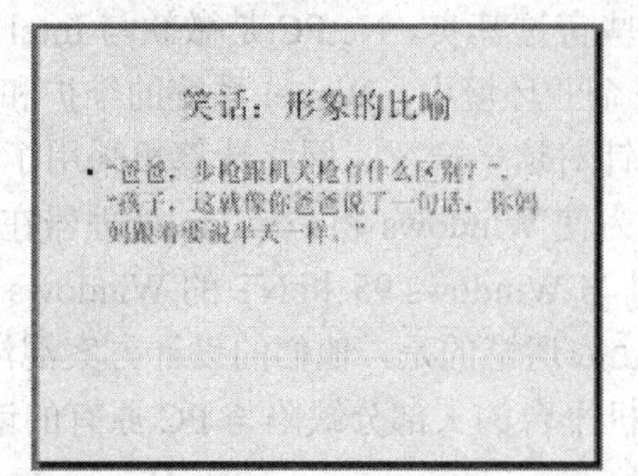

1．将第二张幻灯片对象部分的动画效果设置为“溶解”；在演示文稿的开始处插入一张“标题幻灯片”，作为文稿的第一张幻灯片，在主标题处输入“讽刺与幽默”。

2．使用 Notebook.pot 演示文稿设计模板修饰全文，将第二张幻灯片的主标题设置为 60 磅、加粗、红色（请用“自定义”选项卡中的红色 250、绿色 1、蓝色 1），幻灯片的切换效果全部设置为“左右向中部收缩”。

六、网络操作题

某网站主页地址为 http://ncre.eduexam.cn/weboot/，打开网页，浏览“考试信息”页面内容，将该页以文本文件的格式保存在 C:\My Documents\下，命名为 IE21.txt。

全国计算机一级等级考试模拟题与解析四

一、单选题

1．在计算机发展史中，_______计算机是采用晶体管作为主要逻辑元件。

A）第一代　　B）第二代　　C）第三代　　D）第四代

2．在计算机发展史中，_______计算机是采用电子管作为电子器件制成的。

A）第一代　　B）第二代　　C）第三代　　D）第四代

3．计算机被广泛应用的三大领域是_______。

A）科学计算、信息处理和过程控制　　B）计算、打字和家教

C）科学计算、辅助设计和辅助教学　　D）信息处理、办公自动化和家教

【解析】 计算机的应用领域：数值计算、数据处理、过程控制、辅助工程、计算机网络、人工智能、多媒体应用等。

4．奔腾是_______公司生产的一种 CPU 的型号。

A）AMD　　B）IBM　　C）Intel　　D）Microsoft

5．bit 的中文含义是_______。

A）位　　B）字　　C）字节　　D）字长

6．计算机中采用二进制表示数据是因为_______。

A）两个状态的系统具有稳定性　　B）可以降低硬件成本

C）运算规则简单　　D）上述三条都正确

7．标准ASCII码中共有_______个编码。

A）128　　B）256　　C）33　　D）34

8．五笔字型输入法属于_______。

A）联想输入法　　B）形码输入法　　C）音码输入法　　D）音形码输入法

【解析】 五笔字型输入法属于形码输入法。

9．下面关于硬盘的说法有误的是_______。

A）硬盘可以进行格式化处理　　B）每个计算机主机有且只能有一块硬盘

C）CPU不能够直接访问硬盘中的数据　　D）硬盘中的数据断电后不会丢失

【解析】 硬盘的特点是存储容量大、存取速度快。硬盘可以进行格式化处理，格式化后，硬盘上的数据丢失。每台计算机可以安装一块以上的硬盘，扩大存储容量。CPU只能通过访问硬盘存储在内存中的信息来访问硬盘。断电后，硬盘中存储的数据不会丢失。

10．_______是指在计算机中为解决某一特定问题而设计的指令序列。

A）语句　　B）程序　　C）语言　　D）命令

【解析】 为解决某一特定问题而设计的指令序列称为程序。

11．计算机常用的CD-ROM是_______。

A）只读型存储器　　B）只读型磁盘　　C）只读型光盘　　D）只读型软盘

12．计算机内存储器工作时是用来存储_______的。

A）数据和信号　　B）数据和指令　　C）程序和指令　　D）程序和数据

【解析】 内存储器用来存放计算机当前要用的各种程序、数据，运算过程的中间结果及最终结果。外存储器用来存放计算机暂时不用的或需要长期保存的程序、数据等信息。

13．关于优盘特点的叙述有误的是_______。

A）是一种可移动盘存储器　　B）体积小、容量大、质量轻

C）不能即插即用　　D）具有非易失性

【解析】 可移动盘存储器分为两种：优盘和移动硬盘。优盘特点：容量大、体积小、质量轻，可实现热插拔和即插即用，断电后其上的内容不会丢失，是具有非易失性的可移动存储器。

14．某台计算机内存容量为256 M是指的_______。

A）256 M字长　　B）256 M字节　　C）256 M位　　D）256 000 K字

15．一般计算机最常用的键盘是_______键的标准键盘。

A）83　　B）96　　C）101　　D）104

16．_______决定计算机显示器显示图像的清晰程度。

A）刷新率　　B）真彩度　　C）数模转换速度　　D）分辨率

17．采取_______措施来保护存有信息的软盘不被计算机病毒所感染。

A）对软盘进行杀毒　　B）对软盘进行写保护

C）格式化软盘　　D）不在多台计算机上使用此软盘

【解析】 为防止存有信息的软盘感染到计算机病毒，应对软盘进行写保护。由于软盘处在写保护状态，只能进行读操作而不允许写操作，计算机病毒也就不能感染软盘。

18．Internet 是一个覆盖全球的大型互联网络，它是通过________将世界不同地区、不同规模的多个远程网和局域网连接起来的互联网。

A）路由器　　B）集线器　　C）网桥　　D）以太网

【解析】 因特网（Internet）是通过路由器将世界不同地区、不同规模的 LAN 和 MAN 相互连接起来的大型网络，是全球计算机的互联网，属于广域网。

19．根据域名的规定，域名为 tome.com.cn 表示________类别的网站。

A）政府机构　　B）教育、科研机构

C）商业机构　　D）信息服务机构

【解析】 edu 表示教育、科研机构，com 表示商业机构，info 表示信息服务机构，gov 表示政府机构。

20．下列对电子邮件叙述描述不正确的是________。

A）电子邮件简称 E-mail

B）电子邮件传输速度比一般邮政书信要快很多

C）电子邮件是通过 Internet 邮寄的电子信件

D）发送电子邮件不需要对方的邮件地址也能发送

【解析】 电子邮件是网络上使用较广泛的一种服务，它不受地理位置的限制，是一种既经济又快速的通信工具，收发电子邮件需要知道对方的电子邮件地址。

二、Windows 操作题

1．将文件夹下 LOC.for 文件复制到文件夹下的 HQW 文件夹中。

2．将文件夹下 BET 文件夹中的 DNU.bbt 文件删除。

3．为文件夹下 GREA 文件夹中的 BO.exe 文件建立名为 BO.exe 的快捷方式，并存放在文件夹下。

4．将文件夹下 COMPUTE 文件夹中的 INTE.txt 文件移动到文件夹中，并改名为 PENTIU.bb。

5．在文件夹下 GUM 文件夹中创建名为 ACER 的文件夹，并将属性设置为隐藏。

三、Word 操作题

1．在指定文件夹下打开文档 WD20A.doc，内容如下：

【文档开始】

小学生作文——多漂亮的“凤凰”

今天，我怀着无比喜悦的心情，来到外公外婆的新家——凤凰新村。

当我来到凤凰新村的时候，就好像看到了一幅美丽的图画。一幢幢五颜六色的大楼，一扇扇明亮的玻璃窗，一条条宽大的马路，一棵棵绿油油的树木，是多么整洁优雅的环境呀！

听外公介绍，这儿有托儿所、商店，还有专供人们休闲观赏的喷泉和草坪，生活十分方便。

当我离开这个新村时，又好像从画面中走了出来。

凤凰新村真像一只美丽的凤凰，太漂亮了！

【文档结束】

按照要求完成下列操作。

（1）将标题段（小学生作文——多漂亮的“凤凰”）设置为小二号、阴影、宋体、红色、加粗、居中并添加黄色底纹。

（2）将正文各段文字设置为五号、楷体_GB2312；各段落左、右各缩进 0.5 厘米，首行缩进 0.74 厘米，行距为 1.1 倍行距；将正文中的所有“凤凰新村”一词添加着重号。

（3）将正文第二段分为等宽的两栏，栏宽为 7.2 厘米；栏间加分隔线，在页面底端居中位置插入页码，并以原文件名保存文档。

2．在指定文件夹下打开 WD20B.doc，按照要求完成下列操作。

【文档开始】

产品名称	产量（万台）			合计(万台)
	一月	二月	三月	
CD-ROM	6.2	6.4	6.9	
软驱	5.4	5.9	6.8	
键盘	14.6	15.8	18.6	
鼠标	20.2	22.3	28.9	

【文档结束】

按照要求完成下列操作。

（1）表格中第 1、2 行文字水平、垂直居中，其余各行文字中，第 1 列文字左对齐，其余各列文字右对齐，表格列宽为 2.9 厘米，行高 16 磅，表中文字设置为五号、仿宋_GB2312。合并第 1、2 行第 1 列单元格，第 1 行第 2、3、4 列单元格和第 1、2 行第 5 列单元格。

（2）在“合计（万台）”列的相应单元格中，计算并填入左侧四列的合计数量，设置外框线为 1 磅单实线，内框线为 0.75 磅单实线，第 2、3 行间的内框线为 1 磅单实线，第 1、2 行为 50%的灰色底纹，并以原文件名保存文档。

四、Excel 操作题

请在“考试项目”菜单上选择“电子表格软件使用”菜单项，完成下面的内容：

（所有的电子表格文件都必须建立在指定的文件夹中）

1．打开工作簿文件 EX20.xls（内容如下），将工作表 Sheet1 的 A1：E1 单元格合并为一个单元格，内容居中；计算“合计”列的内容（合计=基本工资+奖金+提成），将工作表命名为“员工工资情况表”。

	A	B	C	D	E
1	员工工资情况表				
2	员工	基本工资	奖金	提成	合计
3	张三	1200	200	500	
4	李四	1300	200	800	
5	王二	800	300	900	

2．打开工作簿文件 EX20.xls，对工作表数据清单的内容进行自动筛选，条件为“提成在 600 元以上的”，筛选后的工作表还保存在 EX20.xls 工作簿文件中，工作表名不变。

五、PowerPoint 操作题

打开指定文件夹下的演示文稿 yswg20（如下图所示），按下列要求完成对此文稿的修饰并保存。

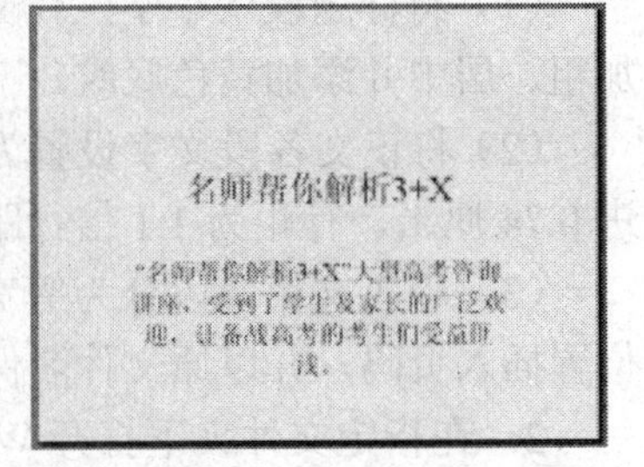

1．将第三张幻灯片版面改为“项目清单”，把第一张幻灯片移为演示文稿的最后一张幻灯片，并将最后一张幻灯片的动画效果设置为“溶解”。

2．使用 Blue Diagonal.pot 演示文稿设计模板修饰全文，全部幻灯片的切换效果都设置为“垂直百叶窗”。

六、网络操作题

某网站主页地址为 http://ncre.eduexam.cn/weboot/，打开网页，浏览“等考首页”页面信息，查找“考试性质和目的”页面内容，将它以文本文件的格式保存在 C:\My Documents\下，命名为 IE20.txt。

全国计算机一级等级考试模拟题与解析五

一、单选题

1．采用集成电路作为主要逻辑元件的计算机时代属于________。

A）第一代　　B）第二代　　C）第三代　　D）第四代

2．计算机诞生以来应用最早的一个领域是用来进行________的。

A）科学计算　　B）系统仿真　　C）自动控制　　D）动画设计

3．下列不属于计算机应用领域的是________。

A）科学计算　　B）过程控制　　C）金融理财　　D）计算机辅助系统

4．在下列有关计算机的硬件设备中，不需要加装风扇的是________。

A）电源　　B）CPU　　C）显示卡　　D）内存

【解析】CPU、显示卡和电源在工作过程中产生大量热量，需要添加风扇进行降温，而内存不用加装风扇。

5．CPU、存储器、I/O 是通过________连接起来的。

A）控制总线　　B）内部总线　　C）系统总线　　D）地址总线

【解析】在计算机的硬件系统中，CPU、存储器、I/O 通过系统总线连接起来而进行信息交换。

6．计算机的时钟频率称为________，它在很大程度上决定了计算机的运算速度。

A）字长　　B）主频　　C）运算速度　　D）存取周期

【解析】主频是指计算机中晶体振荡器每秒发出的脉冲数量，是CPU的时钟频率，很大程度上决定计算机的运算速度。主频的单位是兆赫兹（MHz）或吉赫兹（GHz）。

7．微型计算机中，普遍适用的字符编码是_______。

A）补码　B）区位码　C）ASCII码　D）汉字编码

8．下列叙述中正确的是_______。

A）汉字的机内码就是区位码

B）在汉字的国际标码GB 2313—1980的字符集中，共收集了6 763个常用汉字

C）存放80个24×24点阵的汉字字模信息需要2 560个字节

D）英文小写字母e的ASCII码为101，英文小写字母h的ASCII码为103

【解析】国标码GB 2313—1980中，共收录一级、二级汉字6 763个，各种其他字符682个。

9．计算机中，1 KB表示为_______。

A）2 048字节　B）256字节　C）1 024字节　D）512字节

10．下列软件属于应用软件的是_______。

A）操作系统　B）数据库管理软件　C）服务程序　D）表格处理软件

11．下列存储器，存取速度最快的是_______。

A）内存　B）外存　C）硬盘　D）光盘

12．软盘的每个扇区可以记录_______个字节的信息。

A）18　B）2　C）512　D）不确定

13．硬盘工作时应特别注意避免_______。

A）潮湿　B）震动　C）灰尘　D）暴晒

14．计算机系统总线结构由_______3部分组成。

A）数据总线、地址总线和控制总线　B）外部总线、内部总线和控制总线

C）内部总线、外部总线和地址总线总线　D）内部总线、地址总线和控制总线

【解析】计算机系统总线是由数据总线、地址总线、控制总线三部分组成。

15．UPS的中文意思是_______。

A）存储器　B）寄存器　C）不间断电源　D）控制器

【解析】UPS的中文意思为不间断电源，是英语Uninterruptible Power Supply的缩写，它可以保障计算机系统在停电之后继续工作一段时间以使用户能够紧急存盘，使用户不致因停电而影响工作或丢失数据。

16．下列_______不属于多媒体硬件。

A）音响　B）音频卡　C）视频卡　D）加密卡

【解析】多媒体计算机的硬件包括：光盘存储器、音响、视频卡、音频卡等。

17．目前，网上病毒主要通过_______来传播，并且下载文件也是病毒入侵的一种途径。

A）电子邮件　B）浏览网页　C）在线视频　D）网上聊天

【解析】目前，网上病毒主要通过电子邮件来传播，而且下载文件也是病毒入侵的一种途径。

18．关于Internet的描述错误的是_______。

A）万维网就是因特网　B）因特网上提供了丰富的资源

C）因特网是全球计算机互联网　　　　　　D）因特网是计算机网络的网络

【解析】因特网（Internet）是通过路由器将世界不同地区、不同规模的网络相互连接起来的大型网络，是全球计算机的互联网，属于广域网，它信息资源丰富。而万维网是因特网上多媒体信息查询工具，是因特网上发展最快和使用最广的服务。

19．中国的域名是_______。

A）net　　　　B）jp　　　　C）cn　　　　D）hk

20．在浏览 Web 网站时必须使用浏览器，下列属于常用浏览器的是_______。

A）Foxmail　　　　B）TradeMail

C）Internet Explorer　　　　D）Outlook Express

二、Windows 操作题

1．在文件夹下建立一个名为 KANG2 的文件夹。

2．将文件夹下 MIN.for 文件复制到 KANG 文件夹中。

3．将文件夹下 HWAS 文件夹中的文件 XIA.txt 重命名为 YAN.txt。

4．查找文件夹中的 FUN.wri 文件，然后将其设置为只读属性。

5．为文件夹下 SDT\LO 文件夹建立名为 RLO 的快捷方式，并存放在文件夹下。

三、Word 操作题

1．在指定文件夹下打开文档 WDA19A.doc，内容如下：

【文档开始】

国书与谎话

美国首任总统乔治·华盛顿家里有很多国书，国书中还夹杂一些杂树，为让国书生长茂盛，应该将杂树除掉。

一天，华盛顿给儿子一把斧头要他去砍伐杂树，他叮嘱儿子不能误砍一棵国书。然而一不小心，儿子误砍了一棵国书。前来检查的华盛顿得知后，来到正在继续砍杂树得儿子身边，故意问儿子："没砍掉国书吧，孩子?"听了父亲得问话，儿子认真诚恳地对父亲说："怪我粗心，砍掉了一棵国书！"

儿子的诚实，令华盛顿感到莫大的欣慰。他用鼓励的口吻对儿子说："好!你砍掉苹国书该批评，但你不说谎，我就原谅你了。因为，我宁可损失所有的国书，也不愿听到你说一句谎话。"

【文档结束】

按照要求完成下列操作。

（1）将文中所有的"国书"替换为"果树"，标题段（果树与谎话）设置为小二号、空心宋体、蓝色，加波浪线，字符间距加宽为 2 磅，居中。

（2）将正文各段文字设置为小四号、楷体_GB2312，各段首行缩进 0.85 厘米，行距为 16 磅，段前间距为 9 磅。

（3）将正文第一段首字下沉 2 行，距正文 0.1 厘米，页面左、右边距各为 3.1 厘米，页面底端插入页码，并以原文件名保存文档。

2．在指定文件夹下打开 WD19B.doc，按照要求完成下列操作。

【文档开始】

常用串行接口比较

接口	格式	负载能力	速率（bit/s）
USB	异步串行	127	1.5 M/12 M/40 M
RS-232	异步串行	2	115.2 K
RS-485	异步串行	32	10 M
IrDA	红外异步串行	2	115.2 K
IEEE-1394	串行	64	400 M
以太网	串行	1024	10 M/100 M/1 G

【文档结束】

按照要求完成下列操作。

1．将标题段（常用串行接口比较）设置为五号、宋体、倾斜、居中。将后 7 行数据转换成一个 7 行 4 列的表格，表格居中，列宽为 3 厘米，行高 18 磅，表格中的内容设置为小五号、宋体，文字水平、垂直居中。

2．设置外框线为 1.5 磅双窄线，内框线为 0.75 磅单实线，按“负载能力”降序排序，并以原文件名保存文档。

四、Excel 操作题

请在“考试项目”菜单上选择“电子表格软件使用”菜单项，完成下面的内容：

（所有的电子表格文件都必须建立在指定的文件夹中）

1．请将下列某健康医疗机构对一定数目的自愿者进行健康调查的数据建成一个数据表（存放在 A1：C4 的区域内），其数据表保存在 Sheet1 工作表中。

	A	B	C
1	统计项目	非饮酒者	饮酒者
2	统计人数	8979	9879
3	肝炎发病率	43%	32%
4	心血管发病率	56%	23%

2．对建立的数据表选择“统计项目”、“非饮酒者”和“饮酒者”3 列数据建立“折线图”，图表标题为“自愿者健康调查图”，并将其嵌入到工作表的 A6：F20 区域中。将工作表 Sheet1 更名为“健康调查表”。

五、PowerPoint 操作题

打开指定文件夹下的演示文稿 yswg19（如下图所示），按下列要求完成对此文稿的修饰并保存。

1．在幻灯片的标题处输入“中国的 DXF100 地效飞机”，字体设置为红色（请用“自定义”选项卡中的红色 255、绿色 0、蓝色 0）、黑体加粗、54 磅。插入一张版式为“项目清单”

的新幻灯片，作为第二张幻灯片。输入第二张幻灯片的标题“DXF100 主要技术参数”，输入第二张幻灯片的文本内容“可载乘客 15 人，装有两台 300 马力航空发动机”。

2．将第二张幻灯片的背景预设颜色改为“碧海青天”，横向；幻灯片切换效果全部设置为“从上抽出”，第一张幻灯片的飞机图片动画设置为“左侧飞入”。

六、网络操作题

发送电子邮件，将指定的附件.zip 文件作为附件一起发出。

具体内容如下：

【收件人】ncre@163.com

【主题】统计表

【邮件内容】公司销售的统计情况，见附件。

【注意】“格式”菜单中“编码”用“简体中文（GB 2312）”，邮件发送格式为“多信息文本”。

全国计算机一级等级考试模拟题与解析六

一、单选题

1．下列有关第二代计算机特点叙述错误的一项是_______。

A）采用电子管作为逻辑元件

B）采用晶体管作为逻辑元件

C）运算速度从每秒几万次提高到几十万次，主存储器容量扩展到几十万字节

D）主存储器主要采用磁芯，辅助存储器主要采用磁盘和磁带

2．由我国自行设计生产并用于天气预报计算的银河 III 型计算机属于_______。

A）微机　　B）小型机　　C）大型机　　D）巨型机

【解析】 由我国自行设计生产并用于天气预报计算的银河 III 型计算机属于巨型计算机。巨型计算机性能非常强大，运算速度非常快，存储容量巨大，它用于天气预报等科研中的复杂计算。

3．Intel 的产品中有一款 64 位 CPU Pentium4 3.8 G，该 CPU 的主频为_______。

A）64 MHz　　B）64 GHz　　C）3.8 MHz　　D）3.8 GHz

【解析】 主频是指计算机中晶体振荡器每秒发出的脉冲数量，是 CPU 的时钟频率，很大程度上决定计算机的运算速度。主频的单位是兆赫兹（MHz）或吉赫兹（GHz），Intel Pentium4 3.8 G 表示英特尔奔腾 4 处理器，主频 3.8 GHz。

4．由于计算机采用了_______工作原理，使得计算机能够实现连续运算。

A）集成电路　　B）存储程序　　C）布尔逻辑　　D）数字电路

5．计算机的 CPU 中有一个程序计数器（又称指令计数器），它是用来存放_______。

A）正在执行的指令的内存地址　　B）正在执行的指令的内容

C）下一条要执行的指令的内容　　D）下一条要执行的指令的内存地址

【解析】 计算机的 CPU 中有一个程序计数器（又称指令计数器），它是用来存放下一条要执行的指令的内存地址。

6．在计算机的各项技术指标中，字长用来描述计算机的________。

A）运算精度　　B）运算速度　　C）存取周期　　D）传输速率

【解析】 计算机主要技术指标有主频、字长、运算速度、存储容量和存取周期。字长是指计算机一次能直接处理二进制数据的位数，字长越长，计算机处理数据的精度越强。字长是衡量计算机运算精度的主要指标。

7．下列 4 个无符号十进制整数中，能用 8 个二进制位表示的是________。

A）260　　B）176　　C）285　　D）301

【解析】 一个字节存放无符号整数，一个字节（8 位）从全 0 开始至全 1，它可以表示十进制 0～255 中的任一个数，四个选项中只有 176 小于 255，因此答案选 B。

8．在 4 种汉字输入编码中，________的编码长度是固定的。

A）音编码　　B）形编码　　C）数字编码　　D）音形编码

【解析】 汉字输入编码有形码、音码、音形码、数字码 4 种编码方式，其中数字编码的编码长度是固定的。

9．下列几种存储器中，访问周期最短的是________。

A）软盘存储器　　B）硬盘存储器　　C）内存储器　　D）外存储器

【解析】 中央处理器（CPU）直接与内存打交道，即 CPU 可以直接访问内存。而外存储器只能先将数据指令先调入内存然后再由内存调入 CPU，CPU 不能直接访问外存储器。软盘存储器和硬盘存储器都属于外存储器，因此，内存储器比外存储器的访问周期更短。

10．下面不属于系统软件的是________。

A）Linux　　B）Windows XP　　C）UNIX　　D）Office 2000

11．下列有关存储器叙述正确的是________。

A）CPU 既能直接访问内存，也能直接访问外存

B）CPU 既不能直接访问内存，也不能直接访问外存

C）CPU 只能直接访问内存中的数据，而不能直接访问存储在外存中的数据

D）CPU 不能直接访问内存，而能直接访问外存

【解析】 中央处理器（CPU）直接与内存打交道，即 CPU 可以直接访问内存。而外存储器只能先将数据指令先调入内存然后再由内存调入 CPU，即 CPU 不能直接访问外存储器。

12．微型计算机内存储器是________。

A）按字长编址　　B）按字节编址　　C）按二进制编址　　D）按指令编址

【解析】 一个字节通常可以存储一个字符（如字母、数字等）。并以字节为单位赋予唯一的地址称为字节编址，是计算机最基本的存储单元编址。

13．磁盘格式化时，被划分为一定数量的同心圆磁道；软盘上最外圈的磁道是________。

A）0 磁道　　B）1 磁道　　C）79 磁道　　D）80 磁道

【解析】 软盘分为两面，每面由 0～79 即 80 个磁道（同心圆）构成，最外面的一圈磁道称为 0 磁道，最内一圈磁道称为 79 磁道，每个磁道又分 18 个扇区，每个扇区是 512 个字节。

14．下列不能用来存储多媒体信息的是________。

A）软盘　　B）光缆　　C）硬盘　　D）光盘

【解析】 存储多媒体信息只能存储在存储介质上，软盘、硬盘和光盘都属于外存储器，

而光缆是一种传输介质。

15. 下列属于输出设备的是________。

A）鼠标　　B）扫描仪　　C）键盘　　D）显示器

16. 一台计算机显示器的技术参数为“TFT，1 024×768”表明该显示器________。

A）分辨率是 1 024×768　　B）点距是 1 024 mm×768 mm

C）真彩度是 1 024×768　　D）刷新频率是 1 024×768

【解析】 显示分辨率是指屏幕像素的点阵，通常是由水平方向的点数乘以垂直方向的点数表示的，“1 024×768”表示显示器整个屏幕上像素的数目，即显示器的分辨率。

17. 下列选项中，________不能作为衡量存储容量的单位。

A）MB　　B）GB　　C）KB　　D）MIPS

【解析】 字节是衡量计算机存储器存储容量的基本单位，存储容量大小一般用 KB、MB、GB、TB 表示。而 MIPS 表示计算机每秒处理的百万级的机器语言指令数，是表示计算机的运行速度的单位。

18. 因特网属于________网络。

A）以太网　　B）城域网　　C）局域网　　D）广域网

【解析】 因特网（Internet）是通过路由器将世界不同地区、不同规模的网络相互连接起来的大型网络，是全球计算机的互联网，属于广域网。

19. 下列________表示域名是正确的。

A）sundajie@student.com　　B）www.chinaedu.edu.cn

C）http://www.163.com　　D）182.56.8.220

【解析】 域名命名的规则：以字母字符开头，以字母字符或数字结尾，其他位置可以字符、数字、下划线等表示，并且每个子域名之间用英文句点分开。选项 A 是邮箱地址，选项 C 是资源定位器，选项 D 是 IP 地址。

二、Windows 操作题

1. 在文件夹下 BC\MA 文件夹中创建名为 BOO 的新文件夹。

2. 将文件夹下 ABC 文件夹的属性设置为存档。

3. 将文件夹下 LIN 文件夹中的 QIAN.c 文件复制在同一文件夹下，文件命名为 RNE.c。

4. 查找文件夹中的 JIA.prg 文件，然后将其删除。

5. 为文件夹下的 CA 文件夹建立名为 CAO 的快捷方式，存放在文件夹下的 HU 文件夹下。

三、Word 操作题

1. 在指定文件夹下打开文档 WT18.doc，内容如下：

【文档开始】

标准化、一体化、工程化和产品化

标准化：指国家相应地出台了一系列有关中文信息处理方面的标准，如 GB 2312、GB 5007 等三十余项汉字信息交换码及汉字点阵字型标准，以及 GB 130001、GB 16681/96 大字符集和开放系统平台标准等。汉字输入法也在经历了大浪淘沙之后趋于集中。

一体化：指中文信息处理多项技术实现了有机、合理的结合，如软硬件技术的结合，输入输出技术的结合、多领域成果的结合。

工程化和产品化：指中文信息处理解决了在大规模应用、大规模生产以及市场营销中出现的问题，如规范性、可靠性、可维护性、界面友好性及各环节的包装。

经过二十多年的努力，我国在中文信息处理方面已取得了十分可喜的成绩，在某些方面的研究已经处于世界领先，如北大方正的激光照排技术，其市场份额独占鳌头。

【文档结束】

按照要求完成下列操作。

（1）新建文档 WD18.doc，插入文件 WT18.doc 的内容，将标题设置为小三号、黑体、加粗、居中，正文部分设置为小四号、仿宋_GB2312 字体，存储为文件 WD18.doc。

（2）新建文件 WD18A.doc，插入文件 WD18.doc 的内容，将正文部分左缩进 1 厘米，右缩进 1.2 厘米，将第二、三段合并为一段，把合并后的一段，分为等宽的两栏，栏宽为 7 厘米，存储为文件 WD18A.doc。

（3）新建文件 WD18B.doc，制作 4 行 3 列表格，列宽 2.8 厘米，行高 20 磅，表格边框为窄双线 1.5 磅，表内线为实线 0.5 磅，存储为文件 WD18B.doc。

2．在考生文件夹中，存有文档 WT18A.doc，其内容如下：

【文档开始】

1111	1122	1133	1144
2211	2222	2233	2244
3311	3322	3333	3344

【文档结束】

按要求完成下列操作。

新建文档 WD18C.doc，插入文件 WT18A.doc 的内容。把表格中的数字设置为蓝色，水平居中，底纹为黄色，表格框为红色 1.5 实线，存储为文件 WD18C.doc。

四、Excel 操作题

请在“考试项目”菜单上选择“电子表格软件使用”菜单项，完成下面的内容：

（所有的电子表格文件都必须建立在指定的文件夹中）

1．打开工作簿文件 EX18.xls（内容如下），将工作表 Sheet1 的 A1：C1 单元格合并为一个单元格，内容居中；计算“人数”列对应“总计”行的项及“所占比例”列（“所占百分比”字段为“百分比”型（小数点后位数为 2），所占百分比=人数/总计），将工作表命名为“员工情况表”。

	A	B	C
1	某企业员工情况表		
2	职位	人数	所占比例
3	主任	25	
4	副主任	36	
5	科员	125	
6	内勤	250	
7	总计		

2．选取“员工情况表”的“职位”和“所占比例”两列单元格的内容（“总计”除外）建立“分离型圆环图”（系列产生在“列”），数据标志为“显示百分比”，标题为“员工情况图”，插入到表的 A9：F19 单元格区域内。

五、PowerPoint 操作题

打开指定文件夹下的演示文稿 yswg18（如下图所示），按下列要求完成对此文稿的修饰并保存。

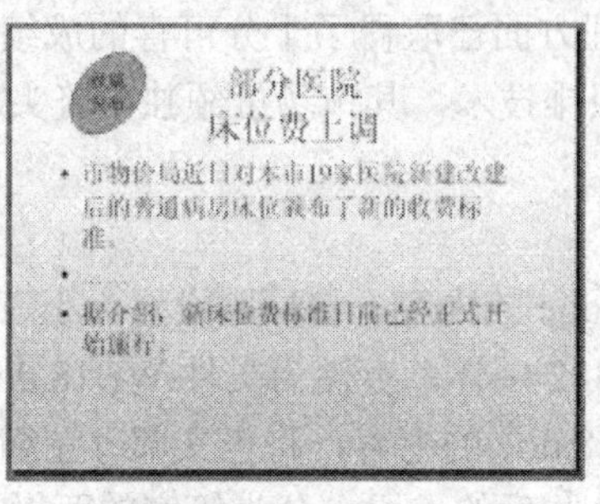

1．将第二张幻灯片主标题设置为加粗、红色（请用“自定义”选项卡中的红色 255、绿色 0、蓝色 0），第一张幻灯片文本内容动画设置为“螺旋”，然后将第一张幻灯片移为演示文稿的第二张幻灯片。

2．第一张幻灯片的背景预设颜色设为“茵茵绿原”，斜下；全部幻灯片的切换效果都设置为“阶梯状向右下展开”。

六、网络操作题

某网站主页地址为 http://ncre.eduexam.cn/weboot/，打开网页，浏览“网络课堂”页面信息，查找“二级 C 语言”页面内容，将它以文本文件的格式保存在 C:\My Documents\下，命名为 IE18.txt。

全国计算机一级等级考试模拟题与解析七

一、单选题

1．计算机从诞生发展至今所采用的逻辑元件的发展顺序是________。

A）晶体管、电子管、集成电路、芯片

B）电子管、晶体管、集成电路、大规模和超大规模集成电路

C）晶体管、电子管、集成电路、大规模和超大规模集成电路

D）电子管、晶体管、集成电路、芯片

2．在中小企事业单位，构建企业内部网络通常使用________。

A）微机　　B）小型机　　C）大型机　　D）巨型机

【解析】 小型计算机规模较小，但能支持十几个用户同时使用，通常用于构建中小企事业单位内部网络。

3．Pentium Ⅱ指的是________。

A）CPU　　B）内存　　C）显示器　　D）主板

【解析】 Pentium Ⅱ是指中央处理器（CPU）的型号。

4．计算机硬件系统中的控制器的基本功能是________。

A）算术运算　　B）逻辑运算

C）寄存各种控制信息　　　　　　　D）控制整机各个部件协调一致地工作

【解析】CPU 是计算机硬件系统的核心，有计算机的“心脏”之称，它由运算器和控制器组成。运算器用来进行算术运算和逻辑运算，控制器用来向各部件发出控制信号，保证整机协调一致工作，是整个计算机的指挥中心。

5．字节是计算机中常用的单位，它的英文名字是_______。

A）bit　　B）Byte　　C）kb　　D）word size

【解析】一个字节由 8 个比特构成，英文名是 Byte，它是计算机存储和运算的基本单位。

6．MIPS 是表示计算机_______性能的单位。

A）存取周期　　B）传输速率　　C）内存容量　　D）运算速度

【解析】MIPS 表示计算机每秒处理的百万级的机器语言指令数，是表示计算机运行速度的单位。

7．一个非零无符号二进制整数后加两个零形成一个新的数，新数的值是原数值的_______。

A）四倍　　B）二倍　　C）四分之一　　D）二分之一

【解析】一个非零无符号二进制整数右边加两个零形成一个新的数，新数的值是原数值的四倍。

8．汉字国标码（GB 2312—1980）将 6 763 个汉字分为_______。

A）一级汉字和二级汉字 2 个等级　　　B）简体字和繁体字 2 个等级

C）常见字和罕见字 2 个等级　　　　　D）一级、二级和三级 3 个等级

【解析】汉字国标码将汉字分为一级、二级常用汉字 2 个等级。

9．24 根地址线可寻址的范围为_______。

A）64 KB　　B）24 KB　　C）16 MB　　D）24 MB

【解析】地址总线是微机用来传送地址的信号线。地址线的数目决定了直接寻址的范围。24 根地址线可寻址的范围为 224/1 024/1 024=16 MB。

10．Basic 语言处理程序属于_______。

A）操作系统　　B）系统软件　　C）应用系统　　D）管理系统

【解析】系统软件包括操作系统、语言处理系统、服务程序、数据库管理系统。Basic 语言处理程序属于语言处理系统，属于系统软件。

11．SRAM 存储器表示_______。

A）静态只读存储器　　　　B）静态随机存储器

C）动态只读存储器　　　　D）动态随机存储器

【解析】随机存储器又分为静态随机存储器（SRAM）和动态随机存储器（DRAM）。

静态存储器：读写速度快，生产成本高，多用于容量较小的高速缓冲存储器。

动态存储器：读写速度较慢，集成度高，生产成本低，多用于容量较大的主存储器。

12．下列_______存储器，断电后会使存储数据丢失。

A）ROM　　B）RAM　　C）光盘　　D）磁盘

【解析】只读存储器（ROM）特点是：① 只能读出（存储器中）原有的内容，而不能修改，即只能读，不能写。② 掉电后内容不会丢失，加电后会自动恢复，即具有非易失性特点。

随机存储器（RAM）特点是：读写速度快，最大的不足是断电后，内容立即消失，即具有易失性。

13．在计算机的硬件系统中，通过_______将 CPU、存储器、I/O 连接起来而进行信息交换。

A）总线　　B）电缆　　C）I/O 接口　　D）汉字字型码

【解析】 在计算机的硬件系统中，通过总线将 CPU、存储器、I/O 连接起来而进行信息交换。

14．下列全属于输入设备的是_______。

A）键盘、音响和打印机　　B）键盘、扫描仪和鼠标

C）硬盘、音响和扫描仪　　D）硬盘、打印机和鼠标

【解析】 输入设备包括键盘、鼠标、扫描仪、外存等，输出设备包括显示器、打印机、绘图仪、音响、外存等。

15．在计算机输入设备键盘上的 Caps Lock 键的作用是_______。

A）删除键，按下此键则删除当前光标所在位置的字符

B）退格键，用此键可以删除光标左边的一个字符

C）锁定大写字母键，按下后可连续输入大写字母

D）插入/替换转换键，按一次此键进入插入状态，此时键入的字符将插入到当前光标的位置

16．以下_______属于点阵打印机。

A）喷墨打印机　　B）激光打印机

C）热敏打印机　　D）针式打印机

17．下列关于计算机病毒的叙述中正确的是_______。

A）计算机病毒不能破坏系统数据区

B）计算机病毒通过软盘、光盘或 Internet 网络进行传播

C）计算机病毒只感染.doc 或.dot 文件，而不感染其他的文件

D）计算机病毒不攻击破坏内存

【解析】 计算机病毒表现形式：① 攻击系统数据区。② 攻击文件。③ 攻击内存。④ 干扰系统运行。⑤ 干扰键盘操作等。计算机病毒易感染的文件为.com、.exe、.sys、.doc、.dot 等类型文件。

18．在一个计算机机房内要实现所有的计算机联网，应选择_______网。

A）WAN　　B）MAN　　C）LAN　　D）Internet

【解析】 局域网一般位于一个建筑物或一个单位内。局域网在计算机数量配置上没有太多的限制，少的可以只有两台，多的可达几百台。一般来说在企业局域网中，工作站的数量在几十到两百台左右。

19．下列域名写法无误的是_______。

A）_rmdx.edu.cn　　B）rmdx.edu.cn

C）rmdx、edu、cn　　D）rmdx、edu.cna

【解析】 域名命名的规则是以字母字符开头，以字母字符或数字结尾，其他位置可以字

符、数字、下划线等表示，并且每个子域名之间用英文句点分开。

20．在 Internet 提供的众多服务中，________表示电子邮件。

A）E-mail　　B）FTP　　C）WWW　　D）WAIS

二、Windows 操作题

1．在文件夹下 TR 文件夹中新建名为 SAB.txt 的文件。

2．将文件夹下的 BOYABL 文件夹复制到文件夹下的 LU 文件夹中，并命名为 RLU。

3．将文件夹下 XBEN 文件夹中的文件 PROD.wri 文件的只读属性撤销，并设置为存档属性。

4．为文件夹下的 L\ZU 文件夹建立名为 ZUG 的快捷方式，并存放在文件夹下。

5．查找文件夹中的 MA.c 文件，并将其删除。

三、Word 操作题

1．在指定文件夹下打开文档 WD17A.doc，内容如下：

【文档开始】

历史悠久的古城——正定

位于河北省省会石家庄市以北 15 公里的正定，是我国北方著名的古老城镇，自北齐建常山郡至今已经历了 1 500 余年的沧桑。

源远流长的历史给正定留下了众多瑰伟灿烂的文物古迹，以“三山不见，九桥不流，九楼四塔八大寺，二十四座金牌楼”著称的正定还是诸多历史名人的故乡，南越王赵佗、三国名将赵云、明代礼部尚书梁梦龙、清代大学士梁清标都出生在这里。

【文档结束】

按照要求完成下列操作。

（1）将标题段（历史悠久的古城——正定）设置为四号、阴影宋体、红色、居中，段后间距设置为 10 磅。

（2）将正文各段文字设置为五号、仿宋_GB2312；各段落左、右各缩进 1 厘米，首行缩进 0.74 厘米，段前间距 6 磅；给正文中的所有“正定”加着重号。

（3）设置文档页面上、下边距各为 2.8 厘米；插入页眉，页眉的内容为“河北省旅游指南”，对齐方式为右对齐，并以原文件名保存文档。

2．在指定文件夹下打开 WD17B.doc，内容如下：

【文档开始】

电力电缆、电线价格一览表（单位：元/千米）

型号	规格 2.5	规格 10
塑铜 BV	450	1 900
塑软 BVR	520	2 400
塑软 BVR	520	2 400
橡铜 BX	550	2 100
橡铝 BLX	250	740
塑铝 BLV	230	740

【文档结束】

按照要求完成下列操作。

（1）将标题段“电力电缆、电线价格一览表（单位：元/千米）”设置为小四号、宋体、加粗、居中；删除表格第3行，表格居中，表格自动套用格式设置为“古典型1”，表格中第1行和第1列内容水平居中，其他各行各列的内容右对齐。

（2）设置表格列宽为2.2厘米，行高16磅，表格内容按“规格10”升序排列，并以原文件名保存文档。

四、Excel 操作题

请在“考试项目”菜单上选择“电子表格软件使用”菜单项，完成下面的内容：

（所有的电子表格文件都必须建立在指定的文件夹中）

1．打开工作簿文件EX17.xls（内容如下），将工作表Sheet1的A1：D1单元格合并为一个单元格。内容居中。计算“合计”列的内容，将工作表命名为“人力费用支出情况表”。

	A	B	C	D
1	企业人力费用支出情况表			
2	年度	工资（万元）	奖金（万元）	合计
3	1998	25.35	8.56	
4	1999	13.21	7.81	
5	2000	32.50	9.75	

2．选取“人力费用支出情况表”的“年度”列和“合计”列的内容建立“簇状柱形图”，X轴上的项为“年度”（系列产生在“列”），标题为“人力费用支出情况图”，插入到表的A8：F18单元格区域内。

五、PowerPoint 操作题

打开指定文件夹下的演示文稿 yswg17（如下图所示），按下列要求完成对此文稿的修饰并保存。

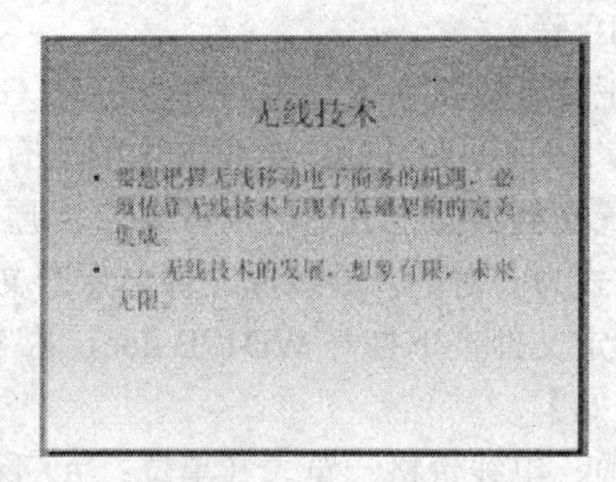

1．将第二张幻灯片版面改为“垂直排列文本”，并将幻灯片的文本部分动画设置为“左下角飞入”。将第一张幻灯片背景填充预设颜色设为“极目远眺”，斜下。

2．将演示文稿中的第一张幻灯片加上标题“投入何需连线？”，全部幻灯片的切换效果都设置为“纵向棋盘式”。

六、网络操作题

某网站主页地址为 http://ncre.eduexam.cn/weboot/，打开网页，浏览“等考书城”页面信息，查找“软件技术资格考试”页面内容，将它以文本文件的格式保存在C:\My Documents\下，命名为IE17.txt。

全国计算机一级等级考试模拟题与解析八

一、单选题

1．计算机从诞生发展至今已经历了四个时代，而对这种计算机时代划分的依据是_______。

A）计算机所采用的电子器件　　B）计算机的体积

C）计算机的运算速度　　D）计算机的存储量

【解析】计算机从诞生发展至今已经历了四个时代，而对这种计算机时代划分的原则是根据计算机所采用的电子器件。

2．对于大型计算机网络，主机通常采用_______。

A）微机　　B）小型机　　C）大型机　　D）巨型机

【解析】大型计算机具有运算能力强、存储容量大、运算速度快等特点，可作为大型计算机网络的主机使用。

3．工业利用计算机实现生产自动化属于_______。

A）过程控制　　B）人工智能　　C）数据处理　　D）数值计算

【解析】过程控制是指利用计算机实现对整个运行过程的检测和控制，工业利用计算机实现生产自动化属于过程控制。

4．计算机硬件系统中运算器的主要功能是_______。

A）函数运算　　B）算术运算　　C）逻辑运算　　D）算术和逻辑运算

【解析】CPU 是计算机硬件系统的核心，有计算机的“心脏”之称，它由运算器和控制器组成。运算器用来进行算术运算和逻辑运算。控制器用来向各部件发出控制信号，保证整机协调一致工作，是整个计算机的指挥中心。

5．下列选项不属于计算机主要技术指标的是_______。

A）主频　　B）存取周期　　C）重量　　D）运算速度

【解析】计算机主要技术指标有主频、字长、运算速度、存储容量和存取周期。字节是衡量计算机存储器存储容量的基本单位。

6．计算机中数据是以_______为表示形式的。

A）八进制　　B）十进制　　C）二进制　　D）十六进制

【解析】计算机采用二进制表示数据主要是因为：① 在电器元件中最容易实现，而且稳定、可靠。② 运算规则简单。③ 便于逻辑运算。

7．在下列 4 个不同进制的数中，数值最小的是_______。

A）（101001）B　　B）（2B）H　　C）（44）D　　D）（52）O

【解析】不同进制数进行比较时，要将各个不同进制的数制转换成二进制数进行比较。（2B）H=00101011B，44D=01001100B，52O=00101010B，经比较，最小的数值是（101001）B。

8．“国际”中的“国”字的十六进制编码为 3A，其对应的汉字机内码为_______。

A）B9FA　　B）B3B7　　C）B9BA　　D）B9HA

【解析】汉字机内码=汉字国标码+8080H，即 3AH+8080H=B9FAH。

9．最大的10位无符号二进制整数对应的十进制数是________。

A）1 000　　B）1 024　　C）1 023　　D）512

【解析】210=1 024，故十进制数的范围是0～1 023，因此最大的10位无符号二进制整数换算成的十进制数是1 023。

10．Word字处理软件属于________。

A）系统软件　　B）语言处理程序　　C）应用软件　　D）服务程序

【解析】应用软件是指人们为解决某一实际问题，达到某一应用目的而编制的程序。图形处理软件、字处理软件、表处理软件等属于应用软件，WPS、Word是字处理软件，属于应用软件。

11．DRAM存储器表示________。

A）动态只读存储器　　B）动态随机存储器

C）静态只读存储器　　D）静态随机存储器

【解析】随机存储器（RAM）分为静态随机存储器（SRAM）和动态随机存储器（DRAM）。静态随机存储器读写速度快，生产成本高，多用于容量较小的高速缓冲存储器。动态随机存储器读写速度较慢，集成度高，生产成本低，多用于容量较大的主存储器。

12．计算机内存储器通常采用________。

A）光存储器　　B）光盘存储器　　C）半导体存储器　　D）磁带存储器

【解析】计算机内存储器是一种半导体存储器，由超大规模集成电路构成。外存储器分为磁带存储器、磁盘存储器、光盘存储器三种。

13．计算机外存储器中的信息在断电后________。

A）全部丢失　　B）大部分丢失　　C）一小部分丢失　　D）不会丢失

【解析】外存储器是用来存放计算机暂时不用的或需要长期保存的程序，在断电后内容不会消失。

14．I/O接口位于________。

A）总线和设备之间　　B）系统总线和主机设备之间

C）CPU和内存之间　　D）CPU和I/O设备之间

【解析】所有外部设备都通过各自的接口电路连接到计算机的系统总线上。

15．针式打印机术语中，24针是指________。

A）24×24针　　B）打印头内有24针

C）打印头内有24×24针　　D）队号线插头有24×24针

【解析】计算机常用的24针式打印机，24针就是指针式打印机打印头上的点阵针数，即24×24针。

16．计算机中鼠标连接的接口为________。

A）键盘接口　　B）串行接口　　C）并行接口　　D）音响接口

【解析】鼠标是通过串行接口连接在计算机上的。

17．下列关于计算机病毒特征说法有误的是________。

A）破坏性　　B）传染性　　C）隐蔽性　　D）免疫性

【解析】计算机病毒的特征：寄生性、传染性、隐蔽性、破坏性、可激发性。

18．不属于计算机网络拓扑结构形式的是________。

A）树型结构　　B）混合型结构　　C）总线型结构　　D）分支型结构

【解析】计算机网络的拓扑结构是指网上计算机或设备与传输媒介形成的结点与线的物理构成模式。计算机网络的拓扑结构主要有：总线型结构、星型结构、环型结构、树型结构和混合型结构。

19．下列 IP 地址不合法的是________。

A）50.108.0.6　　B）67.164.12.222　　C）106.85.10.222　　D）166.220.13.290

【解析】IP 地址是 32 位的二进制数值。IP 地址全长为 32 个比特，分为 4 个字节。IP 地址采用点分十进制标记法，每个 IP 地址表示为 4 个以小数点隔开的十进制整数，每个整数对应一个字节，取值范围是 0～255，选项 D 中 290 已经超过取值范围 0～255。

20．在 Internet 提供的服务中，________表示网页浏览。

A）FTP　　B）BBS　　C）WWW　　D）E-mail

【解析】在 Internet 提供的众多服务中，WWW 是提供面向各种 Internet 服务的、一致的用户界面的信息浏览系统。

二、Windows 操作题

1．在文件夹下新建 HA 文件夹和 HAB 文件夹。

2．将文件夹下 VOTU 文件夹中的 BA.FOR 文件复制到 HA 文件夹中。

3．为文件夹下 DO 文件夹中的 DD.PAS 文件建立名为 DD 的快捷方式，并存放在文件夹下。

4．将文件夹下 PA\PRODU 文件夹的存档属性撤销，文件夹设置为只读属性。

5．查找文件夹中的 U.BAT 文件，然后将其删除。

三、Word 操作题

1．输入下列文字，然后将该段文字复制 2 份，生成 3 个自然段，按下列要求进行操作，并以 WD16A.doc 为文件名保存。

全国计算机等级考试一级 Windows 于 1999 年 4 月首次开考。

按照要求完成下列操作。

（1）将第一自然段字体设置为宋体，字号为五号；将“Windows”的字体设置为 Times New Roman，字号不变，字体格式为斜体；将“1999 年 4 月首次开考”字体格式设置为粗体加下划线，字体、字号不变。

（2）将第二自然段字体设置为宋体，字号为五号；将“全国计算机等级考试一级”的字体设置为黑体，字号不变；将“Windows”的字体设置为 Arial，字号不变；将“1999 年 4 月首次开考”字体格式设置为粗体，字号不变。

（3）将第三自然段字体设置为宋体，字号为五号；将“全国计算机等级考试一级”的字体设置为楷体_GB2312，字号不变；将“Windows”的字体设置为 Courier New，字号不变；将“1999 年 4 月首次开考”字体格式设置为斜体，字号不变。

2．将上面输入的汉字复制到一个新的文件中，将复制的内容连接一段，并以 WD16B.doc 为文件名保存。

3．设计下列 4 行 6 列表格，各列的宽度是 2 厘米，行高 17 磅，边框为 1.5 磅，表内线为 0.5 磅，并以 WD16C.doc 为文件名保存。

4．将 WD16C.doc 文档内容复制到一个新文件中，按下表填入内容，并以 WD16D.doc 为文件名保存。

外语	地理	历史	语文	地理	历史
政治	语文	外语	地理	外语	政治
历史	语文	地理	政治	语文	地理
地理	历史	政治	历史	历史	外语

四、Excel 操作题

请在“考试项目”菜单上选择“电子表格软件使用”菜单项，完成下面的内容：

（所有的电子表格文件都必须建立在指定的文件夹中）

1．打开工作簿文件 EX16.xls（内容如下），将工作表 Sheet1 的 A1：D1 单元格合并为一个单元格，内容居中；计算“资金额”列的内容（资金额=单价×库存数量），将工作表命名为“商贸公司库存表”。

	A	B	C	D
1	某商贸公司库存情况			
2	材料名称	单价（元）	库存数量	资金额
3	三合板	5.60	1210	
4	五合板	7.80	4950	
5	地板砖	5.50	8650	

2．打开工作簿文件 EX16A.xls（内容如下），对工作表内的数据清单的内容进行自动筛选，条件为“部门为销售部”，筛选后的工作表还保存在 EX16A.xls 工作簿文件中，工作表名不变。

	A	B	C	D	E
1	部门	编号	姓名	职务	工资
2	销售部	991021	刘文	部长	2200
3	供应部	991022	张亮	副部长	2000
4	财务部	991023	陈力	办事员	1500
5	市场部	991024	孙峰	职员	1200
6	销售部	991025	李小	办事员	1500
7	策划部	991026	王浩	职员	1000
8	财务部	991027	刘瑛	副部长	2000
9	保卫部	991028	徐虎	职员	800
10	保卫部	991029	郑在	职员	800
11	财务部	991030	林泉	职员	1200
12	销售部	991031	杨敏	办事员	1500
13	商场部	991032	刘雪梅	副部长	2000
14	策划部	991033	段艳文	办事员	1500

五、PowerPoint 操作题

打开指定文件夹下的演示文稿 yswg16（如下图所示），按下列要求完成对此文稿的修饰并保存。

爸爸妈妈的耳朵

1．将第二张幻灯片版面改为“垂直排列文本”，然后将这张幻灯片移为演示文稿的第一张幻灯片，第三张幻灯片的对象部分动画效果设置为“横向棋盘式”。

2．将整个演示文稿设置为Radar.pot，全部幻灯片的切换效果都设置为“随机垂直线条”。

六、网络操作题

向街道委员会王主任发一个电子邮件，内容是对小区环境的建议，并抄送给环境监管局。具体内容如下：

【收件人】ncre@163.com。

【抄送】hjj@xb.scdx.edu.cn。

【主题】建议。

【邮件内容】建议在小区（城市）内多设立垃圾回收箱，保护环境。

【注意】“格式”菜单中“编码”用“简体中文（GB 2312）”。

全国计算机一级等级考试模拟题与解析九

一、单选题

1．关于计算机的技术指标，下列叙述不正确的是_______。

A）字节　　B）主频　　C）字长　　D）运算速度

2．在计算机内部对汉字进行存储、处理和传输的汉字代码是指_______。

A）汉字字形码　　B）汉字区位码　　C）汉字内码　　D）汉字交换码

【解析】 在计算机内部对汉字进行存储、处理和传输的汉字代码是汉字内码。

3．计算机辅助教学的英文简称是_______。

A）CAE　　B）CAD　　C）CAM　　D）CAI

【解析】 计算机辅助教学（CAI）是指利用计算机进行教学的自动系统。

4．计算机主机主要由_______组成。

A）运算器和控制器　　B）CPU和控制器

C）CPU和运算器　　D）CPU和内存储器

【解析】 计算机主机主要有CPU和内存储器两部分构成。

5．计算机在处理数据时，一次能直接处理的二进制数据的位数称为_______。

A）比特　　B）字节　　C）字长　　D）位

【解析】 字长是指计算机一次能直接处理二进制数据的位数，字长越长，计算机的整体性能越强。

6. 十进制数 100 的二进制数可以表示为_______。

A）01100100　　B）01101000　　C）01111000　　D）01001110

7. 在计算机中汉字系统普遍采用存储一个汉字内码要用 2 个字节，并且每个字节的最高位是_______。

A）1 和 1　　B）0 和 0　　C）0 和 1　　D）1 和 0

【解析】 汉字内码是计算机内部对汉字进行存储、处理和传输的汉字代码。在计算机中汉字系统普遍采用存储一个汉字内码要用 2 个字节，并且每个字节的最高位都固定为"1"。

8. 操作系统是计算机系统中_______。

A）系统软件中的核心　　B）使用广泛的应用软件

C）外部设备　　D）硬件系统

【解析】 计算机系统由硬件系统和软件系统组成，软件系统又分为系统软件和应用软件，操作系统是管理计算机硬件和软件资源，为用户提供方便的操作环境的程序集合，是系统软件中的核心。

9. 八进制数 765 转换成二进制数可以表示为_______。

A）110111101　　B）111110101

C）110111101　　D）111001101

10. 下列关于解释程序和编译程序的描述中，正确的是_______。

A）编译程序不能产生目标程序，而解释程序能

B）编译程序和解释程序均不能产生目标程序

C）编译程序能产生目标程序，而解释程序则不能

D）编译程序和解释程序均能产生目标程序

【解析】 机器逐条翻译逐条执行（即边解释边翻译），解释完成了，运行的结果也出来了，不产生目标程序，这个过程由解释程序来完成。先把源程序全部一次性翻译成目标程序，然后再执行目标程序，这个过程由编译程序来完成。

11. 下列选项中关于只读存储器（ROM）与随机存储器（RAM）的区别，正确的是_______。

A）ROM 断电后内容不会丢失（非易失性），RAM 断电后内容立即消失（易失性）

B）ROM 断电后内容立即消失（易失性），RAM 则不会（非易失性）

C）RAM 属于内存储器，ROM 属于外存储器

D）ROM 属于内存储器，RAM 属于外存储器

【解析】 只读存储器（ROM）和随机存储器（RAM）都属于内存储器（内存）。只读存储器（ROM）特点是：① 只能读出（存储器中）原有的内容，而不能修改，即只能读，不能写。② 断电以后内容不会丢失，加电后会自动恢复，即具有非易失性特点。随机存储器（RAM）特点是：读写速度快，最大的不足是断电后，内容立即消失，即易失性。

12. 衡量计算机存储器容量的基本单位是_______。

A）字长　　B）字符　　C）字节　　D）字

13. 计算机系统中，PROM 表示_______。

A）可擦除可编程只读存储器　　B）电可擦除可编程只读存储器

C）动态随机存储器　　D）可编程只读存储器

14．移动硬盘是通过 USB 接口和一块_______加上硬盘盒而组成的移动存储设备。

A）3.5 寸硬盘　B）3.5 寸软盘　C）5.25 寸软盘　D）5.25 寸硬盘

15．下列_______设备既可以向其中写入数据又可以从中读取数据。

A）鼠标　B）键盘　C）优盘　D）音响

【解析】 输入设备包括键盘、鼠标、扫描仪、外存储器等，输出设备包括显示器、打印机、绘图仪、音响、外存储器等，外存储器既属于输出设备又属于输入设备，优盘属于外存储器，故答案选 C。

16．计算机病毒是指_______。

A）解释和编译出现错误的计算机程序

B）编辑错误的计算机程序

C）自动生成的错误的计算机程序

D）以危害计算机软硬件系统为目的设计的计算机程序

17．计算机网络的主要功能是_______。

A）传送速度快　B）资源丰富　C）电子购物　D）可以实现资源共享

18．通常一台计算机要接入互联网，应该安装的设备是_______。

A）网页浏览器　B）调制解调器或网卡

C）网络系统　D）网络工具

19．表示教育机构的域名为_______。

A）www.rmdx.net.cn　B）www.rmdxc.com.cn

C）www.rmdx.info.cn　D）www.rmdx.edu.cn

20．超文本是指_______。

A）该文本不能嵌入图像

B）该文本中有链接到其他文本的链接点

C）该文本不具有排版功能

D）该文本不具有链接到其他文本的链接点

二、Windows 操作题

1．在文件夹下 K 文件夹中新建名为 BR 的文件夹。

2．将文件夹下 BIN\AF 文件夹中的 L.doc 文件复制到文件夹下。

3．将文件夹下 Q 文件夹中的文件 JI.wri 的只读和隐藏属性撤销，并设置为存档属性。

4．查找文件夹中的 AUTXI.bat 文件，然后将其删除。

5．为文件夹下 XIA 文件夹建立名为 RX 的快捷方式，并存放在文件夹下的 P 文件夹中。

三、Word 操作题

1．在指定文件夹下打开文档 WT15.doc，内容如下：

【文档开始】

援引 Oracle 的定义，NCA 的关键组成部分是：

作为部件的“可插入”对象，这些对象便于管理，并可提供扩展功能。

开放协议和标准化接口，可使部件通过 ICX 总线进行通信。

可扩展的客户机、应用服务器和数据库服务器。

集成式的开发和管理部件环境。

【文档结束】

按照要求完成下列操作。

（1）新建文档 WD15.doc，插入文件 WT15.doc 的内容，将全文字体设置为四号楷体_GB2312，项目符号改为●，存储为文件 WD15.doc。

（2）新建文档 WD15A.doc，插入文件 WD15.doc 的内容，全文 2 倍行距，第二行文字加粗，第三行文字设置为空心，第四行文字加下划线，第五行文字设置为蓝色。存储为文件 WD15A.doc。

2．在其文件夹中，存有文档 WT15B.doc，其内容如下：

【文档开始】

代码	职称	基本工资	奖金	实发工资
A1	助教	132	320	
A2	副教授	134	160	
A3	助教	136	80	
A4	讲师	138	40	
A5	副教授	140	20	

【文档结束】

按要求完成下列操作：

（1）新建文件 WD15C.doc，插入文件 WD15B.doc 的内容，设置列宽为 2 厘米，行高为 19 磅，按基本工资递增排序，存储文档为 WD15C.doc。

（2）新建文件 WD15D.doc，插入文件 WD15C.doc 的内容，计算并填入实发工资（实发工资=基本工资+奖金），存储文档为 WD15D.doc。

四、Excel 操作题

请在“考试项目”菜单上选择“电子表格软件使用”菜单项，完成下面的内容：

（所有的电子表格文件都必须建立在指定的文件夹中）

1．请将下列数据建成一个数据表（存放在 A1：E5 的区域内），并求出个人工资的浮动额以及原来工资和浮动额的“总计”（保留小数点后面两位），其计算公式是：浮动额=原来工资×浮动率，其数据表保存在 Sheet1 工作表中。

2．对建立的数据表，选择“姓名”、“原来工资”，建立“柱形圆柱图”图表，图表标题为“职工工资浮动额的情况”，设置分类（X）轴为“姓名”，数值（Z）轴为“原来工资”，嵌入在工作表 A7：F17 区域中。将工作表 Sheet1 更名为“浮动额情况表”。

	A	B	C	D	E
1	序号	姓名	原来工资	浮动率	浮动额
2	1	陈红	1200	0.5%	
3	2	张东	800	1.5%	
4	3	朱平	2500	1.2%	
5	总计				

五、PowerPoint 操作题

打开指定文件夹下的演示文稿 yswg15（如下图所示），按下列要求完成对此文稿的修饰并保存。

有备无患 万无一失

多功能通信服务器

适合应用/行业

- 电力监控、调度、输配电
- 电信通讯
- 银行终端连线
- 工业/工厂自动化
- 交通协管
- 网络管理
- 其他远程和分布式设置控制

1．在演示文稿最后插入一张“只有标题”幻灯片，标题处输入“网络为你助力!”，设置为 60 磅、红色（请用“自定义”选项卡中的红色 255、绿色 0、蓝色 0)，将这张幻灯片移为演示文稿的第一张幻灯片。

2．将第三张幻灯片版面改为“垂直排列文本”，整个演示文稿设置为 Radar.pot。

六、网络操作题

某网站主页地址为 http://ncre.eduexam.cn/weboot/，打开网页，浏览“等考书城”页面信息，查找“全国计算机等级考试”页面内容，将它以文本文件的格式保存在 C:\My Documents\下，命名为 IE15.txt。

全国计算机一级等级考试模拟题与解析十

一、单选题

1．计算机未来的发展趋势是________、微型化、网络化和智能化。

A）精巧化　　B）小型化　　C）大型化　　D）巨型化

2．________计算机是专门为某种用途而设计的计算机。

A）专用　　B）通用　　C）普通　　D）模拟

3．在计算机应用领域中，将计算机应用于办公自动化属于________领域。

A）科学计算　　B）信息处理　　C）过程控制　　D）人工智能

4．微型计算机硬件系统最核心的部件是________。

A）内存　　B）CPU　　C）运算器　　D）控制器

5．微处理器（CPU）按字长可以分为________。

A）4 位、32 位、64 位　　B）8 位、16 位、32 位、64 位

C）32 位、64 位、128 位、256 位　　D）24 位、32 位、64 位

6．与二进制数 00111101 等值的十进制数为________。

A）60　　B）59　　C）61　　D）63

7．在计算机的汉字系统中，一个汉字的内码占________个字节。

A）1　　B）2　　C）3　　D）4

8．计算机软件系统分为________两种。

A）系统软件和应用软件　　B）操作系统和应用软件

C）操作系统和服务程序　　　　　　　　　　　D）服务程序和语言处理程序

9．工厂（企业）的仓库管理软件属于_______。

A）系统软件　　　　B）服务程序　　　　C）应用软件　　　　D）字处理软件

10．用高级程序设计语言编写的程序称为_______。

A）目标程序　　　　B）编译程序　　　　C）源程序　　　　D）解释程序

11．静态RAM的特点是_______。

A）去电后存储在其中的内容不会丢失，加电后会自动恢复

B）存储在其中的内容不能修改，只能读取

C）一旦断电，存储上的信息将全部消失且无法恢复

D）读写速度非常缓慢

12．下列单位换算中正确的是_______。

A）1 KB = 2 048 B　　　　　　　　　　B）1 GB = 1 024 B

C）1 MB = 1 024 GB　　　　　　　　　D）1 MB = 1 024 KB

13．内存储器中不能用指令修改其存储内容的是_______。

A）DRAM　　　　B）SRAM　　　　C）ROM　　　　D）RAM

14．能够把计算机硬盘中的内容（如数据）读取到计算机内存中的过程，称为_______。

A）写盘　　　　B）读盘　　　　C）输入　　　　D）输出

15．USB的中文意思是_______。

A）串行接口　　　　B）并行接口　　　　C）I/O接口　　　　D）总线接口

【解析】USB是英文Universal Serial Bus的缩写，中文含义是“通用串行总线”。它是一种应用在PC领域可即插即用的新型接口。

16．计算机病毒主要破坏的对象是_______。

A）硬盘　　　　B）系统数据区　　　　C）CMOS　　　　D）程序和数据

17．从系统功能方面看，计算机网络主要由_______两部分组成。

A）通信子网和资源子网　　　　　　　　B）通信子网和数据子网

C）资源子网和数据子网　　　　　　　　D）资源子网和数据通信

【解析】计算机网络由通信子网和资源子网两部分组成。通信子网负责全网的数据通信，资源子网提供各种网络资源和网络服务，实现网络的资源共享。

18．众多个人用户接入因特网最经济、最简单、采用最多的方式是_______。

A）Xdsl　　　　　　　　　　　　　　B）PPPOE（ADSL虚拟拨号接入）

C）电话拨号　　　　　　　　　　　　D）局域网或宽带接入

【解析】个人用户接入因特网最经济、最简单、采用最多的是电话拨号接入。

19．Internet通过其最基础和核心的_______协议实现了世界各地的各类网络的互联。

A）TCP/IP　　　　B）UDP　　　　C）FTP　　　　D）ICMP

【解析】TCP/IP协议叫做传输控制/网际协议，又叫网络通信协议，这个协议是Internet国际互联网络的基础。TCP/IP是网络中使用的基本的通信协议。

20．统一资源定位器（URL）的表示方法正确的是_______。

A）ttp://www.Microsoft.com/index.html

B）http//www.Microsoft.com/index.html

C）http://www.Microsoft.com\index.html

D）http:\\www.Microsoft.com/index.html

【解析】 典型的统一资源定位器（URL）的基本格式：协议类型://IP 地址或域名/路径/文件名。

二、Windows 操作题

1．在文件夹下新建一个名为 BO.doc 的空文件，并将属性设置为只读和存档。

2．在文件夹下 B 文件夹中新建一个 CO 文件夹。

3．为文件夹下 GRE 文件夹中的 ANE 文件夹建立名为 AB 的快捷方式，并存放在文件夹下。

4．将文件夹下 L\Z 文件夹中的 XI.doc 文件复制到同一文件夹下，并命名为 J.doc。

5．查找文件夹中的 WA 文件夹，并将其删除。

三、Word 操作题

1．在指定文件夹下打开文档 WT14A.doc，内容如下：

【文档开始】

未来 20 年小的是美丽的

进入客机迅猛发展的世纪末，是客机引领着都市人文精神，还是超越现代的人文精神在指引着客机航向？客机可以把人送上月球、送入太空，也可以把大众更迅速地从一个城市带到另一个城市。

10 月 11 日，第 8 届北京国际航空展刚刚闭幕的时候，播音公司最新型的支线喷气机 717-200 首航中国。717-200 集 21 世纪最新科技于一身，专为短程支线航空市场设计，不需要长跑道和大型空港设备，预计全世界在今后 20 年内将需要 2 600 架这样的“小”飞机。播音中国公司总裁说：“我们的飞机是最好的”。

10 月 11 日上午 10:00，记者成为 717 第一个中国乘客，亲自体验了一下航空界的最新技术，发现简单也是一种美丽。借用吴敬琏先生的一句话：小的是美丽的。也许坐飞机从一个村庄到另一个村庄不再是梦想。

【文档结束】

按照要求完成下列操作。

（1）新建文档 WD14A.doc，插入文档 WT14A.doc，将标题“未来 20 年小的是美丽的”设置为黑体、一号、加粗，居中并加蓝色底纹，存储为文档 WD14A.doc。

（2）新建文档 WD14B.doc，复制文档 WD14A.doc，将全文中的“客机”一词改为“科技”，将全文中的“播音”一词改为“波音”。在文字“我们的飞机是最好的”下加下划线，存储为文档 WD14B.doc。

（3）新建文档 WD14C.doc，复制文档 WD14B.doc 的内容。将标题段的段后间距设置为 16 磅。各段的左、右各缩进 1.2 厘米，首行缩进 0.75 厘米，1.5 倍行距，存储为文档 WD14C.doc。

2．新建文档 WD14D.doc，插入一个 5 行 6 列表格，设置列宽为 2.5 厘米，行高为 18 磅，表格外框线设置为 1.5 磅实线，表内线设置为 0.5 磅实线。并将表格改变为以下形状。存储为文档 WD14D.doc。

四、Excel 操作题

请在“考试项目”菜单上选择“电子表格软件使用”菜单项，完成下面的内容：

（所有的电子表格文件都必须建立在指定的文件夹中）

1．打开工作簿文件 EX14.xls（内容如下），将工作表 Sheet1 的 A1：D1 单元格合并为一个单元格，内容居中；计算“增长比例”列的内容［增长比例=（此月销量-上月销量）/此月销量］，将工作表命名为“近两月销售情况表”。

	A	B	C	D
1	某企业产品近两月销售情况表			
2	产品名称	上月销量	此月销量	增长比例
3	毛巾	850	680	
4	围巾	1100	930	
5	毛衣	550	770	

2．取“近两月销售情况表”的“产品名称”列和“增长比例”列的单元格内容，建立“柱形圆锥图”。X 轴上的项为“产品名称”（系列产生在“列”），标题为“近两月销售情况图”。插入到表的 A7：F18 单元格区域内。

五、PowerPoint 操作题

打开指定文件夹下的演示文稿 yswg14（如下图所示），按下列要求完成对此文稿的修饰并保存。

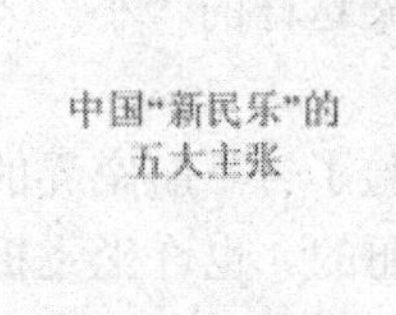

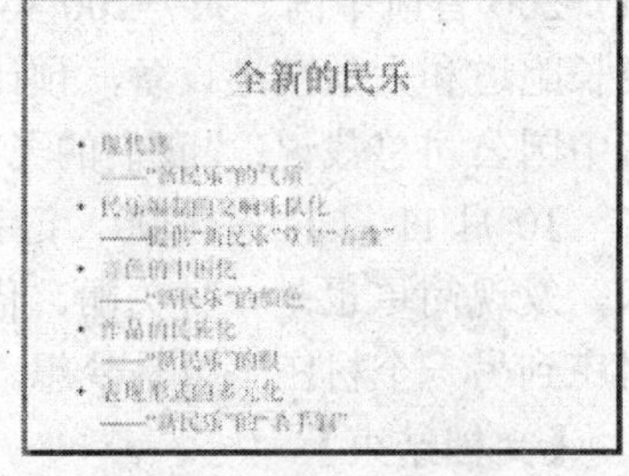

1．将第三张幻灯片版面改为“文字垂直排列”，把第三张幻灯片移动为整个演示文稿的第二张幻灯片，把第三张幻灯片的对象部分动画效果设置为“盒状展开”。

2．将全部幻灯片切换效果设置成“垂直百叶窗”，第一张幻灯片背景纹理设置为“水滴”。

六、网络操作题

向老同学高翔发一个电子邮件，将指定的附件.zip 文件作为附件一起发出。附件在 c:\My Documents 文件下。

具体内容如下：

【收件人】ncre@163.com。

【主题】同学联系单。

【邮件内容】老朋友，大学同学的联系单已发出，见附件。

【注意】“格式”菜单中“编码”用“简体中文（GB 2312）”，邮件发送格式为“多信息文本”。

计算机基础练习题

计算机基础练习题一

一、选择题

1. 计算机之所以按人们的意志自动进行工作，最直接的原因是因为采用了________。

A）二进制数制　　B）高速电子元件

C）存储程序控制　　D）程序设计语言

2. 微型计算机主机的主要组成部分是________。

A）运算器和控制器　　B）CPU 和内存储器

C）CPU 和硬盘存储器　　D）CPU、内存储器和硬盘

3. 一个完整的计算机系统应该包括________。

A）主机、键盘和显示器　　B）硬件系统和软件系统

C）主机和其他外部设备　　D）系统软件和应用软件

4. 计算机软件系统包括________。

A）系统软件和应用软件　　B）编译系统和应用系统

C）数据库管理系统和数据库　　D）程序、数据和文档

5. 微型计算机中，控制器的基本功能是________。

A）进行算术和逻辑运算　　B）存储各种控制信息

C）保持各种控制状态　　D）控制计算机各部件协调一致地工作

6. 计算机操作系统的作用是________。

A）管理计算机系统的全部软、硬件资源，合理组织计算机的工作流程，以达到充分发挥计算机资源的效率，为用户提供使用计算机的友好界面

B）对用户存储的文件进行管理，方便用户

C）执行用户键入的各类命令

D）为汉字操作系统提供运行基础

7. 计算机的硬件主要包括：中央处理器（CPU）、存储器、输出设备和________。

A）键盘　　B）鼠标　　C）输入设备　　D）显示器

8. 下列个组设备中，完全属于外部设备的一组是________。

A）内存储器、磁盘和打印机　　B）CPU、软盘驱动器和 RAM

C）CPU、显示器和键盘　　D）硬盘、软盘驱动器、键盘

9. 五笔字型码输入法属于________。

A）音码输入法　　B）形码输入法

C）音形结合输入法　　D）联想输入法

10．一个 GB 2312 编码字符集中的汉字的机内码长度是________。

A）32 位　　B）24 位　　C）16 位　　D）8 位

11．RAM 的特点是________。

A）断电后，存储在其内的数据将会丢失

B）存储在其内的数据将永久保存

C）用户只能读出数据，但不能随机写入数据

D）容量大但存取速度慢

12．计算机存储器中，组成一个字节的二进制位数是________。

A）4　　B）8　　C）16　　D）32

13．微型计算机硬件系统中最核心的部件是________。

A）硬盘　　B）I/O 设备　　C）内存储器　　D）CPU

14．无符号二进制整数 10111 转变成十进制整数，其值是________。

A）17　　B）19　　C）21　　D）23

15．一条计算机指令中，通常包含________。

A）数据和字符　　B）操作码和操作数

C）运算符和数据　　D）被运算数和结果

16．KB（千字节）是度量存储器容量大小的常用单位之一，1 KB 实际等于________。

A）1 000 个字节　　B）1 024 个字节

C）1 000 个二进位　　D）1 024 个字

17．计算机病毒破坏的主要对象是________。

A）磁盘片　　B）磁盘驱动器　　C）CPU　　D）程序和数据

18．下列叙述中，正确的是________。

A）CPU 能直接读取硬盘上的数据　　B）CUP 能直接存取内存储器中的数据

C）CPU 由存储器和控制器组成　　D）CPU 主要用来存储程序和数据

19．在计算机技术指标中，MIPS 用来描述计算机的________。

A）运算速度　　B）时钟主频　　C）存储容量　　D）字长

20．局域网的英文缩写是________。

A）WAM　　B）LAN　　C）MAN　　D）Internet

二、填空题

1．选中工作表中的单元格后，将鼠标指向其黑色边框并进行拖动，则该单元格的内容将被________到鼠标所在单元格。

2．以太网的拓扑结构是________。

3．Windows 的开始菜单中有一个________菜单项，该项中包含有最近使用过的文档。

4．Word 中________是对多篇具有相同格式的文档的格式定义。

5．软盘、硬盘和光盘都是________存储器。

6．办公自动化是计算机的一项应用，按计算机应用的分类，它属于________方面的应用。

7．Internet Explore 是 Internet 常用的________软件之一。

8．若想退出 Word 可选择直接按下________组合键。

9．文件是一组________的集合，该集合的名称就是文件名。

10．在 Excel 中，要分别求男生和女生的平均成绩，可利用________菜单中的“分类汇总”命令。

计算机基础练习题二

一、选择题

1．计算机系统由________组成。

A）主机和系统软件　　B）硬件系统和应用软件

C）硬件系统和软件系统　　D）微处理器和软件系统

2．冯·诺依曼式计算机硬件系统的组成部分包括________。

A）运算器、外部存储器、控制器和输入输出设备

B）运算器、控制器、存储器和输入输出设备

C）电源、控制器、存储器和输入输出设备

D）运算器、放大器、存储器和输入输出设备

3．下列数中，最小的是________。

A）(1000101)2　　B）(63)10　　C）(111)8　　D）(4A)16

4．________设备既是输入设备又是输出设备。

A）键盘　　B）打印机　　C）硬盘　　D）显示器

5．微机中 1 MB 表示的二进制位数是________。

A）1 024×1 024×8　　B）1 024×8　　C）1 024×1 024　　D）1 024

6．计算机能够直接识别和执行的语言是________。

A）机器语言　　B）汇编语言　　C）高级语言　　D）数据库语言

7．计算机病毒________。

A）计算机系统自生的　　B）一种人为编制的计算机程序

C）主机发生故障时产生的　　D）可传染疾病给人体的那种病毒

8．在资源管理器中要同时选定不相邻的多个文件，使用________键。

A）Shift　　B）Ctrl　　C）Alt　　D）F8

9．在 Windows 中，剪贴板是程序和文件间用来传递信息的临时存储区，此存储器是________。

A）回收站的一部分　　B）硬盘的一部分

C）内存的一部分　　D）软盘的一部分

10．a*d.com 和 a?d.com 分别可以用来表示________文件。

A）abcd.com 和 add.com　　B）add.com 和 abcd.com

C）abcd.com 和 abcd.com　　D）abc.com 和 abd.com

11．关于 Word 保存文档的描述不正确的是________。

A）【常用】工具栏中的【保存】按钮与文件菜单中的【保存】命令具有同等功能

B）保存一个新文档，【常用】工具栏中的【保存】按钮与文件菜单中的【另存为】命令具有同等功能

C）保存一个新文档，文件菜单中的【保存】命令与文件菜单中的【另存为】命令具有同等功能

D）文件菜单中的【保存】命令与文件菜单中的【另存为】命令具有同等功能

12. 在 Word 中的________视图方式下，可以显示页眉页脚。

A）普通视图　　B）Web 视图　　C）大纲视图　　D）页面视图

13. 在 Word 中，________不能够通过【插入】→【图片】命令插入，以及通过控点调整大小。

A）剪贴画　　B）艺术字　　C）组织结构图　　D）视频

14. 在 Word 编辑状态下，当前编辑文档中的字体是宋体，选择了一段文字使之反显，先设定了楷体，又设定了黑体，则________。

A）文档全文都是楷体　　B）被选择的内容仍是宋体

C）被选择内容成黑体　　D）文档全部文字字体不变

15. 在 Excel 的活动单元格中，要将数字作为文字来输入，最简便的方法是先输入一个西文符号________后，再输入数字。

A）#　　B）'　　C）】　　D），

16. 在 Excel 中，下列地址为相对地址的是________。

A）$D5　　B）$E$7　　C）C3　　D）F$8

17. 在 Excel 单元格中输入正文时以下说法不正确的是________。

A）在一个单元格中可以输入多达 255 个非数字项的字符

B）在一个单元格中输入字符过长时，可以强制换行

C）若输入数字过长，Excel 会将其转换为科学记数形式

D）输入过长或极小的数时，Excel 无法表示

18. 下列序列中，不能直接利用自动填充快速输入的是________。

A）星期一、星期二、星期三、……　　B）第一类、第二类、第三类、……

C）甲、乙、丙、……　　D）Mon、Tue、Wed、……

19. 在 PowerPoint 中，________设置能够应用幻灯片模版改变幻灯片的背景、标题字体格式。

A）幻灯片版式　　B）幻灯片设计　　C）幻灯片切换　　D）幻灯片放映

20. 在 PowerPoint 中，通过________设置后，选择【观看放映】命令后能够自动放映。

A）排练计时　　B）动画设置　　C）自定义动画　　D）幻灯片设计

21. 计算机网络的主要功能包括________。

A）日常数据收集、数据加工处理、数据可靠性、分布式处理

B）数据通信、资源共享、数据管理与信息处理

C）图片视频等多媒体信息传递和处理、分布式计算

D）数据通信、资源共享、提高可靠性、分布式处理

22. 第三代计算机通信网络，网络体系结构与协议标准趋于统一，国际标准化组织建立

了________参考模型。

A）OSI　B）TCP/IP　C）HTTP　D）ARPA

23．FTP 是指________。

A）远程登录　B）网络服务器　C）域名　D）文件传输协议

24．WWW 的网页文件是在________传输协议支持下运行的。

A）FTP 协议　B）HTTP 协议　C）SMTP 协议　D）IP 协议

25．广域网和局域网是按照________来分的。

A）网络使用者　B）信息交换方式　C）网络作用范围　D）传输控制协议

26．TCP/IP 协议的含义是________。

A）局域网传输协议　B）拨号入网传输协议

C）传输控制协议和网际协议　D）网际协议

27．下列 IP 地址中，可能正确的是________。

A）192.168.5　B）202.116.256.10

C）10.215.215.1.3　D）172.16.55.69

28．以下关于访问 Web 站点的说法正确的是________。

A）只能输入 IP 地址　B）需同时输入 IP 地址和域名

C）只能输入域名　D）可以输入 IP 地址或域名

29．电子邮箱的地址由________。

A）用户名和主机域名两部分组成，它们之间用符号“@”分隔

B）主机域名和用户名两部分组成，它们之间用符号“@”分隔

C）主机域名和用户名两部分组成，它们之间用符号“.”分隔

D）用户名和主机域名两部分组成，它们之间用符号“.”分隔

30．网络的传输速率是 10 Mb/s，其含义是________。

A）每秒传输 10 M 字节　B）每秒传输 10 M 二进制位

C）每秒可以传输 10 M 个字符　D）每秒传输 10000000 二进制位

二、填空题

1．用户自定义填充序列时，在输入填充序列的内容之前，应在【选项】对话框的【自定义序列】列表中选定________。

2．要在单元格中输入当前时间，快捷的方法是按________组合键。

3．在单元格中输入学号 0100281（数字字符串）时，应该输入________。

4．在 Excel 中，日期是用________到该日期的天数来存储的。

5．在单元格中输入（168），按 Enter 键后则显示________。

6．在 Excel 工作表的单元格 C5 中有公式【=$B3+C2】，将 C5 单元格的公式复制到 F7 单元格内，则 D7 单元格内的公式是________。

7．在 Excel 中，快速查找数据清单中符合条件的记录，可使用 Excel 提供的________功能。

8．精确设置工作表行高的方法是：选定需要设置行高的所在行，再选择【格式】中的________命令，并在级联菜单中选择【行高】命令，然后在【行高】对话框中输入行高的精确值。

9．浏览或编辑列数较多的工作表时，不能同时看到其左右两端单元格的内容。为了便于浏览，可将工作表分割成左右两部分，左面部分显示前几列，而右面部分显示后几列。为此，可将鼠标指针指向________。当指针呈双向箭头时，将垂直分割条拖动到合适位置即可。

10．在工作表的某个单元格内直接输入：6-20，Excel 认为这是一个________。

计算机基础练习题三

一、选择题

打开你自己的考卷文件夹中的 Excel 工作簿文件【单选题答题卡 B.xls】，将下列理论题的答案填入其中所指定的单元格内，最后存盘。（注意：一定要填上你自己的班级、姓名和学号，否则不能得分）

1．十进制数 92 转换为二进制数是________。

A）01011100　　B）01101100　　C）10101011　　D）01011000

2．如果字符 A 的十进制 ASCII 码值是 65，则字符 H 的 ASCII 码值是________。

A）72　　B）4　　C）115　　D）104

3．存储 1 000 个 16×16 点阵的汉字字形所需要的存储容量是________。

A）256 KB　　B）32 KB　　C）16 KB　　D）31.25 KB

4．计算机系统由________。

A）主机和系统软件组成　　B）硬件系统和应用软件组成

C）硬件系统和软件系统组成　　D）微处理器和软件系统组成

5．下列存储器按存取速度由快至慢排列，正确的是________。

A）主存>硬盘>Cache　　B）Cache>主存>硬盘

C）Cache>硬盘>主存　　D）主存>Cache>硬盘

6．计算机病毒是一种________。

A）特殊的计算机部件　　B）游戏软件

C）人为编制的特殊程序　　D）能传染的生物病毒

7．操作系统是现代计算机系统不可缺少的组成部分，它负责管理计算机的________。

A）程序　　B）功能

C）全部软、硬件资源　　D）进程

8．在 Windows 中，对话框是一种特殊的窗口，但一般的窗口可以移动和改变大小，而对话框________。

A）既不能移动，也不能改变大小　　B）仅可以移动，不能改变大小

C）仅可以改变大小，不能移动　　D）既能移动，也能改变大小

9．Windows 中的【剪贴板】是________。

A）硬盘中的一块区域　　B）软盘中的一块区域

C）高速缓存中的一块区域　　D）内存中的一块区域

10．下列哪种方式不能关闭当前窗口________。

A）标题栏上的【关闭】按钮　　B）【文件】菜单中的【退出】命令

C）按 Alt+F4 组合键　　　　　　　　D）按 Alt+Esc 组合键

11．双击一个扩展名为.doc 的文件，则系统默认是用________来打开它。

A）记事本　　　　B）Word　　　　C）画图　　　　D）Excel

12．打开一个 Word 文档，通常指的是________。

A）把文档的内容从内存中读入，并显示出来

B）把文档的内容从磁盘调入内存，并显示出来

C）为指定文件开设一个空的文档窗口

D）显示并打印出指定文档的内容

13．在 Word 中，与打印预览基本相同的视图方式是________。

A）普通视图　　　　B）大纲视图　　　　C）页面视图　　　　D）全屏显示

14．下列 Word 的段落对齐方式中，能使段落中每一行（包括未输满的行）都能保持首尾对齐的是________。

A）左对齐　　　　B）两端对齐　　　　C）居中对齐　　　　D）分散对齐

15．Excel 的默认工作簿名称是________。

A）文档 1　　　　B）sheet1　　　　C）book1　　　　D）DOC

16．Excel 工作表的列数最大为________。

A）255　　　　B）256　　　　C）1 024　　　　D）16 384

17．单元格 C1=A1+B1，将公式复制到 C2 时答案将为________。

A）A1+B1　　　　B）A2+B2　　　　C）A1+B2　　　　D）A2+B1

18．PowerPoint 演示文稿和模板的扩展名是________。

A）doc 和 txt　　　　B）html 和 ptr　　　　C）pot 和 ppt　　　　D）ppt 和 pot

19．下列不是合法的【打印内容】选项的是________。

A）幻灯片　　　　B）备注页　　　　C）讲义　　　　D）动画

20．下列不是 PowerPoint 视图的是________。

A）普通视图　　　　B）幻灯片视图　　　　C）备注页视图　　　　D）大纲视图

21．计算机网络最突出的优点是________。

A）信息量大　　　　B）储存容量大　　　　C）FTP　　　　D）资源共享

22．Internet 的中文含义是________。

A）因特网　　　　B）城域网　　　　C）互联网　　　　D）局域网

23．E-mail 邮件本质上是________。

A）一个文件　　　　B）一份传真　　　　C）一个电话　　　　D）一个电报

24．要想让计算机上网，至少要在微机内增加一块________。

A）网卡　　　　B）显示卡　　　　C）声卡　　　　D）路由器

25．域名系统 DNS 的作用是________。

A）存放主机域名　　　　　　　　B）存放 IP 地址

C）存放邮件的地址表　　　　　　D）将域名转换成 IP 地址

26．Internet 采用的通信协议是________。

A）HTTP　　　　B）TCP/IP　　　　C）SMTP　　　　D）POP3

27. IP 地址 192.168.54.23 属于________IP 地址。

A）A 类　　B）B 类　　C）C 类　　D）以上答案都不对

28. 如果一个 WWW 站点的域名地址是 www.bju.edu.cn，则它是________站点。

A）教育部门　　B）政府部门　　C）商业组织　　D）以上都不是

29. 下列不是计算机网络系统的拓扑结构的是________。

A）星形结构　　B）单线结构　　C）总线型结构　　D）环形结构

30. 在计算机网络中，通常把提供并管理共享资源的计算机称为________。

A）服务器　　B）工作站　　C）网关　　D）路由器

二、填空题

1. 在计算机网络中，通信双方必须共同遵守的规则或约定，称为________。

2. 计算机网络是由负责信息处理并向全网提供可用资源的资源子网和负责信息传输的________子网组成。

3. 提供网络通信和网络资源共享功能的操作系统称为________。

4. 计算机网络最本质的功能是实现________。

5. 目前，广泛流行的以太网所采用的拓扑结构是________。

6. ________过程将数字化的电子信号转换成模拟化的电子信号，再送上通信线路。

7. 局域网是一种在小区域内使用的网络，其英文缩写为________。

8. 某因特网用户的电子邮件地址为 llanxi@yawen.kasi.com，这表明该用户在其邮件服务器上的（邮箱）账户名是________。

9. 某局域网主干传输速率为 1 000 Mbps，这意味着每秒传输________个二进制位的信息。

10.【国家顶层域名】代码中，中国的代码是________。

计算机基础练习题四

一、选择题

1. 在计算机领域中通常用 MIPS 来描述________。

A）计算机的运算速度　　B）计算机的可靠性

C）计算机的可运行性　　D）计算机的可扩充性

2. 微型计算机存储系统中，PROM 是________。

A）可读写存储器　　B）动态随机存取存储器

C）只读存储器　　D）可编程只读存储器

3. 按 16×16 点阵存放国标 GB 2312—1980 中一级汉字（共 3 755 个）的汉字库，大约需占存储空间________。

A）1 MB　　B）512 KB　　C）256 KB　　D）128 KB

4. WPS、Word 等字处理软件属于________。

A）管理软件　　B）网络软件　　C）应用软件　　D）系统软件

5. 在各类计算机操作系统中，分时系统是一种________。

A）单用户批处理操作系统　　B）多用户批处理操作系统

C）单用户交互式操作系统　　D）多用户交互式操作系统

6．配置高速缓冲存储器（Cache）是为了解决________。

A）内存与辅助存储器之间速度不匹配问题

B）CPU 与辅助存储器之间速度不匹配问题

C）CPU 与内存储器之间速度不匹配问题

D）主机与外设之间速度不匹配问题

7．为解决某一特定问题而设计的指令序列称为________。

A）文档　　B）语言　　C）程序　　D）系统

8．下列术语中，属于显示器性能指标的是________。

A）速度　　B）可靠性　　C）分辨率　　D）精度

9．微型计算机硬件系统中最核心的部件是________。

A）主板　　B）CPU　　C）内存储器　　D）I/O 设备

10．若在一个非零无符号二进制整数右边加两个零形成一个新的数，则新数的值是原数值的________。

A）四倍　　B）二倍　　C）四分之一　　D）二分之一

11．计算机病毒是一种________。

A）特殊的计算机部件　　B）游戏软件

C）人为编制的特殊程序　　D）能传染的生物病毒

12．计算机最主要的工作特点是________。

A）存储程序与自动控制　　B）高速度与高精度

C）可靠性与可用性　　D）有记忆能力

13．在 Word 的编辑状态，共新建了两个文档，没有对这两个文档进行“保存”或“另存为”操作，则________。

A）两个文档名都出现在【文件】菜单中

B）两个文档名都出现在【窗口】菜单中

C）只有第一个文档名出现在【文件】菜单中

D）只有第二个文档名出现在【窗口】菜单中

14．在 Word 的编辑状态，为文档设置页码，可以使用________。

A）【工具】菜单中的命令　　B）【编辑】菜单中的命令

C）【格式】菜单中的命令　　D）【插入】菜单中的命令

15．在 Word 的编辑状态，单击文档窗口标题栏右侧的按钮后，会________。

A）将窗口关闭　　B）打开一个空白窗口

C）使文档窗口独占屏幕　　D）使当前窗口缩小

16．Word 主窗口的标题栏右边显示的按钮是________。

A）最小化按钮　　B）还原按钮　　C）关闭按钮　　D）最大化按钮

17．在 Word 的编辑状态，当前编辑的文档是 C 盘中的 d1.doc 文档，要将该文档复制到软盘，应当使用________。

A）【文件】菜单中的【另存为】命令　　B）【文件】菜单中的【保存】命令

C)【文件】菜单中的【新建】命令　　D)【插入】菜单中的命令

18. 在 Word 的编辑状态，当前编辑文档中的字体全是宋体字，选择了一段文字使之成反显状，先设定了楷体，又设定了仿宋体，则________。

A）文档全文都是楷体　　B）被选择的内容仍为宋体

C）被选择的内容变为仿宋体　　D）文档的全部文字的字体不变

19. 在 Word 的编辑状态，当前正编辑一个新建文档【文档 1】，当执行【文件】菜单中的【保存】命令后________。

A）该【文档 1】被存盘　　B）弹出【另存为】对话框，供进一步操作

C）自动以【文档 1】为名存盘　　D）不能以【文档 1】存盘

20. 在 Word 的编辑状态，文档窗口显示出水平标尺，则当前的视图方式________。

A）一定是普通视图或页面视图方式　　B）一定是页面视图或大纲视图方式

C）一定是全屏显示视图方式　　D）一定是全屏显示视图或大纲视图方式

21. 在 Excel 中，先选中 B2 单元格，然后选择【窗口】菜单中的【冻结窗格】命令，说法不正确的是______。

A）1 行被冻结　　B）A 列被冻结

C）1、2 行被冻结　　D）有些行列被冻结

22. 下列操作中，不能在 Excel 工作表的选定单元格中输入公式的是________。

A）单击工具栏中的【粘贴函数】按钮

B）选择【插入】菜单中的【函数】命令

C）选择【编辑】菜单中的【对象】命令

D）单击【编辑公式】按钮，再从左端的函数列表中选择所需函数

23. 在 Excel 中，选取整个工作表的方法是________。

A）选择【编辑】菜单的【全选】命令

B）单击工作表的【全选】按钮

C）单击 A1 单元格，然后按住 Shift 键单击当前屏幕的右下角单元格

D）单击 A1 单元格，然后按住 Ctrl 键单击工作表的右下角单元格

24. 在 Excel 中，要在同一工作簿中把工作表 Sheet3 移动到 Sheet1 前面，应________。

A）单击工作表 Sheet3 标签，并沿着标签行拖动到 Sheet1 前

B）单击工作表 Sheet3 标签，并按住 Ctrl 键沿着标签行拖动到 Sheet1 前

C）单击工作表 Sheet3 标签，并选择【编辑】菜单中的【复制】命令，然后单击工作表 Sheet1 标签，再选择【编辑】菜单中的【粘贴】命令

D）单击工作表 Sheet3 标签，并选择【编辑】菜单中的【剪切】命令，然后单击工作表 Sheet1 标签，再选择【编辑】菜单中的【粘贴】命令

25. Excel 工作表最多可有________列。

A）65 535　　B）256　　C）255　　D）128

26. 在 Excel 中，给当前单元格输入数值型数据时，默认为________。

A）居中　　B）左对齐　　C）右对齐　　D）随机

27. 在 Excel 工作表中，当前单元格只能是________。

A）单元格指针选定的一个　　　　　　B）选中的一行

C）选中的一列　　　　　　　　　　　D）选中的区域

28. 在 Excel 工作表单元格中，输入下列表达式________是错误的。

A）=（15-A1）/3　　　　　　　　　　B）= A2/C1

C）SUM（A2:A4）/2　　　　　　　　　D）=A2+A3+D4

29. 向单元格输入公式时，使用单元格地址 D$2 引用 D 列 2 行单元格，该单元格的引用称为________。

A）交叉地址引用　　　　　　　　　　B）混合地址引用

C）相对地址引用　　　　　　　　　　D）绝对地址引用

30. 在向 Excel 工作表的单元格里输入的公式，运算符有优先顺序，下列________说法是错的。

A）百分比优先于乘方　　　　　　　　B）乘和除优先于加和减

C）字符串连接优先于关系运算　　　　D）乘方优先于负号

二、填空题

1. 微型计算机系统可靠性可以用平均________工作时间来衡量。

2. 目前微型计算机中常用的鼠标器有光电式和________式两类。

3. 在 Word 中，只有在________视图下可以显示水平标尺和垂直标尺。

4. 在 Word 的编辑状态下，若要退出【全屏显示】视图方式，应当按的功能键是________。

5. 当前单元格的内容同时显示在该单元格和________中。

6. 当前单元格的地址显示在________中。

7. 在 Windows 的【资源管理器】窗口中，为了使具有系统和隐藏属性的文件或文件夹不显示出来，首先应进行的操作是选择________菜单中的【文件夹选项】命令。

8. 在 Windows 的【回收站】窗口中，要想恢复选定的文件或文件夹，可以使用【文件】菜单中的________命令。

9. Internet（因特网）上最基本的通信协议是________。

10. 选择【幻灯片放映】下拉菜单中的【设置放映方式】命令，在【设置放映方式】对话框中有 3 种不同的方式放映幻灯片，它们是________、________、________。

计算机基础练习题五

一、选择题

1. 如要关闭工作簿，但不想退出 Excel，可以单击________。

A）【文件】下拉菜单中的【关闭】命令　　　B）【文件】下拉菜单中的【退出】命令

C）关闭 Excel 窗口的按钮×　　　　　　　D）【窗口】下拉菜单中的【隐藏】命令

2. Excel 中，让某单元格里数值保留二位小数，下列________不可实现。

A）选择 【数据】菜单下的【有效数据】命令

B）选择单元格右击，选择【设置单元格格式】命令

C）单击工具条上的【增加小数位数】或【减少小数位数】按钮

D）打开【格式】菜单，再选择【单元格】命令

3．在 Excel 中按文件名查找时，可用________代替任意单个字符。

A）?　　B）*　　C）!　　D）%

4．在 Excel 中，用户在工作表中输入日期，________形式不符合日期格式。

A）“20-02-2000”　　B）02-OCT-2000　　C）2000/10/01　　D）2000-10-01

5．在 Excel 的打印页面中，增加页眉和页脚的操作是________。

A）执行【文件】菜单中的【页面设置】命令，选择【页眉/页脚】选项卡

B）执行【文件】菜单中的【页面设置】命令，选择【页面】选项卡

C）执行【插入】菜单中的【名称】命令，选择【页眉/页脚】选项卡

D）只能在打印预览中设置

6．已知 B3、B4 单元格的值为“中国”和“北京”，要在 C4 单元输入“中国北京”，正确的公式为________。

A）=B3+B4　　B）=B3，B4　　C）=B3&B4　　D）=B3:B4

7．在 Excel 中要选取多个不相邻的工作表，单击时需要按住的键是________。

A）Ctrl　　B）Tab　　C）Alt　　D）Shift

8．下列程序不属于附件的是________。

A）计算器　　B）记事本　　C）网上邻居　　D）画笔

9．Windows 默认的启动方式是________。

A）安全方式　　B）通常方式

C）具有网络支持的安全方式　　D）MS-DOS 方式

10．关于【开始】菜单，说法正确的是________。

A）【开始】菜单的内容是固定不变的

B）可以在【开始】菜单的【程序】中添加应用程序，但不可以在【程序】菜单中添加

C）【开始】菜单和【程序】里面都可以添加应用程序

D）以上说法都不正确

11．关于 Windows 的文件名描述正确的是________。

A）文件主名只能为 8 个字符　　B）可长达 255 个字符，无须扩展名

C）文件名中不能有空格出现　　D）可长达 255 个字符，同时仍保留扩展名

12．Windows 典型安装所需硬盘容量为________。

A）60 MB　　B）35 MB　　C）100 MB　　D）195 MB

13．在运行中输入 COMMAND 打开 MS-DOS 窗口，返回到 Windows 的方法是________。

A）按 Alt，并按 Enter 键　　B）键入 Quit，并按 Enter 键

C）键入 Exit，并按 Enter 键　　D）键入 win，并按 Enter 键

14．在 Windows 中，当程序因某种原因陷入死循环，下列哪一个方法能较好地结束该程序________。

A）按 Ctrl+Alt+Del 组合键，然后选择【结束任务】结束该程序的运行

B）按 Ctrl+Del 组合键，然后选择【结束任务】结束该程序的运行

C）按 Alt+Del 组合键，然后选择【结束任务】结束该程序的运行

D）直接 Reset 计算机结束该程序的运行

15．当系统硬件发生故障或更换硬件设备时，为了避免系统意外崩溃应采用的启动方式为________。

A）通常模式　　B）登录模式　　C）安全模式　　D）命令提示模式

16．Windows 中文输入法的安装按以下步骤进行________。

A）按【开始】→【设置】→【控制面板】→【输入法】→【添加】的顺序操作

B）按【开始】→【设置】→【控制面板】→【字体】的顺序操作

C）按【开始】→【设置】→【控制面板】→【系统】的顺序操作

D）按【开始】→【设置】→【控制面板】→【添加/删除程序】的顺序操作

17．Windows 的【开始】菜单包括了 Windows 系统的________。

A）主要功能　　B）全部功能　　C）部分功能　　D）初始化功能

18．【我的电脑】图标始终出现在桌面上，不属于【我的电脑】的内容有________。

A）驱动器　　B）我的文档　　C）控制面板　　D）打印机

19．关于 Windows 的说法，正确的是________。

A）Windows 是迄今为止使用最广泛的应用软件

B）使用 Windows 时，必须要有 MS-DOS 的支持

C）Windows 是一种图形用户界面操作系统，是系统操作平台

D）以上说法都不正确

20．要更改 Exchange 的配置，必须打开控制面板中的________。

A）电子邮件　　B）调制解调器　　C）辅助选项　　D）多媒体

21．________是指连入网络的不同档次、不同型号的微机，它是网络中实际为用户操作的工作平台，它通过插在微机上的网卡和连接电缆与网络服务器相连。

A）网络工作站　　B）网络服务器　　C）传输介质　　D）网络操作系统

22．目前网络传输介质中传输速率最高的是________。

A）双绞线　　B）同轴电缆　　C）光缆　　D）电话线

23．在下列四项中，不属于 OSI（开放系统互连）参考模型七个层次的是________。

A）会话层　　B）数据链路层　　C）用户层　　D）应用层

24．________是网络的心脏，它提供了网络最基本的核心功能，如网络文件系统、存储器的管理和调度等。

A）服务器　　B）工作站

C）服务器操作系统　　D）通信协议

25．电子邮件是 Internet 应用最广泛的服务项目，通常采用的传输协议是________。

A）SMTP　　B）TCP/IP　　C）CSMA/CD　　D）IPX/SPX

26．PowerPoint 中，有关选定幻灯片的说法中错误的是________。

A）在浏览视图中单击幻灯片，即可选定

B）如果要选定多张不连续幻灯片，在浏览视图下按 Ctrl 键并单击各张幻灯片。

C）如果要选定多张连续幻灯片，在浏览视图下，按下 Shift 键并单击最后要选定的幻灯片

D）在幻灯片视图下，也可以选定多个幻灯片

27．PowerPoint 中，要切换到幻灯片的黑白视图，请选择________。

A）【视图】菜单中的【幻灯片浏览】命令　B）【视图】菜单中的【幻灯片放映】命令

C）【视图】菜单中的【黑白】命令　D）【视图】菜单中的【幻灯片缩图】命令

28．PowerPoint 中，有关幻灯片母版中的页眉页脚下列说法错误的是________。

A）页眉或页脚是加在演示文稿中的注释性内容

B）典型的页眉/页脚内容是日期、时间以及幻灯片编号

C）在打印演示文稿的幻灯片时，页眉/页脚的内容也可打印出来

D）不能设置页眉和页脚的文本格式

29．PowerPoint 中，在浏览视图下，按住 Ctrl 键并拖动某幻灯片，可以完成________操作。

A）移动幻灯片　B）复制幻灯片　C）删除幻灯片　D）选定幻灯片

30．PowerPoint 中，有关备注母版的说法错误的是________。

A）备注的最主要功能是进一步提示某张幻灯片的内容

B）要进入备注母版，可以选择【视图】菜单中的【母版】命令，再选择【备注母版】命令

C）备注母版的页面共有 5 个设置：页眉区、页脚区、日期区、幻灯片缩图和数字区

D）备注母版的下方是备注文本区，可以像在幻灯片母版中那样设置其格式

二、填空题

1. 计算机的语言发展经历了三个阶段，它们是：________阶段、汇编语言阶段和________阶段。

2．8 位二进制数为一个________，它是计算机中基本的数据单位。

3. 在 Word 中，必须在________视图方式或打印预览中才会显示出用户设定的页眉和页脚。

4．在 Word 中，查找范围的默认项是查找________。

5．为了保证打印出来的工作表格式清晰、美观，完成页面设置后，在打印之前通常要进行________。

6．根据生成的图表所处位置的不同，可以将其分为________图表和________图表。

7．________是 Windows 提供的一个图像处理软件，我们可以通过它绘制一些简单的图形。

8．在启动 Windows 的过程中，按________键可以直接进入 MS-DOS 系统。

9．________过程将数字化的电子信号转换成模拟化的电子信号，再送上通信线路。

10．在一个演示文稿中________（能、不能）同时使用不同的模板。

计算机基础练习题六

一、选择题

1．微机硬件系统中最核心的部件是________。

A）内存储器　B）输入输出设备　C）CPU　D）硬盘

2．用 MIPS 来衡量的计算机性能指标是________。

A）传输速率　B）存储容量　C）字长　D）运算速度

3．在计算机中，既可作为输入设备又可作为输出设备的是________。

A）显示器　B）磁盘驱动器　C）键盘　D）图形扫描仪

4. 微型计算机中，ROM 的中文名字是 ________。

A）随机存储器　　B）只读存储器

C）高速缓冲存储器　　D）可编程只读存储器

5. 要存放 10 个 24×24 点阵的汉字字模，需要________存储空间。

A）74 B　　B）320 B　　C）720 B　　D）72 KB

6. 把硬盘上的数据传送到计算机的内存中去，称为________。

A）打印　　B）写盘　　C）输出　　D）读盘

7. 目前常用的 3.5 英寸软盘片角上有一带黑滑块的小方口，当小方口被关闭时，其作用是________。

A）只能读不能写　　B）能读又能写

C）禁止读也禁止写　　D）能写但不能读

8. 计算机网络的目标是实现________。

A）数据处理　　B）文献检索

C）资源共享和信息传输　　D）信息传输

9. 计算机内部采用的数制是________。

A）十进制　　B）二进制　　C）八进制　　D）十六进制

10. 下列四项中，不属于计算机病毒特征的是________。

A）潜伏性　　B）传染性　　C）激发性　　D）免疫性

11. 计算机病毒是可以造成计算机故障的________。

A）一种微生物　　B）一种特殊的程序

C）一块特殊芯片　　D）一个程序逻辑错误

12. 下列存储器中，存取速度最快的是 ________。

A）CD-ROM　　B）内存储器　　C）软盘　　D）硬盘

13. CPU 主要由运算器和________组成。

A）控制器　　B）存储器　　C）寄存器　　D）编辑器

14. 计算机软件系统包括________。

A）系统软件和应用软件　　B）编辑软件和应用软件

C）数据库软件和工具软件　　D）程序和数据

15. 计算机能直接识别的语言是________。

A）高级程序语言　　B）汇编语言

C）机器语言（或称指令系统）　　D）C 语言

16. 计算机存储器中，一个字节由________位二进制位组成。

A）4　　B）8　　C）16　　D）32

17. 在微机中，1 MB 准确等于________。

A）1 024×1 024 个字　　B）1 024×1 024 个字节

C）1 000×1 000 个字节　　D）1 000×1 000 个字

18. 为了防止病毒传染到保存有重要数据的 3.5 英寸软盘片上，正确的方法是________。

A）关闭盘片片角上的小方口　　B）打开盘片片角上的小方口

C）将盘片保存在清洁的地方　　D）不要将盘片与有病毒的盘片放在一起

19．在微机的配置中常看到【处理器 PentiumIII/667】字样，其数字 667 表示________。

A）处理器的时钟主频是 667 MHz

B）处理器的运算速度是 667 MIPS

C）处理器的产品设计系列号是第 667 号

D）处理器与内存间的数据交换速率是 667 KB/s

20．十进制整数 100 化为二进制数是 ________。

A）1100100　　B）1101000　　C）1100010　　D）1110100

21．要将 Word 文档中一部分选定的文字移动到指定的位置上去，对它进行的第一步操作是________。

A）选择【编辑】菜单下的【复制】命令

B）选择【编辑】菜单下的【清除】命令

C）选择【编辑】菜单下的【剪切】命令

D）选择【编辑】菜单下的【粘贴】命令

22．在 Word 编辑状态下，如要调整段落的左右边界，用________的方法最为直观、快捷。

A）格式栏　　B）格式菜单

C）拖动标尺上的缩进标记　　D）常用工具栏

23．如要在 Word 文档中创建表格，应使用________菜单。

A）格式　　B）表格　　C）工具　　D）插入

24．Word 程序启动后就自动打开一个名为________的文档。

A）Noname　　B）Untitled　　C）文件 1　　D）文档 1

25．PowerPoint 演示文档的扩展名是________。

A）.ppt　　B）.pwt　　C）.xsl　　D）.doc

26．在 PowerPoint 的________下，可以用拖动方法改变幻灯片的顺序。

A）幻灯片视图　　B）备注页视图

C）幻灯片浏览视图　　D）幻灯片放映

27．Windows95 中，对文件和文件夹的管理是通过________来实现的。

A）对话框　　B）剪贴板

C）资源管理器或我的电脑　　D）控制面板

28．Word 程序允许打开多个文档，用________菜单可以实现各文档窗口之间的切换。

A）编辑　　B）窗口　　C）视图　　D）工具

29．PowerPoint 提供________种新幻灯片版式供用户创建演示文件时选用。

A）12　　B）24　　C）28　　D）32

30．当前微机上运行的 Windows 系统是属于 ________。

A）网络操作系统　　B）单用户单任务操作系统

C）单用户多任务操作系统　　D）分时操作系统

二、填空题

1．计算机工作时，内存储器中存储的是________。

2．1 KB 的存储空间中能存储________个汉字内码。
3．字长为 6 位的二进制无符号整数，其最大值是十进制数________。
4．计算机之所以能按人们的意图自动地进行操作，主要是由于计算机采用了________。
5．计算机病毒通过网络传染的主要途径________。
6．微型计算机的主机由________组成。
7．新建的 Excel 工作簿窗口中包含________个工作表。
8．5 英寸高密（1.44 MB）软盘片上每个扇区的容量是________字节。
9．在 Word 中，只有在________视图下可以显示水平标尺和垂直标尺。
10．因特网（Internet）上最基本的通信协议是________。

计算机基础练习题七

一、选择题

1．在 Word 中查找和替换正文时，若操作错误则________。
A）可用【撤消】命令来恢复　　B）必须手工恢复
C）无可挽回　　D）有时可恢复，有时就无可挽回
2．在 Word 编辑时，文字下面有红色波浪下划线表示________。
A）已修改过的文档　　B）对输入的确认
C）可能是拼写错误　　D）可能的语法错误
3．若在 Excel 的 A2 单元中输入【=56>=57】，则显示结果为________。
A）56<57　　B）=56<57　　C）TRUE　　D）FALSE
4．在 Excel 中，同时选择多个相邻的工作表，可以在按住________键的同时依次单击各个工作表的标签。
A）Tab　　B）Alt　　C）Shift　　D）Ctrl
5．当新的硬件安装到计算机上后，计算机启动即能自动检测到，为了在 Windows 上安装该硬件，只需________。
A）根据计算机的提示一步一步进行
B）回到 DOS 下安装硬件
C）无须安装驱动程序即可使用，即为即插即用
D）以上都不对
6. 把 Windows 的窗口和对话框作一比较，窗口可以移动和改变大小，而对话框________。
A）既不能移动，也不能改变大小　　B）仅可以移动，不能改变大小
C）仅可以改变大小，不能移动　　D）既可移动，也能改变大小
7．如果要播放音频或视频光盘，________不是需要安装的。
A）声卡　　B）影视卡　　C）解压卡　　D）网卡
8．Windows 的桌面是指 ________。
A）整个屏幕　　B）全部窗口　　C）某个窗口　　D）活动窗口
9．电子邮件是 Internet 应用最广泛的服务项目，通常采用的传输协议是________。

A）SMTP　　B）TCP/IP　　C）CSMA/CD　　D）IPX/SPX

10．选择网卡的主要依据是组网的拓扑结构、________、网络段的最大长度和节点之间的距离。

A）接入网络的计算机种类　　B）使用的传输介质的类型

C）使用的网络操作系统的类型　　D）互联网络的规模

11．如果要以电话拨号方式接入Internet网，则需要安装调制解调器和________。

A）浏览器软件　　B）网卡　　C）Windows NT　　D）解压卡

12．PowerPoint中，在________视图中，用户可以看到画面变成上下两半，上面是幻灯片，下面是文本框，可以记录演讲者讲演时所需的一些提示重点。

A）备注页视图　　B）浏览视图　　C）幻灯片视图　　D）黑白视图

13．PowerPoint中，母版工具栏上有两个按钮，是关闭和________。

A）幻灯片缩图　　B）链接　　C）预览　　D）保存

14．PowerPoint演示文档的扩展名是________。

A）PPT　　B）PWT　　C）XSL　　D）DOC

15．显示器的像素分辨率是________好。

A）越高越　　B）越低越　　C）中等为　　D）一般为

16．断电会使存储数据丢失的存储器是________。

A）RAM　　B）ROM　　C）硬盘　　D）软盘

17．用计算机进行资料检索工作是属于计算机应用中的________。

A）数据处理　　B）科学计算　　C）实时控制　　D）人工智能

18．打印机是一种 ________。

A）输入设备　　B）输出设备　　C）存储器　　D）运算器

19．微处理器是把运算器和________作为一个整体采用大规模集成电路集成在一块芯片上。

A）存储器　　B）控制器　　C）输出设备　　D）地址总线

20．下列关于在Word中进行查找的说法不正确的是 ________。

A）查找的时候，可选择【区分大小写】选项

B）查找不能查找特定的格式

C）若【全字匹配】关闭，查找模板：【WINDOW】将匹配【WINDOWS】、【WINDOW】

D）可以查找整个文档

21．________输入到Excel工作表的单元格中是不正确的。

A）=“1，5”　　B）10，10.5　　C）=10^2　　D）=10，2

22．在Excel中，修改当前工作表【标签】名称，下列________不能实现。

A）双击工作表标签

B）选择【格式】菜单中的【工作表】→【重命名】命令

C）鼠标右击工作表标签，选择【重命名】命令

D）选择【文件】菜单下的【重命名】命令

23．Windows能动态管理的内存空间最大为________。

A）640 KB　　B）4 GB
C）1 MB　　D）由硬盘可用空间决定

24．为获得 Windows 帮助，必须通过下列途径________。
A）在【开始】菜单中运行【帮助】命令　　B）选择桌面并按 F1 键
C）在使用应用程序过程中按 F1 键　　D）A 和 B 都对

25．在 Windows 中，回收站是________。
A）内存中的一块区域　　B）硬盘上的一块区域
C）软盘上的一块区域　　D）高速缓存中的一块区域

26．Windows 任务栏上的内容为________。
A）当前窗口的图标　　B）已经启动并在执行的程序名
C）所有运行程序的程序按钮　　D）已经打开的文件名

27．图标是 Windows 操作系统中的一个重要概念，它表示 Windows 的对象。它可以指________。
A）文档或文件夹　　B）应用程序
C）设备或其他的计算机　　D）以上都正确

28．在资源管理器左窗口中，单击文件夹中的图标，________。
A）在左窗口中扩展该文件夹
B）在右窗口中显示文件夹中的子文件夹和文件
C）在左窗口中显示子文件夹
D）在右窗口中显示该文件夹中的文件

29．要更改 Exchange 的配置，必须打开控制面板中的 ________。
A）电子邮件　　B）调制解调器
C）辅助选项　　D）多媒体

30．目前网络传输介质中传输速率最高的是 ________。
A）双绞线　　B）同轴电缆　　C）光缆　　D）电话线

二、填空题

1．计算机的主要性能指标是：字长、存储周期、存储容量、________、运算速度。

2．在存储系统中，ROM 是指________。

3．在 word 中，查找范围的默认项为查找________

4．在 word 中，设定行距和段间距，可在【格式】菜单中选择________命令。

5．要选定整个工作表应单击________。

6．在单元格中输入数值数据时，默认的对齐方式是________。

7．________是 Windows 提供的一个工具软件，它能有效地搜集整理磁盘碎片，从而提高系统工作效率。

8．一般来说，Windows 的查找功能可以查找特定的文件和________。

9．在网络互联设备中，连接两个同类型的网络需要用________。

10．仅显示演示文稿的文本内容，不显示图形、图像、图表等对象，应选择________视图方式。

计算机基础练习题八

一、选择题

1．计算机网络分局域网、城域网和广域网，属于局域网的是________。

A）ChinaDDN 网　　B）Novell 网　　C）Chinanet 网　　D）Internet

2．世界上公认的第一台电子计算机诞生的年代是________。

A）1943　　B）1946　　C）1950　　D）1951

3．二进制数 110001 转换成十进制数是________。

A）47　　B）48　　C）49　　D）51

4．下列关于计算机病毒的叙述中，正确的是________。

A）反病毒软件可以查、杀任何种类的病毒

B）计算机病毒是一种被破坏了的程序

C）反病毒软件必须随着新病毒的出现而升级，提高查、杀病毒的功能

D）感染过计算机病毒的计算机具有对该病毒的免疫性

5．假设某台式计算机内存储器的容量为 1 KB，其最后一个字节的地址是________。

A）1023H　　B）1024H　　C）0400H　　D）03FFH

6．用来存储当前正在运行的应用程序的存储器是________。

A）内存　　B）硬盘　　C）软盘　　D）CD-ROM

7．下列各类计算机程序语言中，不属于高级程序设计语言的是________。

A）VisualBasic　　B）FORTRAN 语言

C）Pascal 语言　　D）汇编语言

8．在下列字符中，其 ASCII 码值最大的一个是________。

A）9　　B）Z　　C）d　　D）x

9．一个汉字的国标码需用 2 字节存储，其每个字节的最高二进制位的值分别为________。

A）0，0　　B）1，0　　C）0，1　　D）1，1

10．下列设备组中，完全属于计算机输出设备的一组是________。

A）喷墨打印机，显示器，键盘　　B）激光打印机，键盘，鼠标器

C）键盘，鼠标器，扫描仪　　D）打印机，绘图仪，显示器

11．一个字长为 6 位的无符号二进制数能表示的十进制数值范围是________。

A）0～64　　B）1～64　　C）1～63　　D）0～63

12．已知英文字母 m 的 ASCII 码值为 6DH，那么字母 q 的 ASCII 码值是________。

A）70H　　B）71H　　C）72H　　D）6FH

13．用高级程序设计语言编写的程序，具有________。

A）计算机能直接执行　　B）良好的可读性和可移植性

C）执行效率高但可读性差　　D）依赖于具体机器，可移植性差

14．操作系统对磁盘进行读/写操作的单位是________。

A）磁道　　B）字节　　C）扇区　　D）KB

15．下列各项中，非法的 Internet 的 IP 地址是________。

A）202.96.12.14　　B）202.196.72.140

C）112.256.23.8　　D）201.124.38.79

16．构成 CPU 的主要部件是________。

A）内存和控制器　　B）内存、控制器和运算器

C）高速缓存和运算器　　D）控制器和运算器

17．若已知一汉字的国标码是 5E38H，则其内码是________。

A）DEB8H　　B）DE38H　　C）5EB8H　　D）7E58H

18．下列设备中，可以作为微机的输入设备的是________。

A）打印机　　B）显示器　　C）鼠标器　　D）绘图仪

19．把内存中数据传送到计算机的硬盘上去的操作称为________。

A）显示　　B）写盘　　C）输入　　D）读盘

20．组成微型机主机的部件是________。

A）CPU、内存和硬盘　　B）CPU、内存、显示器和键盘

C）CPU 和内存储器　　D）CPU、内存、硬盘、显示器和键盘

21．通常人们说 586 微机，其中 586 的含义是________。

A）内存的容量　　B）CPU 的档次

C）硬盘的容量　　D）显示器的档次

22．PCI 系列 586/60 微型计算机，其中 PCI 是________。

A）产品型号　　B）总线标准

C）微机系统名称　　D）微处理器型号

23．UPS 是指________。

A）大功率稳压电源　　B）不间断电源

C）用户处理系统　　D）联合处理系统

24．任何进位计数制都有的两要素是________。

A）整数和小数　　B）定点数和浮点数

C）数码的个数和进位基数　　D）阶码和尾码

25．在 Word 文档中插入图片后，可以进行的操作是________。

A）删除　　B）剪裁　　C）缩放　　D）以上均可

26．在 Word 中查找和替换正文时，若操作错误则________。

A）可用【撤消】命令来恢复　　B）必须手工恢复

C）无可挽回　　D）有时可恢复，有时就无可挽回

27．在 Word 编辑时，文字下面有红色波浪下划线表示________。

A）已修改过的文档　　B）对输入的确认

C）可能是拼写错误　　D）可能的语法错误

28．若在 Excel 的 A2 单元中输入【=56>=57】，则显示结果为________。

A）56<57　　B）=56<57　　C）TRUE　　D）FALSE

29．在 Excel 工作簿中，同时选择多个相邻的工作表，可以在按住________键的同时依

次单击各个工作表的标签。

A）Tab　　B）Alt　　C）Shift　　D）Ctrl

30．当新的硬件安装到计算机上后，计算机启动即能自动检测到，为了在 Windows 上安装该硬件，只需________。

A）根据计算机的提示一步一步进行

B）回到 DOS 下安装硬件

C）无须安装驱动程序即可使用，即为即插即用

D）以上都不对

二、填空题

1．一个演示文稿放映过程中，终止放映需要按键盘上的________键。

2．一个幻灯片内包含的文字、图形、图片等称为________。

3．能规范一套幻灯片的背景、图像、色彩搭配的是________。

4．在 PowerPoint 中提供了模板文档，其扩展名为________。

5．在打印演示文稿时，在一页纸上能包括几张幻灯片缩图的打印内容称为________。

6．仅显示演示文稿的文本内容，不显示图形、图像、图表等对象，应选择________视图方式。

7．演示文稿中的每一张幻灯片由若干________组成。

8．在一个演示文稿中________（能、不能）同时使用不同的模板。

9．创建新的幻灯片时出现的虚线框称为________。

10．在 PowerPoint 中，为每张幻灯片设置放映时的切换方式，应使用【幻灯片放映】菜单下的________选项。

计算机基础练习题九

一、选择题

1．计算机辅助教学的英文缩写是________。

A）CAD　　B）CAM　　C）CAI　　D）CAT

2．全拼输入法属于________。

A）音码输入法　　B）形码输入法

C）音形结合输入法　　D）联想输入法

3．下列叙述中，正确的一条是________。

A）用高级程序语言编写的程序称为源程序

B）计算机能直接识别并执行用汇编语言编写的程序

C）机器语言编写的程序执行效率最低

D）不同型号的 CPU 具有相同的机器语言

4．在 ASCII 码表中，根据码值由小到大的排列顺序是________。

A）空格字符、数字符、大写英文字母、小写英文字母

B）数字符、空格字符、大写英文字母、小写英文字母

C）空格字符、数字符、小写英文字母、大写英文字母

D）数字符、大写英文字母、小写英文字母、空格字符

5．微型计算机中，控制器的基本功能是________。

A）进行算术和逻辑运算　　B）控制计算机各部件协调一致地工作

C）存储各种控制信息　　D）保持各种控制状态

6．在计算机技术指标中，MIPS 用来描述计算机的________。

A）时钟主频　　B）运算速度　　C）存储容量　　D）字长

7．下列各项中，属于显示器的主要技术指标之一的是________。

A）分辨率　　B）亮度　　C）重量　　D）外形尺寸

8．按操作系统的分类，UNIX 系统属于________操作系统。

A）批处理　　B）实时　　C）分时　　D）单用户

9．ROM 中的信息是________。

A）由计算机制造厂预先写入的　　B）在系统安装时写入的

C）根据用户的需求，由用户随时写入的　　D）由程序临时存入的

10. RAM 中有一类存储器，需要周期性地补充电荷以保证所存储信息的正确，这类 RAM 称为________。

A）SRAM　　B）DRAM　　C）RAM　　D）Cache

11．假设某台式计算机有内存储器的容量为 1 KB，其最后一个字节的十六进制字节地址是________。

A）1023　　B）1024　　C）0400　　D）03FF

12．用高级语言编写的程序称为源程序，它________。

A）只能在专门的机器上运行　　B）无须编译或解释，可直接在机器上运行

C）不容易编写，可读性差　　D）具有良好的可读性和可移植性

13．下列各项中，________是微机的主要技术指标之一。

A）字长　　B）外形尺寸大小　　C）整机重量　　D）耗电量

14．下列叙述中，正确的一条是________。

A）CPU 能直接读取硬盘上的数据　　B）CPU 能直接与内存储器交换数据

C）CPU 由存储器和控制器组成　　D）CPU 主要用来存储程序和数据

15．一片 3.5 英寸的 1.44 MB 的高密软盘片的根目录中可存储________个文件目录项。

A）112　　B）64　　C）任意多　　D）224

16．计算机病毒主要造成________。

A）磁盘片的损坏　　B）磁盘驱动器的破坏　　C）CPU 的破坏　　D)程序和数据的破坏

17．下列说法中，正确的一条是________。

A）一个汉字的机内码值与它的国标码值相差 8080H

B）一个汉字的机内码值与它的国标码值是相同的

C）不同汉字的机内码码长是不相同的

D）同一汉字不同的输入法输入时，其机内码是不相同的

18．微型计算机硬件系统中最核心的部件是________。

A）硬盘　　　　B）CPU　　　　C）内存储器　　　　D）I/O 设备

19．接入 Internet 的每一台主机都有一个唯一的纯数字编号，以便识别，此编号称为________。

A）URL　　　　B）TCP 地址　　　　C）IP 地址　　　　D）域名

20．下列地址中，正确的一个 IP 地址是________。

A）68.256.103.43　　　　B）68.202.156.23

C）68，103，89，56　　　　D）101.56.300

21．在微机中，应用最普遍的字符编码是________。

A）BCD 码　　　　B）ASCII 码　　　　C）汉字编码　　　　D）补码

22．在计算机网络中，表示数据传输可靠性的指标是________。

A）传输率　　　　B）误码率　　　　C）信息容量　　　　D）频带利用率

23．PowerPoint 中，在________视图中，可以定位到某特定的幻灯片。

A）备注页视图　　　　B）浏览视图　　　　C）放映视图　　　　D）黑白视图

24．PowerPoint 中，要切换到幻灯片母版中，________。

A）选择【视图】菜单中的【母版】，再选择【幻灯片母版】命令

B）按住 Alt 键的同时单击【幻灯片视图】按钮

C）按住 Ctrl 键的同时单击【幻灯片视图】按钮

D）A 和 C 都对

25．通常所说的 586 机是指________。

A）其字长是为 586 位　　　　B）其内存容量为 586 KB

C）其主频为 586 MHZ　　　　D）其所用的微处理器芯片型号为 80586

26．内存储器是计算机系统中的记忆设备，它主要用于________。

A）存放数据　　　　B）存放程序

C）存放数据和程序　　　　D）存放地址

27．Word 中，单击工具栏上的【插入表格】按钮，显示的原始插入表格有________。

A）四行五列　　　　B）五行四列　　　　C）四行四列　　　　D）五行五列

28．在 Word 中，________可对光标移动前的位置到文本末的全部文本作标记。作标记后即可对已标记的文本进行整块操作。

A）Shift+Ctrl+End　　　　B）Shift+Ctrl+Home　　　　C）Ctrl+Alt+End　　　　D）Alt+Ctrl+Home

29．在 Word 中，选定表格中的一列时，常用工具栏上的【插入表格】按钮提示将会改变为________。

A）插入行　　　　B）插入列　　　　C）删除行　　　　D）删除列

30．在 Word 中，【窗口】下拉菜单底部所显示的文件名是________。

A）已关闭文件的文件名　　　　B）正在打印的文件名

C）扩展名为.doc 的文件名　　　　D）打开的所有文件的文件名

二、填空题

1．计算机指令由操作码和________组成。

2．微型计算机总线一般由地址总线、数据总线和________总线组成。

3．在 Windows 中，要想将当前窗口的内容存入剪贴板中，可以按________键。

4．在 Windows 中，要使用【添加/删除程序】功能，必须打开________窗口。

5．如要插入页眉/页脚，则应选择________下拉菜单中的【页眉/页脚】命令。

6．用鼠标在文档选定区中连续快速击打三次，其作用是________，与快捷键 Ctrl+A 的作用等价。

7．D5 单元格中有公式【=A5+$B$4】，删除第 3 行后，D4 中的公式是________。

8．对数据清单进行分类汇总前，必须对数据清单进行________操作。

9．在 PowerPoint 中，可以对幻灯片进行移动、删除、复制、设置动画效果，但不能对单独的幻灯片的内容进行编辑的视图是________。

10．Internet 用________协议实现各网络之间的互联。

计算机基础练习题十

一、选择题

1．在 Excel 中，要在同一工作簿中把工作表 Sheet3 移动到 Sheet1 前面，应________。

A）单击工作表 Sheet3 标签，并沿着标签行拖动到 Sheet1 前

B）单击工作表 Sheet3 标签，并按住 Ctrl 键沿着标签行拖动到 Sheet1 前

C）单击工作表 Sheet3 标签，并选择【编辑】菜单中的【复制】命令，然后单击工作表 Sheet1 标签，再选择【编辑】菜单中的【粘贴】命令

D）单击工作表 Sheet3 标签，并选择【编辑】菜单中的【剪切】命令，然后单击工作表 Sheet1 标签，再选择【编辑】菜单中的【粘贴】命令

2．Excel 工作表最多可有________列。

A）65 535　　B）256　　C）255　　D）128

3．在 Excel 中，给当前单元格输入数值型数据时，默认为________。

A）居中　　B）左对齐　　C）右对齐　　D）随机

4．在 Excel 工作表中，当前单元格只能是________。

A）单元格指针选定的一个　　B）选中的一行

C）选中的一列　　D）选中的区域

5．在 Excel 工作表单元格中，输入下列表达式________是错误的。

A）=（15-A1）/3　　B）=A2/C1

C）SUM（A2:A4）/2　　D）=A2+A3+D4

6．向单元格输入公式时，使用单元格地址 D$2 引用 D 列 2 行单元格，该单元格的引用称为________。

A）交叉地址引用　　B）混合地址引用

C）相对地址引用　　D）绝对地址引用

7．在向 Excel 工作表的单元格里输入的公式，运算符有优先顺序，下列________说法是错的。

A）百分比优先于乘方　　B）乘和除优先于加和减

C）字符串连接优先于关系运算　　　　　　D）乘方优先于负号

8．在 Windows 中，为了弹出【显示属性】对话框以进行显示器的设置，下列操作中正确的是________。

A）用鼠标右击任务栏空白处，在弹出的快捷菜单中选择【属性】命令

B）用鼠标右击桌面空白处，在弹出的快捷菜单中选择【属性】命令

C）用鼠标右击【我的电脑】窗口空白处，在弹出的快捷菜单中选择【属性】命令

D）用鼠标右击【资源管理器】窗口空白处，在弹出的快捷菜单中选择【属性】命令

9．在 Windows 中有两个管理系统资源的程序组，它们是________。

A）【我的电脑】和【控制面板】　　　　　B）【资源管理器】和【控制面板】

C）【我的电脑】和【资源管理器】　　　　D）【控制面板】和【开始】菜单

10．使用软键盘可以快速地输入各种特殊符号，为了撤销弹出的软键盘，正确的操作为________。

A）单击软键盘上的 Esc 键

B）右击软键盘上的 Esc 键

C）右击中文输入法状态窗口中的【开启/关闭软键盘】按钮

D）单击中文输入法状态窗口中的【开启/关闭软键盘】按钮

11．在 Windows 的【回收站】窗口中，存放的________。

A）只能是硬盘上被删除的文件或文件夹

B）只能是软盘上被删除的文件或文件夹

C）可以是硬盘或软盘上被删除的文件或文件夹

D）可以是所有外存储器中被删除的文件或文件夹

12．在 Windows【开始】菜单下的【文档】子菜单中存放的是________。

A）最近建立的文档　　　　　　　　　　B）最近打开过的文件夹

C）最近打开过的文档　　　　　　　　　D）最近运行过的程序

13．下列不可能出现在 Windows【资源管理器】窗口左部的选项是________。

A）我的电脑　　　B）桌面　　　C）（C:）　　　D）资源管理器

14．Windows 操作系统区别于 DOS 和 Windows3.X 的最显著的特点是它________。

A）提供了图形界面　　　　　　　　　　B）能同时运行多个程序

C）具有硬件即插即用功能　　　　　　　D）是真正 32 位操作系统

15．在 Windows 中，能弹出对话框的操作是________。

A）选择了带省略号的菜单项　　　　　　B）选择了带向右三角形箭头的菜单项

C）选择了颜色变灰的菜单项　　　　　　D）运行了与对话框对应的应用程序

16．在 Windows 中，打开【资源管理器】窗口后，要改变文件或文件夹的显示方式，应选用________。

A）【文件】菜单　　B）【编辑】菜单　　C）【查看】菜单　　D）【帮助】菜单

17．在 Windows 中，【任务栏】________。

A）只能改变位置不能改变大小　　　　　B）只能改变大小不能改变位置

C）既不能改变位置也不能改变大小　　　D）既能改变位置也能改变大小

18．在【资源管理器】窗口右部选定所有文件，如果要取消其中几个文件的选定，应进行的操作是________。

A）依次单击各个要取消选定的文件

B）按住 Ctrl 键，再依次单击各个要取消选定的文件

C）按住 Shift 键，再依次单击各个要取消选定的文件

D）依次右击各个要取消选定的文件

19．在 Windows 中，用户同时打开的多个窗口可以层叠式或平铺式排列，要想改变窗口的排列方式，应进行的操作是________。

A）右击任务栏空白处，然后在弹出的快捷菜单中选取要排列的方式

B）右击桌面空白处，然后在弹出的快捷菜单中选取要排列的方式

C）先打开【资源管理器】窗口，选择其中的【查看】菜单下的【排列图标】命令

D）先打开【我的电脑】窗口，选择其中的【查看】菜单下的【排列图标】命令

20．电子邮件是 Internet 应用最广泛的服务项目，通常采用的传输协议是________。

A）SMTP　　B）TCP/IP　　C）CSMA/CD　　D）IPX/SPX

21．________是指连入网络的不同档次、不同型号的微机，它是网络中实际为用户操作的工作平台，通过插在微机上的网卡和连接电缆与网络服务器相连。

A）网络工作站　　B）网络服务器　　C）传输介质　　D）网络操作系统

22．计算机网络的目标是实现________。

A）数据处理　　B）文献检索

C）资源共享和信息传输　　D）信息传输

23．当个人计算机以拨号方式接入 Internet 网时，必须使用的设备是________。

A）网卡　　B）调制解调器（Modem）

C）电话机　　D）浏览器软件

24．通过 Internet 发送或接收电子邮件（E-mail）的首要条件是应该有一个电子邮件（E-mail）地址，它的正确形式是________。

A）用户名@域名　　B）用户名#域名　　C）用户名/域名　　D）用户名.域名

25．OSI（开放系统互联）参考模型的最低层是________。

A）传输层　　B）网络层　　C）物理层　　D）应用层

26．PowerPoint2000 中，有关修改图片，下列说法错误的是________。

A）裁剪图片是指保存图片的大小不变，而将不希望显示的部分隐藏起来

B）当需要重新显示被隐藏的部分时，还可以通过【裁剪】工具进行恢复

C）如果要裁剪图片，单击选定图片，再单击【图片】工具栏中的【裁剪】按钮

D）按住鼠标右键向图片内部拖动时，可以隐藏图片的部分区域

27．PowerPoint 中，下列有关发送演示文稿的说法中正确的是________。

A）在发送信息之前，必须设置好 Outlook2000 要用到的配置文件

B）准备好要发送的演示文稿后，选择【编辑】菜单中的【链接】命令，再选择【邮件收件人】命令

C）如果以附件形式发送，发送的是当前幻灯片的内容

D）如果以邮件正文形式发送，则发送的是整个演示文稿文件，还可以在邮件正文添加说明文字

28．PowerPoint 中，下列说法错误的是________。

A）允许插入在其他图形程序中创建的图片

B）为了将某种格式的图片插入到 PowerPoint 中，必须安装相应的图形过滤器

C）选择【插入】菜单中的【图片】命令，再选择【来自文件】命令

D）在插入图片前，不能预览图片

29．PowerPoint 中，下列说法错误的是________。

A）可以利用自动版式建立带剪贴画的幻灯片，用来插入剪贴画

B）可以向已存在的幻灯片中插入剪贴画

C）可以修改剪贴画

D）不可以为图片重新上色

30．PowerPoint 中，下列有关在应用程序间复制数据的说法中错误的是________。

A）只能使用复制和粘贴的方法来实现信息共享

B）可以将幻灯片复制到 Word2000 中

C）可以将幻灯片移动到 Excel 工作簿中

D）可以将幻灯片拖动到 Word2000 中

二、填空题

1．微型计算机系统可靠性可以用平均________工作时间来衡量。

2．目前微型计算机中常用的鼠标器有光电式和________式两类。

3．在 Word 中，只有在________视图下可以显示水平标尺和垂直标尺。

4．在 Word 的编辑状态下，若要退出【全屏显示】视图方式，应当按的功能键是________。

5．当前单元格的内容同时显示在该单元格和________中。

6．当前单元格的地址显示在________中。

7．在 Windows 的【资源管理器】窗口中，为了使具有系统和隐藏属性的文件或文件夹不显示出来，首先应进行的操作是选择________菜单中的【文件夹选项】命令。

8．在 Windows 的【回收站】窗口中，要想恢复选定的文件或文件夹，可以使用【文件】菜单中的________命令。

9．Internet（因特网）上最基本的通信协议是________。

10．单击【幻灯片放映】下拉菜单中的【设置放映方式】命令，在【设置放映方式】对话框中有 3 种不同的方式放映幻灯片，它们是____1____、____2____、____3____。

计算机基础练习题答案

计算机基础练习题一参考答案

一、选择题

1. C　2. B　3. B　4. A　5. D　6. A　7. C　8. D　9. B　10. C
11. A　12. B　13. D　14. D　15. B　16. B　17. D　18. B　19. A　20. B

二、填空题

1. 移动　2. 总线型　3. 文档　4. 模板　5. 外　6. 数据处理　7. 浏览器　8. Alt+F4
9. 相关信息　10. 数据

计算机基础练习题二参考答案

一、选择题

1. C　2. B　3. B　4. C　5. A　6. A　7. B　8. B　9. C　10. A
11. D　12. D　13. D　14. C　15. B　16. C　17. D　18. B　19. B　20. A
21. D　22. A　23. D　24. B　25. C　26. C　27. D　28. D　29. A　30. B

二、填空题

1. 新序列　2. Ctrl+Shift+；或 Ctrl+Shift+；或 Ctrl+Shift+；　3. ’0100281
4. 1900 年 1 月 1 日　5. −168　6. =$B5+D4　7. 筛选或数据筛选　8. 行
9. 垂直拆分块　10. 日期

计算机基础练习题三参考答案

一、选择题

1. A　2. A　3. D　4. C　5. B　6. C　7. C　8. B　9. D　10. D
11. B　12. B　13. C　14. D　15. C　16. B　17. B　18. D　19. D　20. C
21. D　22. A　23. A　24. A　25. D　26. B　27. C　28. A　29. B　30. A

二、填空题

1. 协议　2. 通信　3. 网络操作系统　4. 资源共享　5. 总线型
6. 调制或数/模转换或 D/A 转换或 D/A　7. LAN　8. llanxi　9. 1 000M10.cn

计算机基础练习题四参考答案

一、选择题

1. A　2. D　3. D　4. C　5. D　6. C　7. C　8. C　9. B　10. A
11. C　12. A　13. B　14. D　15. D　16. B　17. A　18. C　19. B　20. A
21. C　22. C　23. B　24. A　25. B　26. C　27. A　28. C　29. B　30. D

二、填空题

1. 无故障　2. 机电　3. 页面　4. Esc　5. 数据编辑区或编辑栏　6. 名称框
7. 查看　8. 还原　9. TCP/IP 或传输控制协议/网际协议
10. 演讲者放映、观众自行浏览、在展台浏览

计算机基础练习题五参考答案

一、选择题

1. A　2. A　3. A　4. A　5. A　6. C　7. A　8. C　9. B　10. C
11. D　12. D　13. C　14. A　15. C　16. A　17. B　18. B　19. C　20. A
21. A　22. C　23. C　24. C　25. A　26. D　27. C　28. D　29. B　30. C

二、填空题

1. 机器语言、高级语言　2. 字节或 Byte　3. 页面　4. 整个文档　5. 打印预览
6. 嵌入式、独立式　7. 画图　8. F4 或 F8　9. 调制或数/模转换或 D/A 转换或 D/A
10. 不能

计算机基础练习题六参考答案

一、选择题

1. C　2. D　3. B　4. B　5. C　6. D　7. B　8. C　9. B　10. D
11. B　12. B　13. A　14. A　15. C　16. B　17. B　18. B　19. A　20. A
21. C　22. C　23. B　24. D　25. A　26. C　27. C　28. B　29. C　30. C

二、填空题

1. 指令与数据　2. 512　3. 63　4. 存储程序控制
5. 电子邮件/E-mail 附件和下载受感染的程序　6. 中央处理器（或 CPU）和内存储器
7. 3　8. 512　9. 页面　10. TCP/IP

计算机基础练习题七参考答案

一、选择题

1. A　2. C　3. D　4. C　5. A　6. B　7. D　8. A　9. A　10. B

11．A　12．A　13．A　14．A　15．A　16．A　17．A　18．B　19．B　20.B
21．D　22．D　23．B　24．D　25．B　26．C　27．D　28．B　29．A　30.C

二、填空题

1．主频　2．只读存储器　3．整个文档　4．段落　5．【全选】按钮　6．右对齐
7．磁盘碎片整理程序　8．文件夹　9．网桥　10．大纲

计算机基础练习题八参考答案

一、选择题

1．B　2．B　3．C　4．C　5．D　6．A　7．D　8．D　9．A　10.D
11．D　12．B　13．B　14．C　15．C　16．D　17．A　18．C　19．B　20.C
21．B　22．B　23．B　24．C　25．D　26．A　27．C　28．D　29．C　30.A

二、填空题

1．Esc　2．对象　3．设计模板　4．POT　5．讲义　6．大纲　7．对象　8．不能
9．占位符　10．幻灯片切换

计算机基础练习题九参考答案

一、选择题

1．C　2．B　3．A　4．A　5．B　6．B　7．A　8．C　9．A　10.B
11．D　12．D　13．A　14．B　15．D　16．D　17．A　18．B　19．C　20.B
21．B　22．B　23．C　24．A　25．D　26．C　27．A　28．A　29．B　30.D

二、填空题

1．地址码　2．控制　3．Alt+PrintScreen　4．控制面板　5．视图　6．全选
7．A4+$B$4　8．排序　9．幻灯片浏览　10．TCP/IP

计算机基础练习题十参考答案

一、选择题

1．A　2．B　3．C　4．A　5．C　6．B　7．D　8．B　9．C　10.D
11．A　12．C　13．D　14．D　15．A　16．C　17．D　18．B　19．A　20.A
21．A　22．C　23．B　24．A　25．C　26．D　27．A　28．D　29．D　30.A

二、填空题

1．无故障　2．机电　3．页面　4．Esc　5．数据编辑区或编辑栏　6．名称框
7．查看　8．还原　9．TCP/IP或传输控制协议/网际协议
10．演讲者放映、观众自行浏览、在展台浏览

参考文献

[1] 李占平. 新编计算机基础案例教程. 长春：吉林大学出版社，2009.
[2] 许晞. 计算机应用基础. 北京：高等教育出版社，2007.
[3] 赵志伟. 计算机应用基础. 天津：南开大学出版社，2010.
[4] 刘延岭. 计算机应用基础. 成都：电子科技大学出版社，2010.
[5] 黄培周，江速勇. 办公自动化案例教程. 北京：中国铁道出版社，2008.
[6] 赵丽. 计算机文化基础. 北京：人民邮电出版社，2007.
[7] 卜锡滨. 大学计算机基础. 北京：人民邮电出版社，2006.
[8] 冯泽森，王崇国. 计算机与信息技术基础（第3版）. 北京：电子工业出版社，2010.